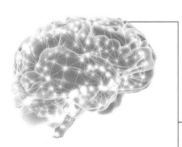

神经系统控制的
细胞呼吸与肿瘤

The Relationship Between CRCNS And Tumor

谭宏 著

U0339779

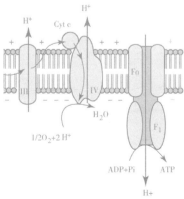

CS K 湖南科学技术出版社

谨以此书

献给我被肿瘤夺去生命的亲人

内容简介

本书依据现代生物学等理论和实验数据在世界上首次阐述、解释了人体神经系统控制的细胞呼吸理论，及其在治疗身体不适性病变部位，如肿瘤等方面的作用机制；同时结合作者长期实施神经系统控制细胞呼吸疗法的实践经验和感受，详细介绍了该疗法的操作方法、步骤和应注意的问题等。

全书共 8 章。内容包括：认知肿瘤、肿瘤的致命特性、肿瘤的特征及检测诊断、肿瘤的治疗方法、人体微循环体系、人体神经系统、神经系统控制的细胞呼吸与肿瘤、神经系统控制细胞呼吸疗法的开展与实施，并在各章后附有主要参考文献。书后附有英汉词汇对照及索引。

本书可供生物学、医学等专业的科研工作者及高等院校有关专业师生参考，也可以为肿瘤及其他病痛患者利用该理论和疗法进行康复治疗提供科学的指导与帮助。

前　言

　　肿瘤一词对现代多数人来说，并不陌生。恶性肿瘤通常又称为癌症。癌症因其发病迅速和痛苦、病死率高、难以治疗等，已成为当今人类最令人痛恨、又令人生畏的疾病之一。现代生物学及医学研究表明，肿瘤是一种细胞增殖分化紊乱及成熟障碍性疾病。肿瘤细胞可以遗传，可以转移。肿瘤细胞的增殖失控等与细胞中的基因突变、缺损、重组等发生有关，更与身体营养不良、免疫力低下及外界环境的众多诱导刺激等有关。所以，肿瘤是一种复杂的细胞疾病。

　　神经系统控制的细胞呼吸理论及疗法是作者在长期亲身实验、感知、体会中国中医气功时，不断思考及查阅现代生物学、细胞学、遗传学、生物化学、免疫学、微循环学和分子生物学等方面的相关理论和实验数据，同时，结合自己多年从事生物科学研究的实际工作经验，逐步发掘并凝炼而成。神经系统控制的细胞呼吸理论及疗法在治疗、调控和修复人体不适性病变组织细胞，包括肿瘤组织细胞等方面具有独到的、非手术和药物所能代替的作用和功效。有关中国中医气功研究的人和文章很多，但透过现象与神经系统控制细胞呼吸本质相联系的人及文章尚未发现。之所以如此，在于多种因素的限制，如：研究中医的对现代生物学理论不熟，或局限、习惯于用传统中医理论解释气功，同样，现代生物及医学科研工作者对中医研究有限，且普遍不会操作气功，此外，研究者还必须具备敏锐的神经感知能力和深入的分析思考能力，等等。作者在探索思考神经系统控制细胞呼吸中的一系列问题时，也觉得其机制异常复杂，许多现象即使用现代最先进的分析仪器尚难以检测，用最现代的理论知识也难以解释。作者发掘阐述的规律可能只是其冰山一角。书中笔者提出的观点、模式及图解，部分能用现代最新理论和研究成果直接或间接说明；部分则是作者通过长期实践、感受后依据现代科学理论推测判断而成，其细节仍有待于今后科学实验的进一步补充和证实。不过，这些并不会影响该疗法的开展、实施和功效。

为了方便非生物学专业的读者阅读此书，了解神经系统控制的细胞呼吸理论及疗法，作者编著此书时，首先从大家熟知的肿瘤入手，接着便进入读者感兴趣的肿瘤诊断与治疗方法，之后开始介绍、阐述较为专业的人体微循环体系，微循环体系的基本单位——细胞的结构、功能、增殖和衰亡，人体的神经系统等，最后阐述及说明神经系统控制的细胞呼吸理论及疗法。希望非生物学专业的读者能通过这种编排方式在不枯燥、乏味中较快地学习掌握相关的生物学知识、理论和名词术语，肿瘤组织细胞的特性及致命性，神经系统控制的细胞呼吸理论、功效及疗法，中国中医气功的起源、内涵及与神经系统控制的细胞呼吸理论及疗法的异同性，等等。为方便读者查阅书中出现的专业英文名词、短语和缩略语等，笔者在书后附加了相关的英汉词汇对照及索引。

作者编著此书，一是力求最大限度地运用现代科学理论和实验数据揭示神经系统控制的细胞呼吸在治疗、修复机体不适性病变组织细胞时的客观规律，阐述身体不适性病变组织细胞，包括肿瘤组织细胞医治和康复的新思路、新方法，为后来研究者起到抛砖引玉的作用；二是希望此书能为肿瘤和其他病痛患者利用该理论和疗法进行康复治疗提供科学明晰的指导与帮助；三是借此理论和疗法能有助于研发出肿瘤检测诊断和治疗的新设备和新药物等。

此书的编写参阅了郑国锠的《细胞生物学》，沈同、王镜岩的《生物化学》，张鋆光参与编写的《普通生物学》，张善庆、王平参与编写的《人体组织解剖学》，刘祖洞、江绍慧的《遗传学》，田牛的《微循环》，刘天君的《中医气功学》（第 2 版），宋天彬、刘元亮的《中医气功学》，郭文章的《肿瘤的分类法知识》，洪韵琳所译的《TNM 恶性肿瘤的分类》，P. 赫曼尼克、L. H. 索宾著，梅蔚德主译的《国际抗癌联盟恶性肿瘤的 TNM 分类》等论著；同时，引用了许多期刊里国内外科研工作者相关论文中的实验数据、结果和观点来佐证笔者的理论与观点。在此，笔者对他们的治学精神和研究工作深表敬意。另外，万方数据库、百度搜索、维普科技期刊数据库及部分媒体网站（如新浪、医学和教育网）等也为笔者著写此书提供了大量快捷的论文检索和查阅途径，及最新有关的研究进展、资料和新闻报道，等等。笔者在此也一并致以感谢。

本书中的插图和照片，部分为笔者所绘，部分从其他论著、期刊借用，部分来自百度搜索和其他网站平台等，凡注明有图片作者的，笔者也都在其后作了附注说明，并列入到各章后的参考文献中。不论是已查到的，还是难以查到的图片作者，笔者均想要借此机会对他们的工作，有的甚至是开创性的绘制工作表示谢意和钦佩。

最后，本书终稿，承蒙湖南师范大学王身立教授审阅，并提出宝贵的修改意见。湖南大学出版社美术编辑吴颖辉和长沙风格八号品牌设计有限公司对原稿中的不清晰图片进行了重新绘制和处理。株洲市教育科学研究院院长吴刘光明、湖南大学等相关同志和单位对该书的出版、发行给予了大力支持、帮助和持续关注，借此表示衷心的感谢。

由于笔者理论水平、实践经验有限，加之撰写时间仓促，书中错误和缺点难免；欢迎广大读者多提意见和建议，以使该理论和疗法今后能不断被补充和完善。

谭　宏

2015 年 8 月于湖南长沙

目　　录

第一章　认知肿瘤

　　肿瘤（Tumor），特别是恶性肿瘤（又称癌症，Cancer），是发生在人类机体上的一种十分令人痛恨，又令人生畏的疾病！之所以令人痛恨，是因为该种疾病病情恶化快，病死率高；在给患者身心造成巨大痛苦和折磨的同时，也给患者的家庭和经济状况带来双重打击，患者家庭往往是家破人亡，人财两空。俗话道：十个癌症九个死，一个不死不是癌。此话虽然有一定的夸张，却形象地反映了该病的厉害性。之所以令人生畏，是因为该种疾病直到现在仍难以对付、难以治疗。虽然我们已进入到 21 世纪的现代社会，科学技术的发展可谓日新月异，但在肿瘤的治疗及机制探索等领域，研究进展却相当缓慢；对待癌症晚期患者，科学界及医学界基本上是束手无策，回天乏术。

　　最近的几十年，癌症的发病率和死亡率一直呈上升趋势，死亡率现已攀升至人类疾病致死率的前 3 位。据世界卫生组织（WHO）报告[1]，1990 年全球癌症新发病例数约 807 万，比 1975 年的 517 万增加了 56.1%，其中绝大部分发生在发展中国家，1997 年全球的癌症死亡人数约 620 万。WHO 的《全球癌症报告 2014》称，2012 年全球癌症患者和死亡病例都在不断地增加，新增癌症病例有近一半出现在亚洲，其中大部分在中国，中国新增癌症病例高居世界第一位；2012 年全世界共新增 1400 万癌症病例，约 820 万人死亡，其中，中国新增 307 万癌症患者，约 220 万人死亡，分别占全球总量的 21.9% 和 26.8%。最新《世界癌症报告》预测，全球癌症病例今后仍将呈现迅猛增长态势，由 2012 年的 1400 万人，逐年递增至

2025 年的 1900 万人，到 2035 年将达到 2400 万人。在我国恶性肿瘤中，死亡率较高的癌症类型主要为肺癌、胃癌、食管癌、肠癌、肝癌、宫颈癌、乳腺癌、白血病、恶性淋巴瘤、鼻咽癌，其中尤以肺癌、乳腺癌、肠癌等的发病率上升最为明显，部分恶性肿瘤如胃癌、食管癌等处于稳定或略有下降的状态[2]。笔者的家庭便有多位亲人被癌魔夺去生命！这些事件无疑也成了笔者深入思考、探索这种疾病的动力之源，而且笔者具备这方面的基础和优势，因为笔者学的就是生物学专业，并且从事生物学科研工作多年。

那么，肿瘤这种疾病真的就难以被攻破吗？或者说，我们离攻克肿瘤这一世界性难题的日子还有多远？笔者以为，肿瘤特别是恶性肿瘤至今难以被攻破，主要原因有两点：第一在于肿瘤自身的特殊性、复杂性，即肿瘤这种疾病不像我们的身体被碰伤，或被细菌、病毒等感染致病这么单纯、明晰，它实际上是我们身体内的细胞（Cell）在众多外界和内在因素的诱导下发生的一系列病变（突变）所致；现代科学表明，肿瘤是一种细胞增殖分化紊乱及代谢障碍性疾病，也就是说，肿瘤是一种复杂的细胞疾病，在后面各章节中笔者会逐步详细阐述之。其二在于受当前科学理论及科学技术发展水平的限制，我们目前对肿瘤的研究和认识还不够完善和深入，对肿瘤组织细胞的发病机理、异常分裂机制、信号传导及表达、免疫调控、抗药性和转移性，等等，仍不十分了解。抗癌工作任重道远，还有一段艰难的路程要走。

为了有助于揭开肿瘤的神秘面纱，让更多有志研究及攻克这种疾病的人加入抗癌大军，以及使我们今后不再对其产生莫名的恐惧和害怕；同时，也为了让读者更好地理解和掌握本书中笔者将要论述的神经系统控制的细胞呼吸（Cell Respiration Controlled by Nervous System，CRCNS）理论及疗法，了解该理论、疗法对身体不适部位（包括肿瘤组织）所产生的作用和影响，有必要让我们一起首先来认知肿瘤。

第一节　肿瘤的发现认知历史

据考古史记载，世界上对癌症作出最早描述和记录的是古埃及人。医学史学家们发现，公元前 1600 年左右，古埃及便有了手术切除肿瘤的记载。他们在莎草纸上记录了有关良、恶性肿瘤的内容。英语中 Carcinoma（癌）一词来自希腊文 Karkinos，意指"新生物"，估计便与这些记载的描述及传播有关。1610 年左右，荷兰人列文·虎克研制出放大率为 200 多倍、分辨率为 1.4 μm 的显微镜。1665 年，英国科学家胡克（R. Hooke）使用诞生不久的显微镜首次发现了蜂窝状的植物细胞。此后的 17～19 世纪，科学家们对动植物体等进行了广泛的显微观察和研究，创立了 19 世纪最伟大的三大自然科学发现之一的细胞学说，逐步认识到"生物体是一个有序的细胞社会"，"细胞扰乱即可产生疾病"，"癌是细胞的疾病"，并建立了目前的肿瘤学研究框架体系。20 世纪电子显微镜的出现，使人们对恶性肿瘤细胞的认知进入到了亚细胞结构水平，并逐步形成了以基础肿瘤学、实验肿瘤学、临床肿瘤学及肿瘤预防等为基础的现代肿瘤学科。20 世纪 70 年代，随着现代基因重组技术的出现，人类对恶性肿瘤的认知进入到了基因和分子水平，例如，科学家发现，当人体的 p53 和 bcl-2 基因出现缺失、失活或突变时，将引起细胞的凋亡（Apoptosis）（细胞自主性的程序化死亡）异常，进而引起细胞增殖紊乱，导致肿瘤的形成[3]。目前，人类对肿瘤组织细胞的认知和研究除了电子显微实验技术外，还大量应用到了现代细胞生物学实验技术、免疫学实验技术、组织化学实验技术、分子生物学实验技术、现代遗传学实验技术及电子计算机处理技术，等等；并涉及现代生命科学、医学、化学、物理学、计算机科学、心理学和社会学等多种学科的参与和配合。

而我国也在公元前 1400 年（距今 3100～3500 年）的商代殷墟甲骨文

中发现有了"瘤"的记载。距今2000多年前成书的《周礼》将治疗肿瘤一类疾病的医生称为"疡医",《黄帝内经》中已有"瘤"的病名记载,如昔瘤、筋瘤、肠覃、噎膈、积聚等,并将此类疾病病因概括为"营气不通"、"寒气客于肠外与卫气相搏"、"正气虚"、"邪气胜之"等[4]。而"癌"字则最早见于1170年的中国宋代东轩居士所著的《卫济宝书》中,该书将"癌"作为痈疽五发之一。中国中医古书对一些癌病的临床表现、病因病机、治疗、预后、预防等均有较详细的记载,对瘤的含义也作有精辟的解释。《说文解字》描述:"瘤,肿也,从病,留声。"宋代《圣济总录·瘿瘤门》记载道:"瘤之为义,留滞而不去也。气血流行不失其常,则形体和平,无或余赘,及郁结壅塞,则乘虚投隙,瘤所以生。初为小核,寝以长大。若杯盂然,不痒不痛,亦不结强,方剂所治,与治瘿法同,但瘿有可针割,而瘤慎不可破尔。"《仁斋直指附遗方论·卷二十二·发癌方论》对癌症的特征叙述较为深刻:"癌者上高下深,岩穴之状,颗颗累垂……毒根深藏,穿孔透里,男则多发于腹,女则多发于乳,或项或肩或臂,外症令人昏迷"。隋代巢元方所著《诸病源候论·卷四十·妇人杂病诸候四凡五十论·石痈候》中记载:"石痈之状微强不甚大,不赤微痛热……但结核如石","乳中隐核,不痛不痒","乳中结聚成核,微强不甚大,硬若石状","肿结皮强,如牛领之皮"。中国中医学认为癌症及肿瘤的病因是"毒发五脏"(内脏病变在局部的反映)、"毒根深茂藏"(病灶由里及表,隐蔽而广泛),治疗理念强调采用整体和局部的辨证治疗观;治疗方法或祛邪消瘤,或扶正补虚,需权衡、协调机体与肿瘤、整体与局部、本与标之间的关系[4]。当然,我国目前在用中医学气血、经络等理论认知、研究及治疗肿瘤的过程中,也在同步借鉴、采用世界在该领域中先进现代的科学理论、实验方法与技术、科研数据与成果,并逐步形成了一套独特实用的中西结合、洋为中用、相辅相成辩证的诊治肿瘤的中医肿瘤学科及体系。

由上,可以认为人类记载、认知及研究肿瘤的历史至今已有3600多年。考古学家也已在埃及 2000 多年前的木乃伊上找到了人类骨瘤存在的化石证据。但实际上，人类发生肿瘤这种疾病的历史可能远不止 3000 多年。据报道，美国科学家戴维·弗雷尔已在 12 万年前克罗地亚穴居人的肋骨中发现了迄今为止最为古老的人类肿瘤化石，他的发现将人类患癌症这种疾病的历史又向前推移了 11 万多年[5]。这无疑为我们认知和研究肿瘤疾病的发生与发展史提供了新的线索和证据。而且，科学家们发现，不仅人类可以患肿瘤，动、植物体上也能发生肿瘤。正因为如此，人类目前研究肿瘤及抗癌药物时，很多实验都是先通过动物来完成的，这是因为研究肿瘤和抗癌药物时的危险性及毒副作用巨大。一般来说，只有完成了动物实验，才能进入到人类的临床实验阶段。估计这也是导致肿瘤和抗癌药物研发进展缓慢、成本高昂的原因之一。当然，人类也必须感谢并铭记那些为了人类抗癌研究事业而献身的动物们，没有它们的帮助和奉献，我们将付出更大的代价和牺牲。

目前认为，世界上出现文字的记录最早始于公元前 4000 年左右，为西亚苏美尔人创造的楔形文字，距今已有 6000 多年的历史。我国的考古发现表明，在距今 4000 多年前的中国夏代初期（公元前 2000 年左右）也已开始有了真正文字的记载。值得注意的是，世界和中国对肿瘤的记载却多出现于公元前 1600 年和公元前 1400 年及之后，两者相差不过 200 多年的时间，而以前人类对肿瘤内容的描述却鲜有记载，这说明了什么问题？公元前 1600～1400 年直到现在，世界又发生了什么样的变化？为什么恶性肿瘤这类疾病会从以前的罕见病攀升至目前人类疾病致死率前三位的常见病？这些都是令人值得深思的地方。纵观人类社会近几千年的发展历史，研考现在世界卫生组织（WHO）有关癌症发生与分布的调查报告数据；无不表明，肿瘤这种恶性疾病的发生发展其实与我们人类科学技术的不协调发展、工业化进程和环境污染的加剧等有着直接与间接的联系！同时也表明，肿瘤这种令人生畏的疾病其实在人类早就有之，只不过以前由于环境污染少，这类疾病的发生较为罕见。现在，随着高效有毒有害工业物质的增多，人类生存环境、种植业和养殖业生态环境的污染和恶化，等等，导致了该种疾病的急速产生与发展。这是需要引起我们足够重视和警惕的地方。所以，笔者认为，当今在发展科学技术和工业化建设等的时候，首先便要计划保护好我们的生存和生态环境，保护好了生存及生态环境，就等同于保护好了我们自己及子孙后代的健康。

第二节　肿瘤对人类的危害

前面我们已经提到，肿瘤是发生在人体身上的一种细胞疾病，是人体细胞分化紊乱及代谢障碍性疾病，其发生发展与人的体质及所生存的环境因素有着直接的关联。现代科学表明，人体内的正常细胞在众多内因（遗传、内分泌失调等）（约占 30％）和外因（物理、化学、生物及营养不良性等因素）（约占 70％）的长期影响作用下时，会发生突变，致使细胞代谢发生紊乱，过度增殖、分裂，细胞不分化或少分化，如此便有可能形成肿瘤组织[6、7、8]。这种变异的肿瘤细胞具有遗传性。肿瘤组织细胞能对人体产生各种危害，科学家根据肿瘤的生物学特性及对人体的危害程度将其分成两大类：良性肿瘤（Benign Tumor）和恶性肿瘤（Malignant Tumor）。恶性肿瘤也就是我们通常所说的癌症。恶性肿瘤又可根据其组织学上的来源细分为上皮性的癌、非上皮性的肉瘤和血液癌。

良性肿瘤与恶性肿瘤之间通常并没有严格的界限区别，常常需要根据临床的预后加以判定。一般来说，①良性肿瘤生长速度缓慢，有时可停止生长，其外观形态多年变化不明显，肿瘤细胞常呈体积性生长，肿瘤组织常有包膜形成，与周围正常组织分界清楚，不粘连，肿块偏软，移动度大，较少发生出血、坏死。恶性肿瘤生长速度快，多以侵润性和细胞增殖方式生长，常无包膜形成，肿块较硬，与周围组织分界不清，多不能推动，常发生坏死、出血或溃疡形成。②良性肿瘤的组织分化程度好，异型性小，肿瘤细胞与周围正常组织细胞结构很近似，极少有细胞核分裂的现象。恶性肿瘤的组织分化程度不好，异型性大，肿瘤细胞与周围正常组织细胞形态差异大，可见病理性细胞核分裂现象。③良性肿瘤通常不发生转移，治疗后较少复发，对人体的危害较小，主要是瘤体的局部压迫和阻塞作用带来的影响。恶性肿瘤则易产生抗药性和转移性，治疗后常复发，对机体的危害除了因其致密性所产生的压迫感和阻塞作用外，还可以破坏患者组织与器官，引起出血、感染，造成患者恶病质。此外，当患者机体免疫力下降或体质变差，或外界环境恶化时，良性肿瘤可以发展成为恶性肿瘤，这是需要引起重视和注意的地方！所以，即使是良性肿瘤，也不能掉以轻心，而要尽早、尽快地及时就医诊治。

良性肿瘤与恶性肿瘤的生物学特性及对人体的影响见表 1-1。但这只是一般情形，由于肿瘤组织细胞的复杂性，再加之各个体体质的差异及各个肿瘤细胞所处的环境条件不同，常有很多例外情况发生。因此，要想准确知道机体上的肿瘤是良性的还是恶性的，是恶性肿瘤中的癌还是肉瘤，必须到医院去看医生，同时进行肿瘤标志物的化验、组织细胞病理切片观察，并拍摄各种影像学图片（如 X 线、CT 等）进行分析才能得出正确结论。

表 1-1　　良性肿瘤与恶性肿瘤的生物学特性及对人体的影响

序号	项　目	良性肿瘤	恶性肿瘤
1	生长特性	①生长方式：通常呈体积性或外生性生长。②生长速度：通常生长缓慢。③边界与包膜：边界清晰，常有包膜。④质地与色泽：质地与色泽接近周围正常组织。⑤侵袭性：一般不侵袭，少数局部侵袭。⑥转移性：不易发生转移。⑦复发：完整切除，一般不复发	①生长方式：多为细胞增殖、侵袭性生长。②生长速度：生长较快，常无止境。③边界与包膜：边界不清，常无包膜。④质地与色泽：通常与周围正常组织差别较大。⑤侵袭性：一般有侵袭与蔓延现象。⑥转移性：易转移。⑦抗药性：易产生抗药性。⑧复发：治疗不及时，常易复发

续表

序号	项　目	良性肿瘤	恶性肿瘤
2	组织、细胞学特性	①分化与异型性：分化良好，无明显异型性。②排列与极性：排列规则，极性保持良好。③细胞数量：稀散，较少。④核膜：通常较薄。⑤染色质：细腻，较少。⑥核仁：不增多，不变大。⑦核分裂相：不易见到，细胞常为单核	①分化与异型性：分化不良，常有异型性。②排列与极性：极性紊乱，排列不规则。③细胞数量：丰富而致密。④核膜：通常增厚。⑤染色质：通常着色深，明显增多。⑥核仁：较大，数量增多。⑦核分裂相：核分裂增多，或出现不典型核分裂，细胞常见多核
3	细胞代谢功能	除分泌性肿瘤以外，细胞代谢基本正常	核酸代谢旺盛，蛋白质及酶谱改变，常发生代谢异常
4	对人体的影响	除生长在要害部位外，一般对人体影响不大	无论发生在何处，对机体影响很大，病情恶化快，病死率高。抗药性和转移性等是恶性肿瘤致死的主要原因

　　我们在阐述肿瘤对人类的危害时，通常是指恶性肿瘤。因为良性肿瘤一般不会威胁到人的生命，只有恶性肿瘤才会产生和发展迅速，病死率高，并且给患者身心带来巨大的痛苦和折磨等。

　　笔者以为，恶性肿瘤对人类造成的危害主要有3个方面。第一，给患者本人身心带来巨大的痛苦和折磨。具体表现为：①致密性结构，由于恶性肿瘤组织细胞代谢出现异常，细胞过度分裂增殖，不分化或少分化，细胞较小，分布密集。因此，相对于正常组织细胞而言，密度较高。致密性结构使恶性肿瘤具有了一个相对独立和完善的组织机构和微循环体系，为肿瘤细胞的恶性生长提供一个相对稳定的生存环境和物质准备基地；此外，致密性结构还能为恶性肿瘤细胞提供保护性，使抗肿瘤药物和机体产生的免疫性抗体很难到达其内部核心区域，对其实施破坏、治疗和修复作用。②阻塞和压迫性，这一点和良性肿瘤相似，不过由于恶性肿瘤细胞分裂增殖速度快，其阻塞和压迫性发展也更迅速，程度也更高，如食管癌癌肿可以堵塞食管，造成患者吞咽困难等。③破坏患者的器官结构和功能，恶性肿瘤的发生发展可以对其所在部位的器官、组织产生巨大的破坏作用，导致器官的结构和功能严重受损，例如，肝癌可造成肝细胞破坏和肝内胆管阻塞，可引起全身性黄疸等。④侵袭破坏邻近器官，恶性肿瘤最主要的特征之一是具有侵袭性、浸润性，例如，食管癌可穿透食管壁，侵犯食管前面的气管，形成食管-气管瘘；使得患者吞咽时，食物落入气管内，引起咽下性肺炎。⑤坏死、出血、感染，由于恶性肿瘤生长迅速，癌组织、细胞常常因为供血不足而发生坏死，如果癌变组织侵犯、压迫周围血管，则可引起周围微循环体系的血管破裂、出血，如鼻咽癌患者往往有鼻出血现象；肺癌患者常常合并肺部感染及咯血。⑥剧烈疼痛，由于恶性肿瘤组织细胞的致密性、过度分裂增殖性等，其在发生发展中会压迫、侵犯器官和组织的神经系统，引起患者病变部位的疼痛，例如，晚期肝癌、胃癌患者都会发生剧烈疼痛。另外，癌症继发感染后，也可以引起疼痛。⑦发热，肿瘤组织细胞的代谢产物、坏死组织的分解产物以及继发的细菌感染，都可以引起癌症患者的炎症反应，造成发热现象，临床多表现为长期的中低度发热。⑧抗药性，由于恶性肿瘤细胞分化程度低，增殖迅速，因此，细胞具有很强的突变能力。使用抗癌药物治疗时，前几次往往效果理想，但以后再用原来的方法治疗则已完全不起作用，或作用甚微。说明病变细胞已对原来的药物产生了"抗药性"。⑨转移性，对于癌症的晚期患者，恶性肿瘤细胞可以从患者的原发部位转移、扩散至身体其他多个部位，甚至是全身，给患者的生命造成崩溃式的瓦解。目前认为，肿瘤组织细胞的转移是一个复杂的多步骤过程。致密性、抗药性和转移性是恶性肿瘤致命性中最主要的三个因素，关于这点，笔者在后面将有专门章节论述。⑩恶病质，恶病质也被称之为"恶液质"，是指患者机体严重消瘦、乏力、贫血和全身脏器衰竭等的状态，它也是导致癌症患者死亡的重要原因之一。⑪精神恐惧，恶性肿瘤在给患者身体带来巨大痛苦和折磨的同时，由于其导致患者身体持续恶化，还会影响患者的内分泌系统，进而影响患者的精神、情绪，使患者产生巨大的精神恐惧和绝望感。俗话道，许多癌症患者往往不是病死的，而是精神崩溃被吓死的。此话不无道理。故现在仍有许多医生采取对患者隐瞒实际病情，而只对其家属进行通报的做法，就是怕引起患者的精神紧张和恐惧，反而加速病情的发展。第二，给患者的家庭和经济带来较大打击。由于恶性肿瘤发病快，病死率高，该病魔在剥夺患者生命的同时，也让患者的家庭处于丧失亲人的巨大悲痛之中。此外，医治恶性肿瘤，特别是采用现代疗法（如细胞毒性疗法、基因疗法、细胞因子疗法、免疫细胞及肿瘤疫苗疗法等）治疗肿瘤时，需要大笔不菲的资金。所以，恶性肿瘤最终往往会给患者家庭造成家破人亡，妻离子散，人财两空的惨痛局面。第三，会给人类社会及国家的发展造成重大影响和损失。许多肿瘤患者往往是人类社会发展史中的主力军、精英人士，甚或是国家领导人，正值他们年富力强、经验丰富，对人类社会及国家的建设与发展发挥着重要作用之时，却被癌魔无情地夺走生命，这无疑给社会及国家的发展进程带来了重大损失和影响。这样的事例在人类历史发展的长河中太多，笔者在此就不一一列举了。

第三节　肿瘤的命名与分类

在上一节，我们根据肿瘤的生物学特性及对人体的危害程度，对其进行了大致的分类，如图1-1。但事实上，人体任何部位、器官、组织几乎都可以发生肿瘤，加之人的种群差异、文化性、地域性和习惯性等的不同，因此人类对肿瘤的命名较为复杂，分类繁多。合理的命名与分类方法不仅有助于人们通俗、易懂地理解和掌握肿瘤的发生发展规律，更有利于肿瘤的预防、诊断、医治及肿瘤学科的科研和教学等工作的开展。

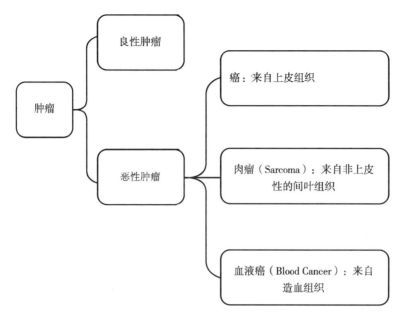

图 1-1 肿瘤分类概况

一、肿瘤的命名

肿瘤的命名原则通常根据其组织来源、分化方向和生物学行为等来命名。良性肿瘤在其来源组织名称之后加"瘤"（-oma）字。恶性肿瘤则根据其组织学上的来源又可细分为：来源于上皮组织的统称为癌，命名时在其来源组织名称之后加"癌"字；来源于非上皮组织的称为肉瘤，命名时在来源组织名称之后加"肉瘤"等。

1. 良性肿瘤的命名 良性肿瘤通常在其来源组织名称之后加"瘤"字。例如，来自脂肪组织的良性肿瘤称为脂肪瘤（Lipoma）；来源于腺体和导管上皮的良性肿瘤称为腺瘤（Adenoma）；含有腺体和纤维两种成分的良性肿瘤则称纤维腺瘤（Fibroadenoma）。有时结合一些肿瘤形态特点命名，如来源于皮肤鳞状上皮的良性肿瘤，外观呈乳头状，称为鳞状上皮乳头状瘤或简称乳头状瘤（Papilloma）；腺瘤呈乳头状生长并有囊腔形成，称为乳头状囊腺瘤（Papillary Cystadenoma）；含有一个以上胚层的多种组织的良性肿瘤称为畸胎瘤（Teratoma）。

2. 恶性肿瘤的命名 ①癌，来源于上皮组织的恶性肿瘤统称为癌，命名时在其来源组织名称之后加"癌"字。如来源于鳞状上皮的恶性肿瘤称为鳞状细胞癌（Squamous Cell Carcinoma）；来源于腺体和导管上皮的恶性肿瘤称为腺癌（Adenocarcinoma）；由腺癌和鳞状细胞癌两种成分构成的癌称为腺鳞癌（Adenosquamous Carcinoma）。有些癌还结合其形态特点命名，如形成乳头状及囊状结构的腺癌，则称为乳头状囊腺癌（Papillary Cystadenocarcinoma）；呈腺样囊状结构的癌称为腺样囊性癌（Adenoid Cystic Carcinoma）；由透明细胞构成的癌称为透明细胞癌（Clear Cell Carcinoma）。②肉瘤，由间叶组织（包括纤维结缔组织、脂肪、肌肉、脉管、骨、软骨组织等）发生的恶性肿瘤统称为肉瘤，其命名方式是在组织来源名称之后加"肉瘤"，如纤维肉瘤（Fibrosarcoma）、横纹肌肉瘤（Rhabdomyosarcoma）、骨肉瘤（Osteosarcoma）等。呈腺泡状结构的横纹肌肉瘤可称为腺泡型横纹肌肉瘤（Alveolar Rhabdomyosarcoma）。③癌肉瘤（Carcinosarcoma），如果一个肿瘤中既有癌的成分又有肉瘤的成分，则称为癌肉瘤，近年研究表明，真正的癌肉瘤罕见，多数为肉瘤样癌（Sarcoid Carcinoma）。④血液癌，来自造血组织，如白血病（Leukemia）虽称为病，却是根据其形态特征采用习惯名称命名的恶性肿瘤。我们通常所说的癌症习惯上泛指所有恶性肿瘤。

3. 部分肿瘤的特殊命名 部分肿瘤不按上述原则命名。来源于幼稚组织的肿瘤称为母细胞瘤（-blastoma），其中大多数为恶性，如视网膜母细胞瘤（Retinoblastoma）、髓母细胞瘤（Medulloblastoma）和肾母细胞瘤（Nephroblastoma）等；也有良性肿瘤如骨母细胞瘤、软骨母细胞瘤和脂肪母细胞瘤等。有些恶性肿瘤因成分复杂或由于习惯沿袭，则在肿瘤的名称前加"恶性"二字，如恶性畸胎瘤（Malignant Teratoma）、恶性神经鞘瘤

（Malignant Schwannoma）和恶性脑膜瘤（Malignant Meningioma）等。有些恶性肿瘤冠以人名，如尤文氏肉瘤（Ewing's Sarcoma）和霍奇金淋巴瘤（Hodgkin's Lymphoma）。此外，人们习惯上对淋巴瘤（Lymphoma）、黑色素瘤（Malignant Melanoma）和精原细胞瘤（Seminoma）省去恶性二字，但仍表示其为恶性肿瘤。瘤病（-omatosis）常用于多发性良性肿瘤，如神经纤维瘤病（Neurofibromatosis）；或用于在局部呈弥漫性生长的良性肿瘤，如纤维瘤病（Fibromatosis）、脂肪瘤病（Lipomatosis）和血管瘤病（Angiomatosis）。

二、肿瘤的分类

对肿瘤进行分类，不仅有利于掌握肿瘤组织细胞的特性、起源、发生部位等，了解肿瘤组织细胞的发生发展规律，还能帮助我们更好地研究、诊断、治疗和预防它。但实际上，由于肿瘤组织细胞的发生发展和来源等异常复杂和特殊，致使肿瘤的分类仍存在有不规范和不统一的地方。目前，常用的肿瘤分类方法有：①肿瘤临床生长特性（生物学特性）分类法；②肿瘤组织来源分类法；③解剖部位及科室分类法；④组织学分类法；⑤组织病理学分类法。

1. 肿瘤临床生长特性（生物学特性）分类法 前面我们已经说过，良性肿瘤与恶性肿瘤之间通常并没有严格的界限区别。因此，有学者[9]依据肿瘤的生物学特性，如细胞分化程度、生长速度、浸润能力及扩散方式等，将肿瘤划分为：良性肿瘤、变性肿瘤（Degenerative Tumor）和毒性肿瘤（Toxicity Tumor）3类。

（1）良性肿瘤：细胞形态与周围组织的细胞非常相似，细胞分化良好；生长方式缓慢，常呈体积性长大；细胞分裂到一定时期，便停止分裂。良性肿瘤一般包膜完整，与正常组织界线清楚，通常术后不复发；如果不是在重要部位，对机体影响一般不大。临床上常见的良性肿瘤有纤维瘤（Fibroma）、血管瘤（Hemangioma）、脂肪瘤、腺瘤、骨瘤（Osteoma）和乳头状瘤，等等。良性肿瘤在特定的条件下，可以转变为变性肿瘤、毒性肿瘤，乃至成为恶性肿瘤。因此，对于良性肿瘤，也要尽早、尽快地及时就医诊治。

（2）变性肿瘤（Degenerative Tumor）：介于良性肿瘤与毒性肿瘤之间。变性肿瘤又被称为中间型肿瘤、交界性肿瘤、临界性肿瘤、半恶性肿瘤等。变性肿瘤组织细胞形态与周围组织的细胞仅部分相似，细胞分化有的良好、有的欠佳。细胞分裂时快时慢。肿瘤质地有硬有软，包膜有的完整、有的缺陷。细胞核中度增大，细胞有间隔性的浸润增生。通常认为变性肿瘤是向毒性肿瘤发展的起点。变性肿瘤一般对机体无大影响，它可以向毒性肿瘤发展，也可以伴随患者终身[9]。因此，将肿瘤划分为变性肿瘤的意义在于对待这类肿瘤，既要采取适当积极的治疗措施，争取根治，又要尽可能做到恰到好处，避免过度损伤正常的器官、组织和细胞。治疗这类肿瘤通常不需要采用医治毒性肿瘤、恶性肿瘤那样的综合疗法，是否实施具有较大毒副作用的化疗法和放疗法，要视具体情况而定，并谨慎行之。临床上常见的变性肿瘤有甲状腺乳头瘤（Thyroid Papillary Adenoma）、胚胎性腺瘤（Embryonal Adenoma）、卵巢囊腺瘤、大肠乳头状瘤、血管瘤（Hemangio Cytoma）、葡萄胎、神经元肿瘤、肾腺瘤（Renal Adenoma）、肝细胞腺瘤（Hepat Adenoma）和皮样囊肿（Dermoid Cyst）等。

（3）毒性肿瘤：亦可称之为恶性肿瘤和癌瘤。毒性肿瘤对人体危害巨大，其细胞分化差，异常增殖速度快，病死率高，会给患者身心带来巨大的痛苦和折磨等。该类肿瘤具有极强的浸润侵犯性，密度高，并易通过淋巴管、血管或细胞脱落、种植等方式向身体其他部位扩散、转移，形成继发性肿瘤或转移瘤灶。毒性肿瘤通常没有包膜；与周围正常组织常粘连在一起，分界不清楚。其形态有如盘形，边缘很硬[9]。毒性肿瘤依据其组织来源又被细分为：① "癌"，来源于上皮组织，如胃癌、肺癌等，癌占毒性肿瘤的比例在75%以上；② "肉瘤"，起源于间叶组织，如淋巴肉瘤、骨肉瘤等；③"母细胞瘤"，由胚胎组织或未成熟组织生成，如肾母细胞瘤、视网膜母细胞瘤等；④"恶性……瘤"，来源于多种组织，如恶性脑膜瘤、恶性畸胎瘤等；⑤"……病"，依习惯和人名命名，如白血病、霍奇金淋巴瘤等。事实上，良性肿瘤、变性肿瘤与毒性肿瘤之间并不存在着明显的分界线，其生物学特性也并不是一成不变的；它们之间可以根据患者的体质、免疫力和环境因素等的变化互相逐渐移行、转化，即良性肿瘤可以逐步转化为变性肿瘤与毒性肿瘤，毒性肿瘤也有可能转化成变性肿瘤与良性肿瘤。因此，临床上需要长期观测、定期随访、加强检查和化验，不可掉以轻心。

2. 肿瘤组织来源分类法　组织来源分类法主要是依据肿瘤细胞的来源和细胞类型等对肿瘤予以分类的方法。因为任何肿瘤细胞都是由机体中的某种组织细胞突变而成的，当将这些肿瘤细胞置于显微镜下观察时，其细胞形态、结构或多或少与其来源的组织细胞近似，这无疑为它们的分类和起源、发生发展方向和规律、医治和预防的实施等提供了重要的参考依据。根据肿瘤组织细胞的来源，可将肿瘤组织主要划分为两种类型：上皮组织肿瘤和间叶组织肿瘤。目前的肿瘤组织来源分类法又可进一步细分为：上皮组织肿瘤（Epithelial Tissue Tumor）、间叶组织肿瘤（Mesenchymal Tissue Tumor）、淋巴和造血组织肿瘤（Lymphoid Tissue and Hematopoietic Tissue Tumor）、神经组织肿瘤（Nervous Tissue Tumor）和其他组织肿瘤（Others Tissue Tumor）。根据肿瘤组织来源分类法划分的部分良、恶性肿瘤及其发生存在部位可见表 1-2。

表 1-2　　　　　　　　部分常见肿瘤组织来源分类

序号	组织来源		良性肿瘤	恶性肿瘤	发生存在部位
1	上皮组织肿瘤	鳞状上皮	乳头状瘤	鳞状细胞癌	乳头状瘤见于皮肤、鼻、鼻窦、喉等处；鳞状细胞癌见于子宫颈、皮肤、食管、鼻咽、肺、喉和阴茎等处

续表1

序号	组织来源		良性肿瘤	恶性肿瘤	发生存在部位
1	上皮组织肿瘤	基底细胞		基底细胞癌（Basal Cell Carcinoma，BCC）	头面部皮肤
		腺上皮	腺瘤	恶性腺瘤（Malignant Adenoma）	腺瘤多见于皮肤、甲状腺、胃、肠；腺癌见于胃、肠、乳腺、甲状腺等
			黏液性或浆液性囊腺瘤	黏液性或浆液性囊腺癌	卵巢
			多形性腺瘤（Pleomorphic Adenoma）	恶性多形性腺瘤（Malignant Change in Pleomorphic Adenoma）	涎腺
		移行上皮	乳头状瘤	移行上皮癌（Transitional Cell Carcinoma）	膀胱、肾盂
2	间叶组织肿瘤	纤维结缔组织	纤维瘤	纤维肉瘤	四肢
		纤维组织细胞	纤维组织细胞瘤（Fibrous Histiocytoma）	恶性纤维组织细胞瘤（Malignant Fibrous Histiotoma，MFH）	四肢多发生于深层软组织
		脂肪组织	脂肪瘤	脂肪肉瘤（Liposarcoma）	前者多见于皮下组织，后者多见于下肢和腹膜后
		平滑组织	平滑肌瘤（Liomyoma）	平滑肌肉瘤（Leiomyosarcoma）	子宫和胃肠
		横纹肌组织	横纹肌瘤（Rhabdomyoma）	横纹肌肉瘤	肉瘤多见于头颈、生殖泌尿道及四肢
		血管和淋巴管组织	血管瘤	血管肉瘤（Angiosarcoma）	皮肤和皮下组织、舌、唇等
			淋巴管瘤（Lymphangioma）	淋巴肉瘤（Lymphosarcoma）	

续表2

序号	组织来源		良性肿瘤	恶性肿瘤	发生存在部位
2	间叶组织肿瘤	骨组织	骨瘤	骨肉瘤	骨瘤多见于颅骨、长骨；骨肉瘤多见于长骨两端，以膝关节上下尤为多见
			巨细胞瘤（Giant Cell Tumor）	恶性巨细胞瘤（Malignant Giant Cell Tumor）	股骨上下端、胫骨上端、肱骨上端
		软骨组织	软骨瘤（Chondroma）	软骨肉瘤（Chondrosarcoma）	软骨瘤多见于手足短骨；软骨肉瘤多见于盆骨、肋骨、股骨、肱骨及肩胛骨等
		滑膜组织	滑膜瘤（Synovial Tumor）	滑膜肉瘤（Synovial Sarcoma）	膝、踝、肩和肘等关节附近
		间皮	间皮瘤（Mesothelioma）	恶性间皮瘤	胸膜、腹膜
3	淋巴和造血组织肿瘤	淋巴组织		淋巴瘤	颈部、纵隔、肠系膜和腹膜后淋巴结
		造血组织		各种白血病	淋巴造血组织
				多发性骨髓瘤（Multiple Myeloma）	椎骨、胸骨、肋骨、颅骨和长骨
4	神经组织肿瘤	神经衣组织	神经纤维瘤（Neurofibroma）	神经纤维肉瘤（Neurofibrosarcoma）	单发性：全身皮神经；多发性：深部神经及内脏也受累
		神经鞘细胞	神经鞘瘤（Neurilemmoma）	恶性神经鞘瘤（Malignant Neurilemmoma）	头、颈、四肢等处神经
		胶质细胞	胶质细胞瘤（Glioblastoma）	恶性胶质细胞瘤（Malignant Glioma）	大脑
		原始神经细胞		髓母细胞瘤	小脑
		脑膜组织	脑膜瘤（Meningioma）	恶性脑膜瘤	脑膜

续表3

序号	组织来源		良性肿瘤	恶性肿瘤	发生存在部位
4	神经组织肿瘤	交感神经节	细胞神经瘤（Ganglioneuroma，GN）	神经母细胞瘤（Neuroblastoma）	前者多见于纵隔和腹膜后，后者多见于肾上腺髓质
5	其他组织肿瘤（Others Tissue Tumor）	黑色素细胞	黑痣（Nevus）	黑色素瘤	皮肤、黏膜
		胎盘组织	葡萄胎（Hydatidiform Mole）	绒毛膜上皮癌（Chorioepithelioma）、恶性葡萄胎（Malignant Mole）	子宫
		性索	支持细胞、间质细胞瘤	恶性支持细胞、间质细胞瘤	卵巢、睾丸
			颗粒细胞瘤（Granular Cell Tumor）	恶性颗粒细胞瘤（Malignant Granular Cell Tumor）	卵巢
		生殖细胞		精原细胞瘤	睾丸
				无性细胞瘤（Dysgerminoma）	卵巢
				胚胎性癌（Embryonal Carcinoma）	睾丸、卵巢
		三个胚叶组织	畸胎瘤（Teratoma）	恶性畸胎瘤	卵巢、睾丸、纵隔和骶尾部

3. 解剖部位及科室分类法 此种分类法主要依据肿瘤发生的解剖学部位和临床上所属的科室来进行分类。例如，发生于肺、乳腺、肝、胃、宫颈、卵巢等部位恶性肿瘤，简称为肺癌、乳腺癌、肝癌、胃癌、子宫颈癌、卵巢癌等；属于男性科室的恶性肿瘤分为前列腺癌、睾丸肿瘤等，属于女性科室的肿瘤又分成卵巢癌、宫颈癌、子宫肌瘤等，属于呼吸系统的有肺癌、鼻咽癌、非小细胞肺癌等。依据解剖部位及科室分类法所划分的部分肿瘤参见表1-3。

表 1-3   依解剖部位及科室分类法划分的部分常见肿瘤

序号	病理科室	肿瘤名称	肿瘤特点	肿瘤亚型及分类
1	男科肿瘤	前列腺癌（Prostate Cancer）	前列腺癌的病因尚未查明，可能与遗传、环境、性激素等有关。前列腺分泌功能受雄激素睾酮调节，促性腺激素的黄体生成素发挥间接作用。幼年阉割者从不发生前列腺癌。前列腺癌98%为腺癌	主要分4种：前列腺潜伏癌，前列腺偶发癌，前列腺隐匿癌，前列腺临床癌
		阴茎癌（Penile Cancer）	正式名称为阴茎及其他男性生殖器官癌症，泛指阴茎区域出现的恶性肿瘤，出现区域包括阴茎、副睾、精索、输精管、阴囊、贮精囊及睾丸鞘膜	最常见的癌症种类为原位鳞状细胞癌（或称鳞状上皮癌）
		睾丸肿瘤（Testicular Cancer）	睾丸肿瘤为男性生殖系统中较多见的一种肿瘤。绝大多数为恶性肿瘤，良性者罕见。常见的有精原细胞瘤、胚胎癌、畸胎瘤、畸胎癌等	睾丸肿瘤包括生殖细胞和非生殖细胞肿瘤两大类，前者占95%以上，后者不到5%。非生殖细胞肿瘤虽少见，但种类繁杂，主要包括支持细胞、间质细胞和支持细胞、间质细胞瘤等功能性肿瘤，和间皮瘤、腺癌、横纹肌肉瘤、黏液性囊腺瘤、纤维上皮瘤、黑素神经外胚瘤、淋巴瘤等附属组织肿瘤。生殖细胞肿瘤包括精原细胞瘤、胚胎癌、畸胎瘤和绒毛膜细胞癌4个基本组织类型；分单纯型和混合型两大类，前者包括含一种肿瘤成分，后者包含两种或两种以上肿瘤成分；单纯型约占60%，睾丸癌混合型占40%
		男性尿道癌	原发性尿道肿瘤临床上较少见，恶性肿瘤包括癌、肉瘤、黑色素瘤等	

续表1

序号	病理科室	肿瘤名称	肿瘤特点	肿瘤亚型及分类
2	妇科肿瘤	卵巢癌 (Ovarian Cancer)	卵巢癌是指女性卵巢的癌症，发病年龄平均约50岁，患者多为老年女性。患者初期并没有明显病症，只是腹部会略为肥胖，有腹胀之感，进食之后可能会肠胃不适。当病情到了后期时，便会出现腹水	主要分以下4种类型：表层上皮基质肿瘤（Surface Epithelial-stromal Tumor），卵巢性索间质肿瘤（Sex Cord-stromal Tumor），生殖细胞肿瘤（Germ Cell Tumor），混合型卵巢癌（Mixed Ovarian Cancer）
		宫颈癌 (Cervical Cancer)	宫颈癌是妇科最常见的恶性肿瘤之一。宫颈癌的转移，可向邻近组织和器官直接蔓延，也可通过淋巴管转移至子宫颈旁、髂内、髂外、腹股沟淋巴结，晚期甚至可转移到锁骨上及全身其他淋巴结。血行转移比较少见，常见的转移部位是肺、肝及骨。当宫颈癌的症状出现3个月后就诊者已有2/3为癌症晚期	包括4种组织亚型：鳞状细胞癌，腺癌，腺鳞癌，小细胞癌（Small Cell Carcinoma），神经内分泌癌（Neuroendocrine Carcinoma）
		子宫内膜癌 (Carcinoma of Endometrium)	又称子宫体癌，是指子宫内膜发生的癌，绝大多数为腺癌	依据病理分为：弥漫型、局限型和息肉型；镜检可分为腺癌，腺角化癌（Adenoacanthoma），鳞腺癌，透明细胞癌
		子宫肌瘤 (Hysteromyoma)	子宫肌瘤（Myoma of Uterus）是女性生殖器最常见的良性肿瘤，也是人体最常见的肿瘤。由子宫平滑肌组织增生而成，其间有少量纤维结缔组织。单发或多发。以多发性子宫肌瘤常见	分类：按肌瘤所在部位分为宫体肌瘤（占92%）和宫颈肌瘤（占8%）。肌瘤原发于子宫肌层，根据肌瘤发展过程中与子宫肌壁的关系分3类：①肌壁间肌瘤；②浆膜下肌瘤；③黏膜下肌瘤
		外阴癌 (Carcinoma of Vulva)	外阴恶性肿瘤以原发性的为主，绝大多数外阴癌是鳞状上皮癌，腺癌较少	有时外阴癌局限于上皮内，在上皮内蔓延称原位癌，亦称外阴上皮癌，上皮癌有2种：①鳞状上皮原位癌（又称波文

续表2

序号	病理科室	肿瘤名称	肿瘤特点	肿瘤亚型及分类
				病）；②湿疹样上皮内癌（又称派杰病）。此外尚有基底细胞癌及黑色素瘤
2	妇科肿瘤	恶性葡萄胎（Chorioa-denoma）	葡萄胎亦称水泡状胎块是指妊娠后胎盘绒毛滋养细胞异常增生，终末绒毛转变成水泡，水泡间相连成串，形如葡萄得名	葡萄胎分为完全性和部分性两类，其中大多数为完全性葡萄胎，且具较高的恶变率；少数为部分性葡萄胎，恶变罕见。两类葡萄胎从发病原因至临床病程均不相同
3	呼吸系统肿瘤	肺癌（Lung Cancer）	肺癌是呼吸系统常见的恶性肿瘤，又称原发性支气管肺癌，主要发生于支气管黏膜上皮细胞，少数发生于肺泡组织	
		非小细胞肺癌（Non-small Cell Lung Carcinoma，NSCLC）	非小细胞肺癌泛除小细胞肺癌以外的其他所有类型的肺癌，主要包括腺癌、鳞状细胞癌和支气管肺泡癌	它主要包括腺癌、鳞状细胞癌、大细胞未分化癌3类。非小细胞肺癌与小细胞肺癌相比，其癌细胞的生长分裂速度较缓慢，恶性程度较小细胞癌低，发生远处扩散转移的概率相对较小
		小细胞肺癌（Small Cell Lung Carcinoma，SCLC）	小细胞肺癌是肺癌的一个未分化癌分型，主要产生于肺组织的内分泌细胞，早期就已转移，与非小细胞肺癌相比其癌细胞增长较快，恶性度高，预后极差	按发展时间，小细胞肺癌分为局限期和广泛期，大多数小细胞肺癌诊断时已为广泛期，局限期最多占1/3
		鼻咽癌（Nasopha-ryngeal Carcinoma）	发生于鼻咽黏膜的恶性肿瘤。鼻咽癌恶性程度较高，早期即可出现颈部淋巴结转移	分3种亚型：已分化角化型（A Well-differentiated Keratinizing Type），中度分化非角化型（A Moderately-differentiated Nonkeratinizing Type）及未分化型（An Undifferentiated Type）

续表3

序号	病理科室	肿瘤名称	肿瘤特点	肿瘤亚型及分类
3	呼吸系统肿瘤	气管肿瘤 (Tracheal Tumor)	原发性气管、支气管肿瘤起源于黏膜上皮的有鳞状上皮细胞癌、腺癌、乳头状瘤；起源于黏膜腺体或黏膜下腺体的有腺样囊性癌、黏液表皮样癌；起源于黏膜上皮嗜银的Kulchitsky细胞的有分化不良型癌和类癌；起源于间质组织的有平滑肌瘤、血管瘤、软骨瘤、神经纤维瘤、错构瘤、癌肉瘤等	气管良性瘤：乳头状瘤、纤维瘤、血管瘤、神经纤维瘤、纤维组织细胞瘤、脂肪瘤、软骨瘤、平滑肌瘤、错构瘤；气管恶性肿瘤：气管鳞状上皮癌、气管腺样上皮癌；气管低度恶性肿瘤：类癌、腺样囊性癌、黏液表皮样癌
		肺转移瘤 (Lung Metastases)	转移到肺的原发恶性肿瘤多来自乳腺、骨骼、消化道和泌尿生殖系统。肺转移性肿瘤大多为遍及两侧肺的多发性病灶，大小不一，密度均匀，对这些晚期癌肿病例，目前尚无有效的治疗方法。少数病例肺内只有单个孤立的转移病灶则可考虑外科治疗	原发于身体其他部位的恶性肿瘤经血道或淋巴道转移到肺的相当多见。据统计在死于恶性肿瘤的病例中，20%～30%有肺转移
4	消化系统肿瘤	肝癌 (Liver Cancer)	发生于肝脏的癌病类疾病	
		原发性肝癌 (Primary Carcinoma of the Liver)	原发性肝癌是由肝细胞或肝内胆管上皮细胞发生的恶性肿瘤，简称肝癌	按病理分型为：巨块型，结节型，弥漫型，其中巨块型和结节型最常见，约占98.6%；按组织学上分为：肝细胞型、胆管细胞型和混合型
		肝细胞癌 (Hepatocellular Carcinoma)	在肝叶的肝细胞发生的癌变	根据病理分为3型：①巨块型：肿瘤直径≥5 cm，占肝癌总数的半数以上，瘤内可有出血性坏死，有些可见到肿瘤周边的假包膜。②结节型：肿瘤直径<5 cm，单发或多发，分布在肝内的结节状肿块。③弥漫型：较少见，肝内广泛、弥漫分布的小结节病变

续表 4

序号	病理科室	肿瘤名称	肿瘤特点	肿瘤亚型及分类
4	消化系统肿瘤	胆管细胞癌（Cholangio-carcinoma）	在胆管的上皮细胞发生的癌变	根据其发生部位分为末梢型胆管癌（肝内胆管瘤）和肝门部胆管癌
		转移性肝癌（Metastatic Liver Cancer）	转移性肝癌系由全身各脏器的癌肿转移至肝脏形成	组织分型：肝细胞型、胆管细胞型和混合型
		胃癌（Gastric Cancer）	胃癌是源自胃黏膜上皮细胞的恶性肿瘤，占胃恶性肿瘤的 95%	分类可分为早期胃癌和进行性胃癌
		大肠癌（Colorectal Cancer）	大肠癌，也称结直肠癌，包括肿瘤在大肠、直肠及阑尾的增生。一般认为，许多大肠癌是从大肠里的腺瘤性息肉（Polyp）所引发的。这些形状与蘑菇相似的肿瘤一般都是良性的，但过了一定的时间其中的一些肿瘤会演变成癌症	大肠癌的组织学分型一般分为腺癌、黏液癌及未分化癌
		胆囊癌（Carcinoma of Gallbladder）	胆囊癌是胆道系统中常见的恶性肿瘤。胆囊的恶性程度均较高，具有生长快和转移早的特点。胆囊的位置紧贴肝脏，又有丰富的淋巴血管网，故癌肿很容易扩散	胆囊癌可分为肿块型和浸润型。其病理组织类型以腺癌为主，占 80%～90%，未分化癌占 10% 左右，鳞状细胞癌及鳞腺癌占 5%～10%
		食管癌（Cancer of the Oesophagus）	食管癌发生于食管黏膜上皮的基底细胞，绝大多数是鳞状上皮癌（95%），腺癌起源于食管者甚为少见，多位于食管末端。贲门癌多为腺癌，也可延伸侵入食管	组织学分型：鳞状细胞癌、腺癌和未分化癌；按疾病发展时期分早期食管癌的病理形态分型：早期食管癌按其形态可分为隐伏型、糜烂型、斑块型和乳头型；中、晚期食管癌的病理形态分型：可分为髓质型、蕈伞型、溃疡型、缩窄型、腔内型和未定型
		直肠癌（Rectal Cancer）	直肠癌是指从齿线至直肠乙状结肠交界处之间的癌，是消化道最常见的恶性肿瘤之一	直肠癌的组织学分型一般分为腺癌、黏液癌和未分化癌

续表5

序号	病理科室	肿瘤名称	肿瘤特点	肿瘤亚型及分类
4	消化系统肿瘤	胰腺癌（Pancreatic Carcinoma）	是胰脏出现的癌症，其恶性肿瘤会在患者的胰脏生长。通常认为胰腺癌是常见肿瘤中恶性程度最高，也是死亡率最高的。胰管癌被认为是在原始的胰管上皮细胞发生增生过长或组织异常后，经过前癌状态后开始发癌并变为胰管上皮内癌，最终发展成浸润性癌	胰腺癌一般被分为外分泌型（消化酶分泌型）和内分泌型（激素分泌型）两大类组织结构。外分泌型癌症占全体胰腺癌的比例高达95%，其中在胰腺导管上皮产生的浸润性胰腺导管癌比例最多，约占全体的85%
		结肠癌（Colorectal Cancer）	结肠癌是发生于结肠部位的常见的消化道恶性肿瘤，占胃肠道肿瘤的第三位。好发部位为直肠及直肠与乙状结肠交界处	结肠癌病理分型之大体形态分型：①肿块型（菜花型、软癌）；②浸润型（缩窄型、硬癌）；③溃疡型；结肠癌病理分型之组织分型：腺癌，黏液癌，未分化癌
5	血液科肿瘤	白血病	白血病是造血组织的恶性疾病，又称"血癌"（Blood Cancer）。其特点是骨髓及其他造血组织中有大量白血病细胞无限制地增生，并进入外周血液，而正常血细胞的制造被明显抑制，该病居年轻人恶性疾病中的首位，病因至今仍不完全清楚，病毒可能是主要的致病因子，但还有许多因素如放射、化学毒物（苯等）或药物、遗传素质等可能是致病的辅因子	根据增生细胞类型，可分为粒细胞性、淋巴细胞性和单核细胞性3类。主要表现为感染、发热、贫血和出血。按白血病细胞分化程度可分为急性及慢性两大类
		淋巴癌	恶性淋巴癌又称"淋巴瘤"，是原发于淋巴结或其他淋巴组织的恶性肿瘤，本病按其细胞成分的不同可分为霍奇金淋巴瘤和非霍奇金淋巴瘤两大类。其恶性程度不一，由淋巴—组织细胞系统	（1）非霍奇金淋巴癌（Non-Hodgkin's Lymphoma）有两种类型：B细胞（B淋巴结）和T细胞（T淋巴结），以上每一种类型又分两种：①慢性淋巴癌，生长速度很慢；②侵袭性淋巴癌，生长速度很快

续表6

序号	病理科室	肿瘤名称	肿瘤特点	肿瘤亚型及分类
5	血液科肿瘤	淋巴癌	恶性增生所引起，多发生在淋巴结内	（2）霍奇金淋巴癌（Hodgkin's Lymphoma），它很像非霍奇金淋巴癌，但患者体内会生出一种不正常的细胞——名为李特-斯顿伯格细胞（Reed-Sternberg Cell）。不同于非霍奇金淋巴癌，此种癌细胞在体内扩散的顺序较有次序
		淋巴肉瘤	淋巴肉瘤为旧分类法中的一类。其生长快而体积大，多为一组或两组淋巴结受累。多发生于颈部淋巴结，其次为腋窝、腹股沟、纵隔等淋巴结群。淋巴肉瘤也可以先发生于胃肠道、五官、纵隔或皮肤。始发于一器官后，转移到其他部位。晚期在周围血液中，有时可出现大量病理性细胞，称白血肉瘤	
		多发性骨髓瘤（Multiple Myeloma）	是浆细胞异常增生的恶性肿瘤。一种进行性的肿瘤性疾病，其特征为骨髓浆细胞瘤和一株完整性的单克隆免疫球蛋白（IgG、IgA、IgD或IgE）或Bence Jones蛋白质（BJP，游离的单克隆性 κ 或 γ 轻链）过度增生。多发性骨髓瘤常伴有多发性溶骨性损害，高钙血症，贫血，肾脏损害，而且对细菌性感染的易感性增高，正常免疫球蛋白的生成受抑	一般分型，可分为5型：①孤立型；②多发型；③弥漫型；④髓外型；⑤白血病型。根据免疫球蛋白分型可分为：①IgG型；②IgA型；③IgD型；④IgM型；⑤轻链型；⑥IgE型；⑦非分泌型

续表 7

序号	病理科室	肿瘤名称	肿瘤特点	肿瘤亚型及分类
6	泌尿系统肿瘤	肾癌 (Carcinoma of Kidney)	肾癌起源于肾小管上皮细胞，可发生于肾实质的任何部位，但以上、下级为多见，少数侵及全肾；左、右肾发病机会均等，双侧病变各占1%～2%	在病理上，根据细胞形态不同，通常将肾癌分为4型：透明细胞型肾癌、颗粒细胞型肾癌、混合细胞型肾癌、未分化细胞型肾癌
		膀胱癌 (Bladder Cancer)	膀胱肿瘤是泌尿系统中最常见的肿瘤。多数为移行上皮细胞癌。在膀胱侧壁及后壁最多，其次为三角区和顶部，其发生可为多中心。膀胱肿瘤可先后或同时伴有肾盂、输尿管、尿道肿瘤	膀胱肿瘤可分为两大类，即来源于上皮组织和非上皮组织的肿瘤。原发于上皮组织的恶性肿瘤又包括：①移行上皮癌；②鳞状上皮癌；③腺癌；④未分化癌。上皮组织的恶性肿瘤又包括：①肉瘤：以横纹肌肉瘤较多，一般好发于小儿，也可出现平滑肌肉瘤、纤维肉瘤、血管肉瘤；②恶性淋巴瘤；③黑色素瘤
		男性尿道癌 (Male Urethral Cancer)	男性尿道癌临床上较少见，恶性肿瘤包括癌、肉瘤、黑色素瘤等。早期即可有尿道流血、尿频、尿急、尿痛等症状。肿瘤增大，也会引起排尿困难。男性尿道癌治疗困难，预后较差	
		女性尿道癌 (Female Urethral Cancer)	尿道癌属于尿道上皮肿瘤，临床上比较少见。大约50%的尿道癌继发于膀胱、输尿管或肾盂移行上皮癌。原发尿道癌比较少见，主要发生在女性	
7	骨科肿瘤	骨巨细胞瘤 (Giant Cell Tumor of Bone)	起源于松质骨的溶骨性肿瘤，属潜在恶性，有时是明显恶性。骨巨细胞瘤多见于年轻成人。标记基因：TP73L基因（编码p63蛋白）	

续表8

序号	病理科室	肿瘤名称	肿瘤特点	肿瘤亚型及分类
7	骨科肿瘤	骨软骨瘤（Osteochondroma）	骨软骨瘤又称外生骨疣，由EXT基因家族之一突变所致，是儿童期最常见的良性骨肿瘤。该肿瘤通常位于干骺端的一侧骨皮质，向骨表面生长可分为单发性和多发性骨软骨瘤。后者有遗传倾向并影响骨骺发育或产生肢体畸形，称为多发性遗传性骨软骨瘤病，或骨干续连症	分型上有：弥漫型、囊肿型、丝瓜瓤型和纤维骨瘤型
		骨肉瘤	是指肿瘤细胞能直接产生骨样基质和（或）骨组织的肿瘤，是最常见的原发恶性骨肿瘤，约占原发恶性骨肿瘤的20%，预后险恶，骨盆骨肉瘤恶性度高，发生在颌骨者较低	骨肉瘤按其解剖部位及组织形态可被分为多种亚型： （1）髓内型（最常见）：包括成骨细胞型、成软骨细胞型、成纤维细胞型、毛细血管扩张型、小细胞型、纤维组织细胞型、皮质内型、低度恶性（髓内）型和颌骨型 （2）邻皮质型：包括骨旁骨肉瘤、去分化骨旁骨肉瘤、骨膜骨肉瘤和高度恶性表面骨肉瘤 （3）继发型：① 良性病变恶变：来自畸形性骨炎、骨纤维异常增殖症及骨梗死。② 放射源性 （4）多中心型：同时或异时发生 （5）软组织（骨外）骨肉瘤
8	神经科肿瘤	脑瘤（Brain Tumor）	生长于颅内的肿瘤通称为脑瘤	包括由脑实质发生的原发性脑瘤和由身体其他部位转移至颅内的继发性脑瘤。原发性脑瘤依其生物特性又分良性和恶性。良性脑瘤生长缓慢，包膜较完整，不浸润周围组织及分

续表9

序号	病理科室	肿瘤名称	肿瘤特点	肿瘤亚型及分类
8	神经科肿瘤			化良好；恶性脑瘤生长较快，无包膜，界限不明显，呈浸润性生长，分化不良。无论良性或恶性，均能挤压、推移正常脑组织，造成颅内压升高，威胁人的生命
		脑膜瘤	脑膜瘤原发于蛛网膜内皮细胞，凡属颅内富于蛛网膜颗粒与蛛网膜绒毛之处皆是脑膜瘤的好发部位	
		脑结核瘤（Brain Tuberculoma）	脑结核瘤是中枢神经系统感染结核分枝杆菌后形成的一种肉芽肿样病变。常继发于身体其他部位结核。可发生于颅内任何部位，位于幕下较幕上者多，多发生于儿童和青少年，男女发病率无显著差异	临床上脑结核瘤分二型：①全身型：伴有其他器官活动性结核，如肺、淋巴结甚至全身粟粒样结核，常伴有结核性脑膜炎；②局限型：临床主要表现为癫痫发作、颅内高压症状
		垂体瘤（Pituitary Tumor）	垂体瘤是发生在垂体上的肿瘤，通常又称为垂体腺瘤，是常见的神经内分泌肿瘤之一，占中枢神经系统肿瘤的10%～15%。绝大多数的垂体腺瘤都是良性肿瘤	主要包括生长激素细胞腺瘤、催乳素细胞腺瘤、促皮质素细胞腺瘤、甲状腺刺激素细胞瘤、滤泡刺激素细胞腺瘤、黑色素刺激素细胞腺瘤、内分泌功能不活跃腺瘤和恶性垂体瘤
9	皮肤科肿瘤	皮肤癌（Skin Neoplasm）	皮肤癌在我国的发病率很低，但在白色人种中却是常见的恶性肿瘤之一。根据上海市肿瘤研究所1988年上海市市区恶性肿瘤发病率统计资料表明，除恶性黑素瘤以外的皮肤恶性肿瘤发病率为1.53/10万。Boring等报道，美国1991年除黑素瘤以外的	皮肤癌包括基底细胞癌、鳞状细胞癌、黑色素瘤、恶性淋巴瘤、特发性出血性肉瘤（Kaposi肉瘤）、汗腺癌、隆突性皮肤纤维肉瘤、血管肉瘤等

续表 10

序号	病理科室	肿瘤名称	肿瘤特点	肿瘤亚型及分类
9	皮肤科肿瘤	皮肤癌（Skin Neoplasm）	皮肤癌新病例有 60 万人。据 Giles 等报道，在澳大利亚南部地区皮肤癌的发病率至少达 650/10 万，为我国发病率的 100 倍。据估计凡能活到 65 岁的美国白人，其中有 40％～50％至少患过 1 次皮肤癌，这可能与所处的地理位置和人民的生活方式有关	
		黑色素瘤（Melanoma）	源于皮肤，黏膜，眼和中枢神经系统色素沉着区域的黑色素细胞的恶性肿瘤。多数恶性黑色素瘤均起源于正常皮肤的黑色素细胞，40％～50％发生于色素痣	
10	普外科肿瘤	乳腺癌（Breast Cancer）	通常是发生在乳房腺上皮组织的恶性肿瘤，也是一种严重影响妇女身心健康甚至危及生命的最常见的恶性肿瘤之一，乳腺癌男性罕见	分类：①非浸润性癌（原位癌）：小叶原位癌，导管内癌，导管内乳头状癌。②早期浸润癌：早期浸润小叶癌，早期浸润导管癌。③浸润性癌：癌组织向间质内广泛浸润，形成各种形态癌组织与间质相混杂的图像，分为非特殊型和特殊型
		脂肪瘤	是一种良性肿瘤，多发生于皮下。瘤周有一层薄的结缔组织包囊，内有被结缔组织束分成叶状成群的正常脂肪细胞。有的脂肪瘤在结构上除大量脂肪组织外，还含有较多结缔组织或血管，即形成复杂的脂肪瘤	按部位不同可分为皮下脂肪瘤和血管平滑肌脂肪瘤（又称错构瘤）。根据脂肪瘤的可数目可分为有孤立性脂肪瘤及多发性脂肪瘤两类
		甲状腺癌（Thyroid Carcinoma）	最常见的甲状腺恶性肿瘤，是来源于甲状腺上皮细胞的恶性肿瘤	按病理类型可分为乳头状癌（60％），滤泡状腺癌（20％），未分化癌（15％），髓样癌（7％）

续表 11

序号	病理科室	肿瘤名称	肿瘤特点	肿瘤亚型及分类
10	普外科肿瘤	甲状腺肿瘤（Thyroid Tumor）	甲状腺瘤是临床常见病、多发病，其中绝大多数为良性病变，少数为癌。病因不清，病理改变为甲状腺滤泡增生，甲状腺组织肿大	病理分类：①滤泡状腺瘤：胚胎型腺瘤、胎儿型腺瘤、胶性腺瘤（又称巨滤泡性腺瘤，最常见）、单纯性腺瘤和嗜酸性腺瘤；②乳头状腺瘤；③不典型腺瘤；④甲状腺囊肿；⑤功能自主性甲状腺腺瘤
11	五官科肿瘤	口腔癌（Oral Cancer）	口腔癌是发生在口腔的恶性肿瘤之总称，大部分属于鳞状上皮细胞癌，所谓的黏膜发生变异。广义的口腔癌是指眼眶以下，颈部以上范围内所发生的癌症，如上颚窦，耳下唾液腺，舌下唾液腺皆属之。狭义的口腔癌，包括口腔内可以看到的所有组织细胞，包括舌、口底、唇、牙龈、口腔颊膜及颚等	临床分型主要有：①乳头状或疣状型；②溃疡型；③深部浸润型；④白斑或红斑型
		舌癌（Tongue Cancer）	舌癌多发生于舌缘，其次为舌尖、舌背及舌根等处，常为溃疡型或浸润型。一般恶性程度较高，生长快，浸润性较强，常波及舌肌，致使舌运动受限，使说话、进食及吞咽均发生困难。舌癌向后可以侵犯舌腭弓及扁桃体，晚期舌癌可蔓延至口底及颌骨，使全舌固定	舌癌按其生长及表现形式等，可以分为两型：乳头状型、浸润型或溃疡型
		喉癌（Carcinoma of the Larynx）	是来源于喉黏膜上皮组织的恶性肿瘤。多见于中老年男性。本癌的发生与吸烟、酗酒、长期吸入有害物质及乳头状瘤病毒感染等因素有关	按癌肿所在部位分成3种不同类型：①声门上型；②声门型；③声门下型

续表 12

序号	病理科室	肿瘤名称	肿瘤特点	肿瘤亚型及分类
11	五官科肿瘤	中耳癌（Carcinoma of Middle Ear）	较少见，可原发于中耳，或继发于外耳道或鼻咽部等外，数有慢性中耳炎的病史，外耳道乳头状瘤恶变也常侵入中耳。以鳞状细胞为多见，肉瘤较少	病理上以鳞状细胞癌为主，腺癌与肉瘤极少
		牙龈癌（Gingival Carcinoma）	下牙龈癌较上牙龈癌多见，双尖牙区及磨牙区、唇颊沟处好发，前牙区少见。下牙龈癌多向唇颊侧扩展，沿骨膜向深部浸润，较容易侵及牙槽骨而引起牙齿松动、脱落进而累及下颌骨。部分病例可侵及下颌管，甚至发生病理性骨折。病变向后发展可累及磨牙后三角、舌腭弓、颞下窝、翼腭窝	
		眼眶内瘤（Orbital Tumor）	眼眶肿瘤可原发于眼眶，常见的有皮样囊肿、海绵状血管瘤、脑膜瘤、横纹肌肉瘤等；也可由邻近组织包括眼睑、眼球、鼻窦、鼻咽部和颅腔内等的肿瘤侵犯所致或为远处的转移康复癌	根据肿瘤成因和病理组织学分类：血管性肿瘤、神经源肿瘤、肌源性肿瘤、骨源性肿瘤、纤维源肿瘤、脂肪源肿瘤、血液性肿瘤、泪腺上皮性肿瘤、眼眶囊肿；常见的眼睑恶性肿瘤有以下 4 种：眼睑黑色素瘤、眼睑基底细胞癌、眼睑鳞状细胞癌、睑板腺癌

4. 组织学分类法　组织学分类法主要是依据肿瘤细胞的成熟度来进行划分，依此可将肿瘤细胞分成 4 类：①分化良好型；②中等分化型；③分化差型；④未分化型，又称间变型，指无法鉴别组织来源的一类肿瘤。此分类法通常与描述肿瘤细胞形态、特征等的形容词（如乳头状、滤泡性等）配合使用。

5. 组织病理学分类法　此种分类法主要是依据肿瘤细胞的组织来源

（如外胚层上皮组织细胞、中胚层结缔组织细胞、造血组织细胞等），形状（如鳞状、梭形、球状等），特征（如透明度、急性、慢性等），发生部位（如皮肤、黏膜、骨髓等）等多种病理性状来对肿瘤进行分类的方法。组织病理学分类法与前面介绍的组织来源分类法有点类似，但对肿瘤的阐述更为具体、细致。因此，组织病理学分类法通常被用于对恶性肿瘤的分类中。恶性肿瘤的组织病理学分类法则见表 1－4。

表 1－4　　　　　　　　　恶性肿瘤的组织病理学分类

序号	恶性肿瘤类别	分类依据	名称、特征及举例	
1	恶性上皮肿瘤（Carcinoma）	又称癌，是癌症的一种。在医学上特指来源于外胚层和内胚层，发生于上皮细胞的恶性肿瘤，占所有癌症病例的 80%～90%，其他由结缔组织来源的恶性肿瘤只称作恶性肿瘤	腺癌，为涎腺上皮发生的恶性肿瘤，结构不一，但没有残留的多形性腺瘤的成分	大肠腺癌
				肺腺癌（Adenocarcinoma of Lung）
				泌尿生殖系统的腺癌（Urogenital Adenocarcinoma）
			鳞状细胞癌，简称鳞癌，又名表皮样癌，是发生在皮肤、附属器或者黏膜的恶性肿瘤	腺样鳞状细胞癌（Adenoid Squamous Cell Carcinoma）
				透明细胞鳞状细胞癌（Clear Cell Squamous Cell Carcinoma）
				梭形细胞鳞状细胞癌（Spindle Cell Squamous Cell Carcinoma）
				印戒细胞鳞状细胞癌（Signet-ring Cell Squamous Cell Carcinoma）
				基底样鳞状细胞癌（Basaloid Squamous Cell Carcinoma）
				疣状癌（Verrucous Carcinoma）
				角化棘皮瘤（Keratoacanthoma）

续表1

序号	恶性肿瘤类别	分类依据	名称、特征及举例
2	肉瘤	由结缔组织或来自中胚层的细胞所转变而成的恶性肿瘤。这些组织包括纤维组织、血管组织、淋巴管组织、脂肪组织、软骨组织、骨组织、平滑肌组织、横纹肌组织以及淋巴结组织	Askin瘤（Askin's Tumor） 软骨肉瘤 尤文肉瘤 恶性血管内皮瘤（Malignant Hemangioendothelioma） 恶性神经鞘瘤 骨肉瘤 软组织肉瘤（Soft Tissue Sarcomas）
3	骨髓瘤（Myeloma）	又称浆细胞瘤，是起源于骨髓中浆细胞的恶性肿瘤，是一种较常见的恶性肿瘤。有单发性和多发性之分，以后者多见。多发性骨髓瘤又称细胞骨髓瘤（Multiple Myeloma，简称MM），是由具有合成和分泌免疫球蛋白的浆细胞发生恶变，大量单克隆的恶性浆细胞增生引起易累及软组织，晚期可有广泛性转移，但少有肺转移	孤立性浆细胞瘤（Solitary Plasmacytoma） 多发性骨髓瘤 弥漫性骨髓瘤（Diffuse Myeloma） 白血病型骨髓瘤 髓外型骨髓瘤
4	白血病	是一类造血干细胞的恶性克隆性疾病，全称为骨髓增生异常综合征。其克隆中的白血病细胞增殖失控，分化障碍，凋亡受阻，而停止在细胞发育的不同阶段。在骨髓和其他造血组织中白血病细胞大量增生累积，并侵润其他组织和器官，而正常造血受抑制	急性淋巴细胞白血病（Acute Lymphoblastic Leukemia） 慢性淋巴细胞白血病（Chronic Lymphoblastic Leukemia） 急性骨髓性白血病（Acute Myelogenous Leukemia） 慢性髓细胞性白血病（Chronic Myelogenous Leukemia，CML） 多毛细胞性白血病（Hairy Cell Leukemia） 前T淋巴细胞性白血病（T-cell Prolymphocytic Leukemia）

续表 2

序号	恶性肿瘤类别	分类依据	名称、特征及举例
4	白血病		大颗粒淋巴细胞白血病（Large Granular Lymphocytic Leukemia）
			成人 T 细胞白血病（Adult T-cell Leukemia）
5	淋巴瘤	是一组起源于淋巴结或其他淋巴组织的恶性肿瘤，可分为霍奇金病（HD）和非霍奇金淋巴瘤（NHL）两大类，组织学可见淋巴细胞和（或）组织细胞的肿瘤性增生，临床以无痛性淋巴结肿大最为典型，肝脾常肿大，晚期有恶病质、发热及贫血	成熟 B 细胞恶性肿瘤（Mature B Cell Neoplasms）
			成熟 T 细胞和自然杀伤细胞肿瘤［Mature T Cell and Natural Killer（NK）Cell Neoplasms］
			霍奇金淋巴瘤
			免疫缺陷相关淋巴增生疾病（Immunodeficiency-associated Lymphoproliferative Disorders）
6	混合型肿瘤（Mixed Tumor）	来源于多个组织的恶性肿瘤	

即使在目前，对部分肿瘤的分类和命名仍存在一定的困难和不同意见，这主要是由于肿瘤细胞分化程度差，起因复杂等因素所致。例如，"上皮"一般指皮肤表皮、黏膜及腺体的覆盖层和里层细胞，但某些内分泌腺细胞、浆膜腔的衬里细胞、卵巢表面的生发层等是否也为上皮，意见还不统一；当进行活体取样切片检查时，如果标本量小，加之病理细胞分化性差时，便很难在显微镜下区分其组织的来源；又如，肺癌可由吸烟、工业及生活中的致癌废气、空气中的 PM2.5 颗粒等多种原因引起，等等。故有学者[9]认为肿瘤的分类原则应遵循两点：①对肿瘤的分类必须简单，基本实用，尽量避免人为过繁、过长的分类命名；②最基本实用的分类法则，应是根据肿瘤的组织来源和性质这两个方面来进行。

第四节 肿瘤的分期

肿瘤分期（Staging）通常仅对于恶性肿瘤而言。它是一个评价体内恶性肿瘤的数量和位置的分类分级方法。根据肿瘤的分期结论可以描述个体内原发肿瘤以及其播散程度，恶性肿瘤的严重程度和受累范围等。通过对肿瘤分期，可以将癌症患者划分为"早"期或"晚"期，将肿瘤的病变、扩散与时间相关联，体现出肿瘤的生长速率、范围、病理类型及肿瘤与宿主的关系[10]。

目前，国际上常见的肿瘤分期系统有：①TNM 分期系统，该系统是现在国际上最为通用的肿瘤分期系统，由国际抗癌联盟（Union for International Cancer Control，UICC）和美国癌症联合委员会（American Joint Committee on Cancer，AJCC）推荐，并已逐步形成了国际性的肿瘤分期标准。②SEER 综合分期，由美国国立癌症研究所流行病学和远期结果监测计划（SEER）制订。③FIGO 分期系统，由国际妇、产科学联盟制订，用于对女性生殖部位癌症的分期分级。④DUKE 分期系统，基于肠壁的浸润深度和淋巴结累及与否，适用于结、直肠癌的分期系统。⑤CLARK 分期系统，基于不同皮肤层浸润深度，应用于皮肤黑色素瘤的病理学分期系统。⑥BRESLOW 分期系统，一种在毫米水平上测定肿瘤厚度的用于皮肤黑色素瘤的病理学分期系统。⑦JEWETT/MARSHALL 分期系统，基于膀胱壁的浸润深度用于膀胱癌的病理学分期系统。⑧AMERICAN/MARSHALL 分期系统，基于肿瘤程度与部位的用于前列腺癌的病理学分期系统。⑨ANN ARBOR 分期系统，基于淋巴结和内脏累及程度的用于淋巴瘤（霍奇金病与非霍奇金病）的分期系统。⑩SMITH/SKINNER 分期系统，适用于睾丸癌的分期系统。⑪JACKSON 分期系统，适用于阴茎癌的分期系统。⑫WILMS 瘤分期系统，应用于肾 Wilms 瘤（肾母细胞瘤）的分期系统。

对于不同的恶性肿瘤可根据研究的着重点采用不同的分期系统。上述各分期系统中，有的部分重复，有的相互补充，有的具有通用性，有的专业性较强。不过，所有的分期系统都涉及对肿瘤原位（原发肿瘤）、局部（是否扩散）、区域（淋巴结累及）和远处（是否转移）的描述。在本书中，笔者将重点介绍目前国际上最为通用的 TNM 肿瘤分期系统。

一、什么是肿瘤的 TNM 分期系统

TNM 分期系统的全称是 Tumor Node Metastasis。T（Tumor），指肿瘤原发灶的情况，随着肿瘤体积的增加和邻近组织受累范围的增加，依次用 $T_1 \sim T_4$ 四级来表示，数字越大，肿瘤程度及累及范围越大。N（Node），指区域淋巴结（Regional Lymph Node）受累情况，淋巴结未受累时，用 N_0 表示，随着淋巴结受累程度和范围的增加，依次用 $N_1 \sim N_3$ 三级表示。M（Metastasis），指远处转移（通常是血道转移），用 0、1 二级数字表示；没有远处转移者用 M_0 表示，有远处转移者用 M_1 表示。

恶性肿瘤的 TNM 系统分期法首先由法国人皮埃尔·德诺阿氏（Pierre Denoix）于 1943～1952 年提出，并建立发展起来[11]。

1950 年，国际抗癌联盟组成的肿瘤命名与统计委员会采用世界卫生组织（WHO）提出的恶性肿瘤局部扩展定义，并作为肿瘤临床病期分类的基础。1953 年，该委员会与国际癌症分期疗效登记委员会召开联合会议，一致同意采用 TNM 系统，按疾病解剖范围作为肿瘤分类的方法。

1954 年，国际抗癌联盟设立了一个专门性的临床病期分类与应用统计委员会，以利继续进行这方面的研究，并逐步将该法推广应用到对人体所有部位的肿瘤分类中。

1958 年，由国际抗癌联盟设立的临床病期分类与应用统计委员会出版了有关乳腺癌及喉癌临床分期和疗效评价的第一批刊物。1959 年出版了第

2 版，对乳腺癌部分提出了某些修正意见。

1960～1967 年，该委员会出版了 9 本关于人体 23 个部位恶性肿瘤病变范围、分类建议的小册子，并推荐各部位的肿瘤分类可试用 5 年。

1968 年，这些小册子被正式综合成一个袖珍本出版，即为 TNM 分类法第 1 版，名为《恶性肿瘤 TNM 分类法》第 1 版。一年后出版了补充本，详述了临床试验、肿瘤最终结果的判定及生存率的计算和表达方法等。

1974～1982 年，又陆续出版了第 2 版、第 3 版及扩充修订第 3 版，对恶性肿瘤的种类、分类内容和方法等不断作出了修订与补充，并增加了儿科肿瘤的分类方法。

1985 年，单独出版了《眼部肿瘤的分类法》。

1987 年，为了纠正某些部位肿瘤非标准化的分类准则，国际抗癌联盟与美国癌症联合委员会统一了 TNM 分类法及准则。

1992 年，TNM 分类法第 4 版出版，该版的分类分期准则与美国癌症联合委员会的《癌症分期手册》完全一致，并通过了所有国家 TNM 委员会的认同。

如此，TNM 分类法在国际抗癌联盟的不懈努力及美国癌症联合委员会的推荐下，逐步成为一个国际性的、标准化的肿瘤分类分期系统，并具有了相对的稳定性。目前，各国的肿瘤研究人员在比较临床资料和评价治疗效果时，普遍采用这一"共同语言"。TNM 分类法的意义在于：①可以帮助医生和研究人员了解恶性肿瘤病变范围及程度，也可以帮助他们制订相应的治疗计划，并且了解疾病的预后、转归和生存率等；②为医生和学者在讨论患者的病情时提供了一种通用的"共同语言"，有助于帮助他们为患者制定更有针对性的临床试验等；③有助于对肿瘤治疗效果的评价；④有助于各国癌症研究与探索在地区性或国际性的学术交流、成果对比及信息共享等；⑤有利于人类对癌症继续进行系统性的研究等。

TNM 分期中，T、N、M 确定后就可以得出对肿瘤相应的总分期，即

Ⅰ期、Ⅱ期、Ⅲ期和Ⅳ期等。有时候也会与字母组合细分为Ⅱa或Ⅲb，等等。Ⅰ期的肿瘤通常是相对早期的肿瘤，有着相对较好的预后。TNM分期越高意味着肿瘤进展程度越高。

二、TNM 系统的一般法则

TNM 系统基于三个组成部分来表征癌症的解剖范围；即建立在"T"、"N"、"M"三个要素的基础上。

T，代表原发肿瘤的进展范围和程度；

N，代表区域淋巴结转移的存在与否及范围；

M，代表有无远处转移。

TNM 系统三个组成部分中的数字表示肿瘤恶性病变的程度，表示符号为：T_0、T_1、T_2、T_3、T_4；N_0、N_1、N_2、N_3；M_0、M_1。其他补充符号有其特殊含义。TNM 系统实际上是对各种恶性肿瘤侵犯范围临床诊断的"速记"表征，其适用于全身各部位的一般法则为[10、11]：

1. 全部病例应有组织学证实，无组织学证实者应另列报告。

2. 每一个部位的肿瘤应有两种分类。

（1）临床分类（Clinical Staging）：指治疗前的临床划分，以 TNM 或 cTNM 表示。临床分期往往是医生对于患者在接受治疗前，进行诊断时所做出的判断，主要通过物理诊断（如体检等），影像学检查（如 X 线、CT、内镜等），病理活检等手段得到肿瘤分期的信息和证据。

（2）病理学分类（Pathological Staging）：指手术后的组织病理学划分，以 pTNM 表示。病理分期只针对接受手术切除肿瘤或者探查肿瘤的病例，并且是综合了临床分期和手术结果所做出的。因此，原发肿瘤的病理评价为 pT，pT 的评价需要原发肿瘤的切除或活检；区域淋巴结的病理评价为 pN，对 pN 的评价需要切除淋巴结；远处转移的病理评价为 pM，对 pM 的评价需要进行显微镜的检查。所以，pTNM 是对 TNM 的补充和修正。若手术前有过其他的治疗，则其前还应加字母"y"。

3．TNM 分类和分期一旦确定，病历记录中则不宜再更改。

4．如对某一病例确定 TNM 分类和分期有困难，则宜选用下一级（较早期）的分类和分期。

5．如果一个部位存在多个肿瘤，应以最大的肿瘤作为 T 项分类标准，并用括号注明 T 项的多发性或数目。如：T_3（M）或肿瘤数目 T_3（4）等。

三、TNM 临床分类的定义

1．T—原发肿瘤

T_X—无法对原发肿瘤作出估计，X 代表未知；

T_0—未发现原发肿瘤，0 表示没有；

Tis—原位癌或浸润前期癌，is 表示原位（in situ）；

T_1、T_2、T_3、T_4—表示原发肿瘤的大小及范围，累及程度依数字顺序递增。

2．N—区域淋巴结

N_X—无法对区域淋巴结作出估计，X 代表未知；

N_0—未发现区域淋巴结中存在肿瘤转移，0 表示没有；

N_1、N_2、N_3—表示区域淋巴结肿瘤侵犯程度，侵犯程度依数字顺序递增。

3．M—远处转移

M_X—无法确定是否存在远处转移，X 代表未知；

M_0—无远处转移，0 表示没有；

M_1—表示具有远处转移。可用下面的注解进一步指明 M_1 的转移部位。

淋巴结：LYM，肺：PUL，骨：OSS，骨髓：MAR，肝：HEP，

胸膜：PLE，腹膜：PER，脑：BRA，皮肤：SKI，其他：OTH。

对 TNM 临床分类需要更详细说明时，可再采用细分法，如 T_1a、T_1b、

N_1a 及 N_1b 等。

四、pTNM 病理学分类的定义

1. pT—原发肿瘤

pT_X—术后无法对原发肿瘤作出组织病理学估计，X 代表未知；

pT_0—术后组织病理学检查未发现原发肿瘤，0 表示没有；

pTis—原位癌或浸润前期癌。

pT_1、pT_2、pT_3、pT_4—表示术后经组织病理学证实的原发肿瘤大小及范围，累及程度依数字顺序递增。

2. pN—区域淋巴结

pN_X—术后无法对区域淋巴结作出组织病理学估计，X 代表未知；

pN_0—术后组织病理学检查未发现区域淋巴结中存在肿瘤转移，0 表示没有；

pN_1、pN_2、pN_3—表示术后经组织病理学证实的区域淋巴结受肿瘤侵犯程度，侵犯程度依数字顺序递增。

3. pM—远处转移

pM_X—组织病理学检查无法确定是否存在远处转移，X 代表未知；

pM_0—组织病理学检查证实无远处转移，0 表示没有；

pM_1—组织病理学检查证实具有远处转移。

对 pTNM 病理学分类需要更详细说明时，可再采用细分法，如 pT_1a、pT_1b、pN_1a 及 pN_1b 等。

4. G—组织病理学分级

G_X—无法判断分化程度；

G_1—高度分化；

G_2—中度分化；

G_3—低度分化；

G_4—未分化。

五、其他附加项目的标志符号

肿瘤分期过程中，对于其他一些非限定性项目，可选用附加的标志符号予以说明[10、11]。

1. y 符号 指某些在采用其他方法治疗期间或其后再实行分类的病例，在其 TNM 或 pTNM 前添加 "y" 标志符号。如 $yT_1N_0M_0$、$ypT_2pN_1pM_1$ 等。

2. r 符号 复发性肿瘤在 TNM 或 pTNM 前添加 "r" 标志符号。如 $rT_1N_0M_0$、$rpT_2pN_1pM_x$ 等。

3. C 因子符号 代表诊断确切的程度或准确度。体现采用不同的检查手段所得到的分类结果。C_1：通过常规临床检查所得到的结果，如触诊、常规 X 线片检查等。C_2：依据特殊诊断方法和手段所获得的结果，如 CT 断层扫描、B 超、X 射线深层摄影术、磁共振显像（MRI）、淋巴造影术、血管造影术及内镜检查，等等。C_3：通过外科手术探查所见的结果，包括活体组织及细胞的镜检观察等。C_4：通过对手术切除及切除后标本的完整病理学检查所获得的结果。C_5：依据尸体解剖所获得的结论。C 因子符号可单独用于 T、N、M 各要素之中，如对某病例检查可记录为 T_2C_2、N_1C_1、M_1C_3 等。不难发现，通常 TNM 临床分类的准确度在 C_1、C_2、C_3 的范畴内；pTNM 病理学分类的准确度与 C_4 相当。

六、肿瘤分期

对恶性肿瘤实行 TNM 系统分期后，可以迅速了解肿瘤的解剖范围和累及程度等。TNM 系统中 T 有四级，N 有三级，M 有二级，因此，TNM 系统共有 24 个组别[11]。为了方便列表及分析，通常将预后近似的组别归纳成合适的 TNM 期别，共分为四期[10]。原位癌为 0 期，有远处转移的为

Ⅳ期[11]。

七、如何对肿瘤实行 TNM 分期

1. 确定疾病原发部位　首先需要掌握患者发病的确切部位，确认肿瘤的原发部位。

2. 反复查阅患者有关的病史记录资料　了解患病时间、累及范围、程度和曾经采取过的治疗措施等。

3. 进行物理诊断　物理诊断可以为医生提供初期的相关线索，帮助医生了解肿瘤的位置、大小以及是否侵及淋巴结和累及其他器官组织等；方法有望诊、触诊等。例如，实施对消化道肿瘤分期时，直肠的肛门指诊就是一项非常重要的物理诊断手段，可为判断直肠癌或肠道肿瘤提供很多有关原发肿瘤的相关信息。对于胃癌病例（特别是女性患者）进行触诊，可以提供有关于盆腔是否受累的重要信息。

4. 进行影像学检查　影像学检查手段可以较清晰、客观地提供原发肿瘤的位置、受累程度和扩散范围等的相关信息，是实行肿瘤分期的重要诊断方法。目前用于肿瘤分期的影像学检查方法主要有 X 射线检查法（X-ray）、B 超、磁共振显像、计算机断层扫描（CT）和内镜检测法（ED）等。随着科学理论和技术的发展，更多的先进技术被应用于影像学检查中，如组织芯片技术（TMA）、流式细胞术（FCM）及正电子发射成像术（PET），等等。

5. 进行实验室检查　实验室检查通过分析从患者体内得到的血液、尿液、体液、其他组织液成分及大便等，可以帮助医生了解掌握更多的肿瘤相关信息。特别是目前对具有高特异性的肿瘤标志物（Tumor Marker，TM）的检查，如对癌胚抗原（CEA）、甲胎蛋白（AFP）和总唾液酸（TSA）等的检查，可以为早期发现原发性肿瘤、肿瘤的严重程度及肿瘤的复发等起到提示作用。

6. 进行病理学检查　对肿瘤的大小、是否累及其他组织和脏器、肿瘤细胞的类型、肿瘤细胞的分化程度等进行组织病理学的检查，可以反映肿瘤细胞与正常组织的相似程度。通过对切除的肿瘤或是通过活检、穿刺等手段获得肿瘤组织进行病理切片，在显微镜下观察可以为确诊肿瘤和肿瘤的准确分期提供重要的依据。

7. 进行外科手术　对肿瘤实施外科手术有助于探查、了解术中的具体发现，如肿瘤的大小、外观、区域淋巴结转移情况等，并且可以和影像学等检查结果互为补充与参考，提供有关淋巴结和其他器官受累的直观信息。

8. 结果确定　根据通过上述方法掌握的信息和诊断结论，确定该病例的肿瘤治疗、原发部位、区域淋巴结转移及有无远处转移等的分类分期具体状况。

9. 分期确定　最后，依上确定该病例肿瘤 T、N、M 各要素的具体级别、TNM 系统的分类组别等，从而确定 TNM 的分期或期别，如Ⅰ、Ⅱ、Ⅲ或Ⅳ期等。Ⅰ期肿瘤是相对早期的肿瘤，预后较好，治疗相对容易些；Ⅳ期肿瘤则属晚期肿瘤，恶性程度高，较难治疗。TNM 分期越高意味着肿瘤进展与恶化程度越高。

参考文献

[1] 肿瘤的危害 [J]. 科学大观园，2006（13）：18-19.

[2] 武爱文，徐光炜. 肿瘤防治研究回眸与思考 [J]. 中国科学基金，2005，19（4）：213-215.

[3] Ziegler A，Jonason A，Leffell D J，et al. Sunburn and p53 in the onset of skin cancer [J]. Nature，1994，372（6508）：773-776.

[4] 周岱翰. 论中医肿瘤学的历史、现状与未来 [J]. 世界中医药，2007，2（1）：6-7.

［5］天下医讯［J］. 健身科学，2013（8）：35－35.

［6］董信春，瞿平元. 肿瘤学现状及发展趋势［J］. 卫生职业教育，2005，23（18）：117－119.

［7］Chandra J，Kaufmann S H. Apoptosis pathways in calleer progression and treatment In. Finkel T & Gutkind JS. Signal transduction and human disease［J］. New Jersey：Wiley-Intersciene，2003：143－170.

［8］Fadeel B. Programmed cell clearance［J］. Cell Mol Life Sci，2003，60：2575－2585.

［9］郭文章. 肿瘤的分类法知识［M］. 阳泉：山西省阳泉市肿瘤研究学会出版社，1982：2－60.

［10］UICC. TNM恶性肿瘤的分类［M］. 洪韵琳，译. 福州：福建省医学情报所，1983：1－5.

［11］赫曼尼克P，索宾L H. 国际抗癌联盟恶性肿瘤的TNM分类［M］. 梅蔚德，译. 合肥：安徽科学技术出版社，1991：1－11.

第二章　肿瘤的致命特性

　　肿瘤至今仍难以被攻破，原因主要有两大点。第一是在于肿瘤自身的特殊性。第二是在于我们目前对肿瘤的研究还不够完善和深入。上面在一个大的范畴里，我们已经明白肿瘤是一种细胞分化紊乱及代谢障碍性疾病。生物体内的正常细胞在众多内因（遗传、内分泌失调等）和外因（物理、化学、生物性及营养不良等因素）的长期作用下发生了质的改变，细胞代谢出现异常，过度增殖便形成了肿瘤。在过去的几百年里，人类的科学技术取得了突飞猛进的成就，但癌症（恶性肿瘤）的发病率和死亡率却一直呈上升趋势。尤其是近几十年来，其死亡率已攀升至各类疾病致死率的前3位，使得人们不得不望"癌"生畏。那么，癌症置人于死地原因是什么？笔者认为，恶性肿瘤成因复杂，其难以攻破的主要障碍暨致命特性主要有3点：致密性、善变性（常被认为抗药性）和转移性。

第一节　肿瘤组织细胞的致密性

　　在显微镜下观察，分裂中的肿瘤细胞相对于正常细胞来说，分布密集，细胞较小，呈圆形、椭圆形；细胞核较大，核、胞浆比例增大，有多核现象，核里面多数有 $2\sim5$ 个透明的核仁；细胞大小为 $5\sim15~\mu m$，常见二联体、四联体的细胞结构（如图 2-1）。癌细胞分化程度低，形态结构与其来源的正常细胞相差较大，近似胚胎发育期的未成熟细胞，细胞间变化明显，常见核分裂像。所以，实体的肿瘤组织相对正常组织而言，密度较高，笔者将这一特性称之为肿瘤的致密性。致密性是实体肿瘤的外观表象，其本质是病变细胞过度增殖形成的肿块。由于肿瘤具有致密性，其硬度也比正常的组织细胞高，实体的恶性肿瘤摸起来通常感觉是一较硬的肿块。隋代巢元方所著《诸病源候论》中记载："石痈之状微强不甚大，不赤微痛热……但结核如石"，"乳中结聚成核，微强不甚大，硬若石状"。中国文字"癌"中的"嵒"就是指山岩，形象地将恶性肿瘤喻为山岩，坚硬似山岩。致密性是由恶性肿瘤的组织细胞结构所决定的。毫无疑问，致密性结构是实体肿瘤的一个重要形态特征[1]。

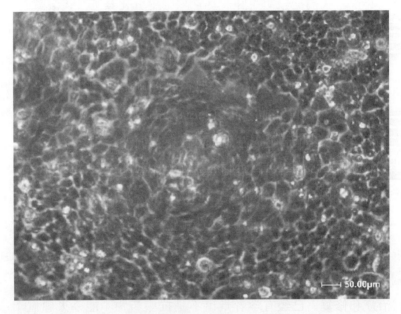

图 2-1   肿瘤 Hela 细胞离体培养照片（Ph1 10×20)[1]

其他疾病（如感冒、肝炎等）同样有可能引起我们的细胞异常复制，但它们通常并不能最终导致我们的细胞形成肿瘤这种性质的结构性致密组织。显然，肿瘤难以治疗的原因之一在于其形成了这么个致密性的组织结构。致密性的肿瘤组织犹如一个坚硬的堡垒，其内部肯定出现了结构性的分化。现代研究表明，在肿瘤组织的内部存在着微循环体系[2]。肿瘤组织的微循环体系相对于我们正常组织具有如下几个特点：①肿瘤微血管的分布、构型依其类别不同而不同，例如黑色素瘤与乳腺癌的微血管结构不同；②肿瘤组织的微血管分化程度较低；③肿瘤组织微血管的通透性异常，如不能通透碳粒、铁蛋白颗粒及辣根过氧化物酶等；④无神经末梢，很少毛细淋巴管。正因为如此，在肿瘤的现代治疗方法中，有研究者从抑制肿瘤血管生成（TA）的方向来研究肿瘤的治疗方法[3、4]。

应充分认识肿瘤的致密性所具有的破坏力，实体肿瘤的致密性组织结构不容易对付可能有 3 个原因。①肿瘤形成致密性的组织结构使其具有了一个相对独立、完善的组织机构和微循环体系，该结构体系有可能为肿瘤细胞的恶性生长提供一个相对稳定的生存环境和物质准备基地，并能如同碉堡般地应对周围机体正常组织细胞及免疫细胞的攻击，为里面的肿瘤细胞提供保护作用。②正常的人体微循环体系是一丛顺畅的微细管道，而肿瘤致密性组织则如同卡在这丛微细管路中的一个死结，这个越长越大的致密性结节阻断了人体正常器官、组织和细胞营养物质的供应和需求，夺取身体中的养分。随着致密性结构的不断增大，这个肿块还会对周围正常的器官组织微循环体系中的神经、毛细血管、淋巴管等部分产生压迫和破坏，引起疼痛、血管破裂出血、微循环体液渗出等症状，造成机体器官、组织的损伤、衰竭和死亡。③肿瘤致密性能为肿瘤构筑一个保护性的结构，使抗肿瘤药物和机体产生的免疫性抗体很难到达其内部核心区域，对其实施破坏、治疗和修复。已经有学者指出不是抗癌药物不能杀灭肿瘤细胞，而是抗癌药到达不了肿瘤的深层区域。通则不痛，痛则不通，这句话是中国古代医学经络理论对身体病痛经典的解释，也适用于肿瘤致密性结构导致身体疼痛的解释。

采用手术法、放射治疗（简称放疗）法来清除、破坏实体肿瘤的致密性组织结构是一种不错的选择。古埃及人早在 1600 多年前就已有了手术切除肿瘤的记载。东汉时代的华佗在我国首创了手术治疗内脏肿瘤的方法。

事实上到目前为止，对于实体肿瘤来说，手术法和放疗法就是早期癌症治疗的首选方法。许多早期实体肿瘤可以通过成功的手术法清除这种致密性结构，从而达到根治目的，治愈率可达 22％，采用放疗法的治愈率也可达18％。对于恶性肿瘤来说，这已经是一个相当高的治愈率了。

然而，在实际情况中，破坏实体肿瘤的致密性组织结构是不能采用手术法和放疗法的。如：①晚期肿瘤患者有恶病质、严重贫血、脱水及营养代谢严重紊乱，且无法在短期内纠正或改善者。②肿瘤患者因合并有严重的心、肝、肾、肺等疾病，或有高热、严重传染病等而不能耐受手术法和放疗法治疗者。③肿瘤发生全身广泛转移，手术及放疗已失去意义。④肿瘤发生部位手术切除比较困难者，如鼻咽癌、食管上段癌、舌根癌等。⑤很早就容易发生转移的肿瘤，如肺部未分化小细胞癌，多不主张手术治疗。⑥肿瘤向四周浸润性生长、边界不清，手术无法切除干净者，如扁桃体癌、胰腺癌等。⑦采用放射疗法时，引起并发症较多，甚至造成患者部分功能丧失的患者，等等。

20 世纪 40 年代出现了化学药物治疗（简称化疗）法，即指利用化学药物杀死肿瘤细胞，或抑制肿瘤细胞生长繁殖的治疗方法。至目前，化疗法的药物已达 6000 多种，但对肿瘤的治愈率却只有约为 5％。对付非实体性肿瘤，如急性淋巴细胞白血病等，只能采用化疗法。从三种治疗法的治愈率数据分析，采用清除、破坏实体肿瘤致密性组织结构的手术法、放疗法，治愈率可达18％～22％；而采用不移除肿瘤组织结构的化疗法，治愈率却只有 5％左右。因此，我们不难看出实体恶性肿瘤的致密性结构在肿瘤的致命特性中扮演着多么重要的角色。所以，笔者认为要攻治肿瘤就必须要破解肿瘤的致密性结构特性，并且一定要结合其所在的微循环体系来考虑。结合其所在的微循环体系来考虑问题，这一点无论对于检测还是治疗恶性肿瘤，都具有非常重要的现实意义。

第二节 肿瘤组织细胞的善变性

善变性，或者说变异性（即抗药性）使得肿瘤组织细胞非常难以被根治，癌症患者被确诊后的第一、第二次治疗往往效果理想，大部分病变细胞被剿灭一空。然而过不多久，复发后新产生的肿瘤细胞虽然外形、结构与原来的癌细胞似无多大差异，但用原来的方法治疗已完全不起作用，或作用甚微。这说明病变细胞已对原来的药物产生了"抗药性"，再采用原先的治疗计划和药物对付它已经不产生作用了。肿瘤防治专家指出，目前癌症死亡的患者中，90％以上与癌细胞的抗药性有关，而且一些恶性肿瘤细胞对多种化疗药物都有抗药性。

一、肿瘤细胞善变性的产生与危害

笔者认为达尔文的"自然选择法则"（Theory of Natural Selection）为解释肿瘤组织细胞产生"抗药性"提供了很好的理论依据。达尔文是 19 世纪伟大的生物学家，他创立了科学的生物进化学说。恩格斯曾把细胞学说、能量守恒和转换定律、达尔文的自然选择学说并誉为 19 世纪最重大的自然科学发现。自然选择学说的主要论点是：①生物个体是有变异和差别的，这也包括我们身体内部的细胞。②生物个体的变异，有一部分是由于遗传上的差异。③生物体的繁育潜力一般总是大大地超过它们的繁育率。例如一条鲱鱼约产卵 30 万粒，一株烟草约结种子 36 万粒，但实际能够发育成为成体的仅有很小一部分。④个体的性状不同，个体对环境的适应能力和程度有差别，这些不同和差别至少有一部分是由于遗传性差异造成的。即便是肿瘤组织，其内部的肿瘤细胞也是有差异的，而且这些差异是由于细胞基因结构的不同而造成的。⑤适合度高的个体留下较多的后代，适合度低的个体留下较少的后代。即适应环境的个体，能够得以生存和繁育。不适应环境的个体则会被淘汰[5]。因此，达尔文生物进化学说"自然选择法则"理论的核心就是"自然选择，适者生存"。

笔者认为肿瘤细胞的"易突变"性正是导致肿瘤细胞产生抗药性的根本原因，而周围正常细胞的受损又加剧了抗药性癌细胞的高速发展。因为：①肿瘤细胞与正常细胞一样，都遵循自然界的自然选择法则，即"适者生存"法则，最初的肿瘤细胞受到化疗药物的打击后大部分会被杀灭。②但由于肿瘤本身就是细胞分化紊乱、异常增殖旺盛及代谢障碍性的疾病。细胞分化程度低，形态结构近似胚胎发育期的未成熟细胞；细胞体系增殖速度快，其基因体系处于一种多变的、高度不稳定状态。③当受到化疗药物淘汰性攻击的大部分肿瘤细胞被杀灭时，仍有小部分变异的、能适应化疗药物的抗药性细胞能够存活下来，并且在人体免疫机制丧失或降低的情况下，恶性繁育开来。换句话讲，化疗药物对肿瘤细胞的抗药性起到了定向筛选作用，并促使其有机会表达出来。④肿瘤组织周围的正常细胞由于同样会受到放疗和化疗药物的损害和杀伤，导致其丧失或降低了抗癌性及对异常细胞的修复能力，结果造成了新突变及筛选出来的抗药性癌细胞能以更快的速度繁殖、生长。这也就是治疗后的癌症患者，一旦病情复发，就很难控制的原因。所以，肿瘤细胞的抗药性并不是说肿瘤细胞真能够抵抗各种抗癌药的打击，而是肿瘤组织细胞群中存在着部分发生了突变具有抗药性的变异癌细胞，这种变异细胞在抗癌药的定向筛选下，在周围正常细胞免疫力、抵抗力和修复能力低下的环境中快速繁殖、成长和表达出来，形成了新的、令人恐惧的抗药性癌细胞和组织。"易突变"性和"异常增殖旺盛"性正是肿瘤这种疾病不同于其他疾病的难以对付的地方。

肿瘤细胞的"易突变"性（或抗药性）危害在于：①恶性肿瘤细胞不同于其他病理性细胞，难于被彻底剿灭，给人们造成"杀不死"的现象和恐惧感。化疗的效果往往是一期不如一期。临床研究表明，目前癌症死亡的患者中，90％以上与癌细胞的抗药性有关。②由于人类检测技术和治疗方法的局限性，以及新的抗肿瘤药物开发和生产的艰巨性与漫长性，使得医生们基本拿不出多少有效的治疗方案和药物。另外，许多患者还受到医疗费用的限制。在癌细胞的"易突变"性和"异常增殖旺盛"性面前，只能任其横行发展，基本无还手之力，眼睁睁看着患者被病魔夺去生命。也就是说，肿瘤细胞产生抗药性的速度远快于目前人类能够检测、治疗及对付它的速度。

二、肿瘤细胞耐药性的类别及研究概况

目前，人类对于肿瘤的抗药性研究有很多，并且基本已证明肿瘤细胞的抗药性与其基因变异或特异蛋白（酶）的表达及缺失有关。

1. 肿瘤细胞耐药性特点与类别 根据肿瘤细胞的耐药特点，可将肿瘤细胞的耐药性划分为两大类：①原药耐药性；②多药耐药性。原药耐药（Primary Drug Resistance，PDR）是指对一种抗肿瘤药物产生抗药性后，对非同类型药物仍敏感；多药耐药性（Multiple Drug Resistance，MDR）是指一些癌细胞对一种抗肿瘤药物产生耐药性，同时对其他非同类药物也产生抗药性，MDR 是造成肿瘤化疗失败的主要原因。多药耐药可进一步分为内在性多药耐药（Intrinsic MDR，也有译成天然性多药耐药）和获得性多药耐药（Acquired MDR）。内在性多药耐药的肿瘤，一开始对抗肿瘤药物就具有抗药性。消化器官、呼吸系统、泌尿系统以及中枢神经系统肿瘤中约有 61% 的属获得性多药耐药（Acquired MDR）肿瘤；皮肤癌、乳腺癌、生殖器癌、内分泌肿瘤、白血病和淋巴瘤，约占 33% 的为获得性多药耐药肿瘤。许多天然来源的抗肿瘤药如生物碱类抗癌药（秋水仙碱、长春碱、三尖杉酯碱和酯杉醇等），蒽环类抗癌抗生素（阿霉素和柔红霉素），表鬼臼毒素类（VP-16 和 VM-26）及合成药（米托蒽醌和胺苯丫啶）都极易发生MDR。新发现的药物如紫杉醇和治疗慢性粒性白血病的 STI-571，也有在刚用于临床时就发现部分肿瘤细胞对其已有了耐药性。

2. 肿瘤细胞耐药性的研究概况

（1）DNA 修复能力的增强使肿瘤细胞产生耐药性：DNA 是传统的化疗药品烷化剂和铂类化合物的作用靶点，这些药物的细胞毒性与 DNA 损伤有关。DNA 损伤的一个修复机制是切除修复，切除修复需核酸内切酶、DNA 聚合酶、DNA 连接酶等的参与。化疗药物可使肿瘤细胞的 DNA 损伤，当肿瘤细胞的二氢叶酸还原酶（DHFR）和 DNA 损伤修复相关酶活性增强（MGMT）时，可增加其对化疗药物的耐药程度。

（2）P-糖蛋白（P-glycoprotein，P-gp）与多药耐药性（MDR）：多药耐药基因 MDR 编码的 P-糖蛋白高表达使得肿瘤细胞可以产生多药耐药性[6,7]。P-gp 是一种相对分子质量在 $1.3 \times 10^5 \sim 1.8 \times 10^5$，具有能量依赖性"药泵"功能的跨膜糖蛋白，也就是说它既有与一些抗肿瘤药物结合的位点，也有与生物能量 ATP 结合的位点。P-gp 主要由定位于人体 7 号染色体的 q21.1 带上的 MDR1 基因产生。完整的 P-gp 分子共有 12 个跨膜疏水区和 2 个 ATP 结合位点，在膜内以二聚体或四聚体方式存在。P-gp 可存在于许多正常组织，如在正常胆管、肾、小肠、肾上腺、造血干细胞等均有表达，负责激素运输及排泌毒物等生理功能。MDR 的表达产物 P-gp 可将亲脂类的化疗药物泵出细胞外，使癌细胞出现耐药特性。P-gp 高表达的肿瘤患者常伴预后不良，如低缓解率、高复发率、生存期短，可作为预后评价指标。钙拮抗剂（或钙调蛋白拮抗剂）如维拉帕米、异博定、尼卡地平可使耐药性肿瘤细胞部分恢复对化疗药物的敏感性。维拉帕米对耐药性肿瘤细胞的作用不是通过调节钙浓度，而是与抗癌药竞争 P-糖蛋白的结合位点。但是钙拮抗剂在逆转耐药的剂量下还具有一些毒副作用，使这类药物的临床应用受到限制。

（3）谷胱甘肽 S-转移酶（GST）及谷胱甘肽（GSH）与肿瘤细胞耐药性：GSTs 是一种广泛分布的二聚酶，它可以单独或与谷胱甘肽一起参与许多环境毒素的代谢、解毒。根据其在细胞内定位的不同，一般可分为 α、 µ、π、θ 及膜结合微粒体 5 种类型。GST-π 又称酸性同工酶，是从胎盘中分离出来的一种酸性 GST，其基因定位于 11 号染色体的 q13 位置。有 7 个外显子和 6 个内含子，全长 3kb。它与恶性肿瘤关系最密切，约有 90% 的抗药性癌细胞，特别是 MDR 表型的细胞系中可检测到 GST-π 的高表达，故也有学者将 GST-π 的高表达作为是肿瘤细胞的耐药性标志之一[8]。GST-π 主要分布于消化道、泌尿系统和呼吸道上皮。GSH 是一种含半胱氨酸的三肽，为细胞内主要的非蛋白巯基。GSTs 能够催化机体内亲电性化合物与 GSH 结合，使有毒化合物增加水溶性、减少毒性，最终排出细胞外。这种结合还可防止有毒化合物与细胞的大分子物质（如 DNA、RNA和蛋白质）结合。正常情况下可作为一种保护机制使细胞免受损害，而肿瘤细胞可以通过调节 GSH 水平、增加 GST 活性等加速化疗药物的代谢。针对 GSH 和 GST 的逆转剂，目前抑制 GSH 的药物有丁硫氨酸亚砜胺（Buthionine Sulfoximine，BSO）、硝基咪唑类、维生素 K₃（Vit K3）、扑热息痛、硒酸钠、硒半胱氨酸等。BSO 是一种人工合成的氨基酸，它是 GSH合成限速酶——γ 谷氨酰半胱氨酸合成酶的强效抑制剂，能有效地阻断GSH 的合成，从而降低细胞内 GSH 水平，并增加肿瘤细胞对 Mit、DDP 和MMC 的敏感性。利尿酸，可逆转肿瘤细胞对烷化剂的耐药性，且有实验证实与 BSO 联用时逆转作用更大。此外，还有依他尼酸（Ethacrynic Acid）等。

（4）拓扑异构酶（TOPO）与肿瘤细胞耐药性：拓扑异构酶是 DNA 复制和转录所需的基本核酸酶，它在染色体解旋时催化 DNA 链断裂和重新连接。拓扑异构酶分 Ⅰ 和 Ⅱ 两类。其中，TOPO Ⅰ 是喜树碱和蒽环类抗癌药物的重要靶点；TOPO Ⅱ 是许多插入剂、VP-16、VM-26 的重要靶点。这些化疗药物通过该酶与 DNA 链形成共价复合物，引起 DNA 永久性损伤（DNA 断裂），导致肿瘤细胞凋亡。若拓扑异构酶含量减少，活性降低，则导致该酶与 DNA 链形成的共价复合物减少，从而使肿瘤细胞产生耐药性[7]。

（5）肺耐药蛋白（LRP）：1993 年，Scheper 等在 1 株无 P-gp 表达的对多种药物耐药的非小细胞肺癌细胞系 SW-1573 中最先发现。LRP 是一种与肿瘤细胞多药耐药有关的蛋白质。LRP 基因定位于 16 号染色体，LRP 的 cDNA 全长 2688bp，编码 896 个氨基酸，相对分子质量为 110kD，主要位于胞浆，呈粗颗粒状或囊泡状。LRP 可通过两种途径引起 MDR；一是封锁核孔，使药物不能进入细胞核，二是使进入细胞内的药物转运至胞质中的运输囊泡，呈房室分布，最终经胞吐机制排出[9、10]。

（6）多药耐药相关蛋白（MRP）与肿瘤细胞耐药性：多药耐药相关蛋白是 1992 年发现的一种能量依赖型"药泵"跨膜糖蛋白。MRP 属 ABC 转运蛋白的家族成员，其基因定位于 16 号染色体 p13.1 带上，由 6500bp 组成，编码 1531 个氨基酸的跨膜糖蛋白，相对分子质量为 190kD。它的结构、功能与 P-糖蛋白有许多相似处。由于 MRP 能识别并转运与 GSH 偶合的底物，故又称"GS-X 泵"。MRP 可将阴离子的共轭物排泄出细胞，并在清除外源性毒素中发挥作用。MRP 能介导药物中的谷胱甘肽硫共轭物、葡萄糖醛酸苷共轭物和硫酸盐共轭物排出细胞。MRP 转运的步骤可能为：GSH 合成→GSH 与药物偶和→MRP 将药物泵出细胞外。MRP 不但定位于血浆细胞膜，还存在于内质网、高尔基滤泡处，表明 MRP 可在细胞内隔离药物，使药物不能与靶位点结合，从而间接导致耐药。MRP 的转运作用是可饱和的，而且有 GSH、P-gp 和 TOPO 酶的共同参与[9、10、11]。MRP 增高可引起 ADR 的反应，及对表阿霉素、鬼白乙叉苷（VP-16）、长春花碱（Vinblastine）、长春新碱（VCR）、放线菌素 D、秋水仙素等耐药。喹啉类、抗激素类（如抗孕激素 RU486）、非甾体抗炎药（NSAID）、SN-38、GST 耗竭剂等能逆转 MRP 介导的 MDR。

（7）醛脱氢酶（ALDH）：醛脱氢酶是由多种同工酶构成的一组酶。某些肿瘤细胞系对 CTX 的耐药性与 ALDH 的基因表达相关。研究表明，CTX 是一种药物前体（Prodrug），须进行生物转化，即 P450 催化 CTX 羟化和水解形成 4 -羟环磷酰胺（4 HC）。4 HC 与其开链形式醛磷酰胺之间存在互变异构的平衡，当醛磷酰胺经历一次 β 消除反应，形成丙烯醛与活性代谢产物磷酰胺芥时，便产生细胞毒性作用。ALDH 则能将醛磷酰胺氧化成无毒的羧基磷酰胺，从而使癌细胞出现耐药性。此外，在所有的血细胞中，造血母细胞 ALDH 表达水平最高，一旦血细胞分化成熟，则见 ALDH 的表达降低[7、12]。

（8）细胞凋亡调控异常与肿瘤细胞的耐性药：人体的 p53 和 bcl-2 基因（B-cell Lymphoma/Leukemia-2）是参与诱导 DNA 损伤性细胞凋亡的有关基因。p53 基因有野生型和突变型两种形式。该基因编码的 p53 蛋白（野生型）在细胞的生长过程中是以一种"分子警察"的身份监控细胞内的状态，使人体的基因组保持稳定。当野生型 p53 缺失、失活或突变型过度表达时，p53 基因将不能引起细胞凋亡，反而引起细胞增殖，表现为显性癌基因的功能，导致肿瘤的形成[13]。Bcl-2 基因定位于我们染色体 18q21 带上，有 3 个外显子。Bcl-2 是一个重要的原癌基因，主要分布于细胞的线粒体膜、核膜和内质网上。Bcl-2 基因编码的蛋白除了存在于 T 细胞及 B 淋巴细胞以外，也存在于未成熟的造血细胞、上皮细胞、神经细胞及多种癌细胞株中，在淋巴瘤、乳腺癌和神经母细胞瘤等均为高表达。基因转染的实验证实，bcl-2 蛋白能阻止多种因素介导的细胞凋亡，如细胞毒淋巴细胞因子、病毒感染、DNA 损害性抗癌药物、放射性物质及去除细胞因子介导的细胞凋亡，还能抑制 p53 和 C-myc 等癌基因介导的细胞凋亡，其表达状态决定细胞的生存与死亡，它是一种常见的抗凋亡基因[14]。bcl-2 基因在维持细胞生理性分化发育和细胞数量的动态平衡中具有重要作用，其表达状态在一定程度上决定着肿瘤的发生、发展及瘤细胞对抗癌药物的敏感性[15]。p53、bcl-2 和 C-myc 基因发生缺失、突变等导致表达异常（突变型）时，对凋亡过程调控异常，可抑制化疗药物诱导的肿瘤细胞凋亡，导致癌细胞产生耐药性，同时也可特异性激活 MRP-1、P-gp，产生 MDR。C-myc 基因很可能参与了 mdr1 基因的调控。另外，半胱氨酸天冬氨酸特异性蛋白酶家族，即 Caspase 家族，亦称 ICE/CED-3 家族，也是一组与细胞凋亡有关的蛋白酶，参与了 MDR。TOPO Ⅰ 和 TOPO Ⅱ 可作为 Caspase 3 和 Caspase 6 作用底物。加入促凋亡物质如全反式维酸等可降低耐药细胞 bcl-2、bcl-xl 等基因的表达。植入促凋亡基因，如野生型 p53 基因等，可促使肿瘤细胞发生凋亡。

第三节　肿瘤组织细胞的转移性

　　肿瘤组织细胞的转移性通常发生在癌症患者的生命最后时段。此时，恶性细胞已从患者的原发部位转移、扩散至身体其他多个部位，甚至是全身。患者此时的生命体物质基础基本被耗尽，身体状况极度虚弱和衰竭，身体免疫机制和防御功能已处于崩溃的边缘。可以说，以现有的医疗技术和治疗水平，医生们要对付肿瘤组织细胞在患者身体各处的出现，并想将其剿灭的可能性不大。笔者认为肿瘤细胞发生可观察到的转移灶时，标志着人体免疫机能已经下降到了一个转折点，表明患者免疫防御体系和癌细胞进攻体系的平衡关系已被彻底打破。

　　上节我们已阐明，癌细胞的"易突变"（抗药性）是造成癌症患者死亡的主要原因。那么，现代医学研究与临床数据表明，肿瘤组织细胞的转移性则是造成大部分癌症患者死亡的又一主要原因。目前认为，肿瘤组织细胞的转移是一个复杂的多步骤过程。它包括原发性肿瘤细胞侵袭性生长并脱离；突破基底膜并侵入血管、淋巴管；肿瘤细胞进入循环系统运行并滞留于靶器官的毛细血管、毛细淋巴管；穿出血管壁等，通过细胞外基质，在特定的组织或器官形成转移灶。在此过程中，细胞黏附、细胞运动、细胞外基质降解以及血管、淋巴管形成[16,17]等因素是转移能否发生的重要因素。

一、肿瘤的转移途径

目前已经发现的肿瘤转移途径主要有以下几种。①直接浸润、蔓延：随着肿瘤体积不断增大，肿瘤细胞可沿周围正常组织的薄弱处，直接延伸，浸润并破坏邻近组织或器官。如直肠癌可浸润蔓延到前列腺、膀胱（男性）、子宫及阴道壁（女性）等。②淋巴道转移：肿瘤细胞侵入淋巴管后，随淋巴液转移到淋巴结，在淋巴结内生长形成转移瘤。淋巴道转移是常见的肿瘤转移方式。区域淋巴结转移一般发生于原发瘤的同侧，偶可到达对侧，位于身体中线的肿瘤可转移到一侧或双侧的淋巴结。③血道转移：肿瘤细胞侵入血管后，随血流转移到全身各处称血道转移。侵入人体静脉系统的肿瘤细胞，先转移到肺，再经心脏扩散到全身各脏器。消化道的恶性肿瘤常入侵门静脉系统转移到肝脏。血道转移是肉瘤转移的重要途径。④种植性转移：胸腔及腹腔肿瘤累及浆膜时，肿瘤细胞可脱落入浆膜腔，种植于临近或远处浆膜面继续生长，并可引起血性积液及粘连。如肺癌、胃癌、卵巢癌等浸透到脏器外表面时，随着呼吸或肠蠕动等相应的摩擦，可脱落到体腔继续生长。种植性转移常见于腹腔器官的癌瘤。⑤经椎旁静脉系统的转移：椎旁静脉系统位于脊柱周围，且与体壁、四肢近心端相交连，因而与颈根部和盆腔腹膜后脏器的血液密切相连。另外，椎旁静脉系统静脉压力低且无静脉瓣。临床可见到肺癌的骨骼转移灶，乳腺癌的椎体转移，甲状腺癌的颅骨转移，前列腺癌的骨盆转移等。

肿瘤能从原发灶处转移至其他器官，但不同的肿瘤，其转移的过程是各不相同的。肿瘤细胞的起源、细胞的内在固有特征、与组织的亲和力及肿瘤细胞在人体内的循环模式，这一切因素都共同决定了肿瘤在人体内传播的范围，以及肿瘤转移至重要器官的过程和转移灶的严重程度。不同的肿瘤，会转移出现在不同的器官组织内，出现的速度也有所差异。各种不同的肿瘤能在人体内相同或不同的部位形成转移灶（表 2 - 1）[18]。

表 2 - 1　　　　　　　　　　　　常见实体瘤的转移部位[18]

序号	肿瘤类型	常见转移部位
1	乳腺癌	骨、肺、肝、脑
2	肺腺癌	脑、骨、肾上腺、肝
3	皮肤黑色素瘤	肺、脑、皮肤、肝
4	结肠癌	肝、肺
5	胰腺癌	肝、肺
6	前列腺癌	骨
7	肉瘤	肺
8	葡萄膜黑色素瘤	肝

二、肿瘤转移的基本过程

肿瘤转移的基本过程可分为以下几个步骤。①局部浸润（Local Invasion）。此步骤中原发肿瘤发展成为侵袭性肿瘤。侵袭是指肿瘤细胞侵犯和破坏周围正常组织，进入循环系统的过程。②渗入血管（Intravasation）。③随血液循环系统转移并在其中存活。在第①、第③步骤中，侵袭性的肿瘤细胞进入淋巴系统和血液循环系统，并随之在体内转移。④移出血管（Extravasation）。循环过程中被人体免疫系统杀伤后仍能存活下来的循环癌细胞继续侵袭远隔器官及组织，并浸润入薄弱的及特异性的远隔器官及组织。⑤在新的部位定居并增殖。在转移到新的环境后，侵袭性肿瘤细胞会继续生长形成临床可见的转移灶。这期间可以有，也可以没有潜伏期。图 2 - 2 基本体现了恶性肿瘤转移行为复杂的生物学过程[18]。目前已经发现了一些参与肿瘤转移过程的遗传以及表型决定因子（如条件依赖致癌基因 Erbb2 等），其中第一个发挥作用的机制就是原癌细胞基因突变导致原癌细胞转变为癌细胞，使细胞获得了"异常增殖旺盛"的永生能力，并一直都保持这种原始表型。原发的癌细胞又能激发其他细胞的自主性功能，例如转化细胞使其形成肿瘤细胞，等等。

原发灶肿瘤　　　　　　　　在远隔部位形成转移灶

原位癌　浸润期肿瘤　经循环系统输送　浸润　历经一段时间的潜伏期　定居、繁殖

肿瘤起始功能包括：生长、存活，表现出原始细胞状态和基因组不稳定性
癌基因：ERBB2, CTNNB1（β-catenin），KRAS, P13K, 表皮生长因子受体, MYC
抑癌基因：腺瘤性结肠息肉病, TP53, PTEN, BRCA1, BRCA2

肿瘤转移起始过程包括侵入，血管生成，骨髓动员和进入循环系统
获得：TWISTI, SNAI1, SNAI2, MET, 分化抑制剂1
丢失：kisspeptin1蛋白, miR-126, miR-335, Duffy抗原趋化因子受体, G蛋白偶联受体56

肿瘤转移发展过程包括：移出血管、存活并再启动生长
前列腺素G/H合酶2，表皮调节素，基质金属蛋白酶1，赖氨酸氧化酶，血管生成素样因子4，C-C趋化因子配体5

肿瘤转移毒力（致病）过程包括肿瘤在特定器官定居并繁殖
甲状旁腺激素相关蛋白，白细胞介素11，粒细胞-巨噬细胞集落刺激因子，白细胞介素6，肿瘤坏死因子α

图2-2　肿瘤转移的基本过程[18]

肿瘤转移过程可以被看做是由一系列先后发生的独立事件所组成，这些事件分别受到不同类型的肿瘤转移基因调控。

对于每一种肿瘤来说，肿瘤细胞转移的动力学特征和转移靶点都是不一样的。某些肿瘤具有很长的转移潜伏期，说明这些转移细胞在新的寄生地发生了进一步的变化。如果肿瘤细胞在原发灶处就已经获得了它所需要的转移能力，那么它形成转移灶的速度就会快得多。

肿瘤转移细胞的组织特异性是由它们特异性的浸润和定居繁殖能力所决定的。所以，在肿瘤转移性的实际研究中应该充分考虑到肿瘤转移的潜伏期和组织特异性这两大特征性[18]。

三、肿瘤转移的分子生物学基础

结构决定功能，肿瘤组织细胞能够发生转移肯定与其自身特定的结构有关。目前认为肿瘤的转移与肿瘤细胞中的基因、特异性酶类、蛋白质及其他因子等的表达和调控有关。这些生物分子的结构及共同作用促使或抑制了肿瘤细胞的转移。

1. 基因与肿瘤转移　影响肿瘤转移的基因有很多种，但还没有发现严格意义上的肿瘤转移基因。参与肿瘤转移的基因大致可以分为以下几类。

（1）肿瘤转移起始基因（Metastasis Initiation Gene）：肿瘤转移起始基因是指那些在原发灶部位或转移灶部位能促使已转化肿瘤细胞侵入周围组织并吸引支持性间质（Supportive Stroma）促进肿瘤细胞分散的基因。这些基因能够增强肿瘤细胞的活动力，如促进上皮-间质细胞转化（Epithelial-Mesenchymal Transition，EMT），促进细胞外基质降解，促进骨髓原始细胞动员（Bonemarrow Progenitor Mobilization），促进血管生成以及帮助肿瘤细胞逃避机体免疫系统的杀灭等。比如 EMT 过程就受到机体发育过程的调控，而机体的发育过程又受到一系列转录因子，如 TWIST1、SNAIL1 和 SNAIL2（也被称为 SLUG）等的调控（如图 2 - 2）。还有一些因子参与决定肿瘤细胞的浸润，比如肝细胞生长因子受体（Hepatocyte Growth Factor Receptor，HGFR）信号通路组份，乳腺癌患者常见的异黏蛋白（Metadherin），以及结肠癌中的转移相关结肠癌 1 基因（Metastasis-Associated in Colon Cancer 1，MACC1 基因）等。肿瘤转移细胞的生长还会因为一些非编码 RNA 的抑制而启动，如乳腺癌中的 MiR - 126 和结肠癌中的 MiR - 335 等。

（2）肿瘤转移进展基因（Metastasis Progression Gene）：处于循环系统中的肿瘤细胞侵入远隔器官的过程还包括细胞穿越毛细血管壁的过程以及在被侵入器官存活的过程。从原发灶处新鲜脱落的恶性细胞必须具有上述这两项能力才能成功形成转移灶。这些能力都是肿瘤细胞在脱离原发灶之后，由于某些基因被激活从而赋予转移细胞的。不过虽然这些基因是在转移过程中发挥作用，但是它们在原发灶细胞中可能已经能够大量表达了。我们将这些基因称为转移进展基因。转移进展基因在原发灶与转移灶分别发挥的作用，与转移起始基因介导的肿瘤浸润过程完全不同。

（3）肿瘤转移毒力基因（Metastasis Virulence Gene）：这部分基因能够帮助肿瘤细胞在转移部位定居、繁殖，它们的表达只有在肿瘤细胞成功转移到达目的地之后才能被检测到。我们将这类基因称为肿瘤转移毒力基因，因为这类基因的表达能够真正展现出转移肿瘤细胞的组织偏好性。如破骨细胞活动因子（Osteoclast-Mobilizing Factor）、甲状旁腺激素相关蛋白（Parathyroid Hormone-Related Protein，PTHRP）和白细胞介素 11（Interleukin 11，IL-11）并不能为原发灶处的乳腺癌细胞提供任何帮助，但是它们能够帮助乳腺癌细胞转移到骨组织并形成转移灶。如果转移毒力基因的表达失控，得以大量表达，那么它们对细胞造成的影响就不仅会是像在基因组不稳定情况下那样造成随机的效应，而是会给肿瘤细胞造成一种稳定的选择优势，使肿瘤细胞非常适合在某种组织中生长[18]。

可以促进肿瘤转移的基因还有：①RAS（ras）基因，控制Ⅳ型胶原酶、组织蛋白酶和与细胞运动相关的细胞因子的表达及调控；②CD44V基因，该基因的产物 CD44 是广泛分布的跨膜糖蛋白分子，能与细胞外基质中的透明质酸、血管内皮细胞黏附。其功能是作为受体识别透明质酸（HA）和胶原蛋白Ⅰ、Ⅳ等，主要参与细胞与细胞、细胞与细胞外基质间的特异性黏附过程。CD44V6 高表达的癌细胞可"伪装"，逃避人体免疫系统的识别和杀伤，更易进入淋巴结形成转移。同时，可促进 RAS 基因表达。

近年来发现某些基因可以抑制肿瘤组织细胞的转移。如①nm23 基因。该基因的产物为 NDPK（核苷二磷酸激酶），可促成 ATP 以外三磷酸核苷的生成。影响细胞内微管系统的状态从而抑制癌细胞的转移。提供 GTP 调节微管的聚合与解聚。能与 G 蛋白结合，本身也具有 G 蛋白的某些特性，可通过细胞跨膜信号来传递调节肿瘤细胞的转移。②TIMP 基因。该基因产物为金属蛋白酶组织抑制剂，能参与基质胶原酶的代谢，使其失活。其对肿瘤细胞转移的抑制作用主要表现在肿瘤细胞的侵袭阶段。另外，该基因还具有抑制肿瘤血管增生的作用。③Kiss-1 基因。编码产物为 G 蛋白偶联受体的内源性配体，能使胞内 Ca^{2+} 浓度增加，同时能明显抑制肿瘤细胞的迁移和侵袭。

2. 黏附蛋白分子与肿瘤细胞的转移　黏附蛋白因子是一类介导细胞与细胞、细胞与细胞外基质间黏附作用的膜表面糖蛋白。在肿瘤细胞转移的每个环节均包含黏附与分离（黏附解聚）两个方面。与肿瘤细胞转移密切相关的黏附蛋白因子有以下几种。①E-钙粘连素，负责同源细胞间的黏附，估计与肿瘤细胞转移的特异性有关。②选择素（Selectin），负责异源细胞之间的黏附，如肿瘤细胞与血小板、内皮细胞和基质细胞间的结合。肿瘤转移的一些关键步骤如循环肿瘤细胞的聚集和癌栓的形成，以及肿瘤细胞与特定脏器脉管内皮的黏附结合都发现有选择素的参与。该类黏附分子主要通过碳氢键连接。选择素可分为 P、E、L 3 种类型。P 型选择素负责肿瘤细胞与血小板的黏附结合。E 型负责肿瘤细胞与内皮细胞的结合。L型则存在于白细胞表面，负责携带有循环癌细胞的白细胞与其他细胞的结合。③整合素（Integrin），介导肿瘤细胞与细胞外基质（ECM）的结合。整合素为一组细胞表面糖蛋白受体，配体为 ECM 成分，由 α 和 β 两个亚基组成。其主要功能是参与不同细胞间的黏附、介导细胞与 ECM 的结合等；并可直接介导肿瘤细胞与细胞外基质的黏附。整合素通过信号转导调控细胞骨架变形和能量代谢；诱导蛋白溶解酶活化；启动细胞逃逸机制抑制肿瘤细胞的凋亡。④钙连接素（Cadherin），属跨膜糖蛋白家族，主要负责同源细胞间的连接。其可分为 P、E、N 3 种类型。P 型钙连接素主要分布于上皮组织和胎盘的基底层。E 型分布于上皮细胞，负责调控肿瘤侵袭。N

型则分布于神经组织和肌肉组织。⑤内皮细胞黏附分子（ICAM-1），属免疫球蛋白类黏附分子。ICAM-1 从肿瘤细胞表面脱落进入循环系统成为可溶性分子后，可协助肿瘤细胞逃逸淋巴系统的 T 细胞和 NK 细胞的免疫监视及杀伤效应，促使肿瘤细胞发生转移。⑥血管细胞黏附分子（VCAM-1），免疫球蛋白类黏附分子。VCAM-1 可参与协助肿瘤细胞逸出循环系统，进入转移靶器官及组织。⑦神经细胞黏附分子（NCAM），免疫球蛋白类黏附分子。NCAM 的功能为信息传导和调控细胞生长，其缺失可能导致细胞生长失控形成恶性细胞，并使恶性细胞具有高度转移倾向。

3. 血管生成等与肿瘤转移　现在已经清楚肿瘤组织的内部存在着微循环体系[2]。肿瘤的生长和转移与其内部微循环体系中微血管及淋巴管的形成密切相关。目前认为肿瘤组织新生毛细血管是在周边组织原有的血管基础上延伸扩展形成的。肿瘤细胞本身也能诱导血管的形成。肿瘤组织血管新生包括以下几个步骤。①正常组织血管内皮基质膜溶解；②内皮细胞向肿瘤组织迁移；③内皮细胞在迁移前沿增殖；④内皮细胞管道化、分支形成血管环；⑤形成新的基底膜，并逐步形成肿瘤组织的新生毛细血管。已发现刺激肿瘤血管生成的因子有：血管内皮生长因子（VEGF）、成纤维细胞生长因子（FGF）、表皮细胞生长因子（EGF）、血管生成素（Angiogenin）、肿瘤坏死因子（TNF-α）等；抑制肿瘤血管生成的因子有：血管生成抑制因子（Angiostatin）、内皮抑制素（Endostatin）、色素内皮细胞衍生因子（PEDF）、γ干扰素等。肿瘤组织血管新生是血管生长因子和血管生长抑制因子均衡作用的结果。此外，肿瘤淋巴管的形成可能在肿瘤的转移中发挥同样重要的作用，研究报告表明[16,17,19]，VEGF-C 和（或）VEGF-D 可以通过与其受体的结合，促进实体瘤内淋巴管的新生，并促进肿瘤细胞的淋巴结转移，甚至是远处器官的转移。应用相应的抗体等阻断 VEGF-C 和（或）VEGF-D 与 VEGFR-3 的结合，可起到抑制肿瘤组织淋巴管的新生的作用，从而有可能抑制肿瘤细胞在淋巴系统的转移。

4. 特异性酶类与肿瘤细胞的转移 酶是生物体内的重要催化剂，一般受基因编码、调控形成。生物酶能催化我们体内重要化合物（如核酸、蛋白质、糖类及脂类化合物等）的生成与降解。在肿瘤细胞侵袭、转移的每一个关键步骤都离不开酶的作用。目前已经发现有几类酶在肿瘤细胞侵袭、转移过程中发挥着重要作用。

（1）纤溶酶（Plasmin）：纤溶酶，又称血纤维蛋白溶解酶，是纤维蛋白溶解酶的简称。该酶能水解大多数细胞外基质物质，在肿瘤组织血管形成、肿瘤细胞脱落、基质浸润、侵入和逸出循环系统、继发脏器移行和微环境改造等过程中发挥重要作用。纤溶酶由纤溶酶原（Plasminogen）在纤溶酶原激活剂（PA）和纤溶酶原激活抑制剂（PAI）调节下生成。纤溶酶原激活剂包括组织型（t-PA）和尿激酶型（u-PA）两类，二者均激活纤溶酶原形成纤溶酶。t-PA 可促使肿瘤细胞降解细胞外基质。u-PA 则促进肿瘤细胞的侵袭和转移效应，主要表现在参与肿瘤组织血管的生成、肿瘤细胞迁移、细胞外基质降解和组织结构的重建等过程，在肿瘤转移中发挥更重要的作用。纤溶酶原激活抑制剂可抑制 PA 的活性，从而起到控制和阻断肿瘤侵袭转移的作用。纤溶酶原激活抑制剂可分为 3 类，PAI-1、PAI-2 和 PAI-3。PAI-1 存在于血小板、血浆中，为 u-PA 的主要抑制剂。PAI-1 也广泛存在于肿瘤细胞周围组织中以及肿瘤实质内，可阻断肿瘤细胞的转移。PAI-2（46.6kD）主要表达于单核巨噬细胞系统，在部分肿瘤组织中高表达，但对不同肿瘤其意义有所不同。PAI-3 属蛋白酶连接素，功能目前尚不清。

（2）基质金属蛋白酶（Matrix Metalloproteinases，MMPs 或 MMP）：基质金属蛋白酶（MMPs）能降解细胞外基质（ECM），导致肿瘤细胞的浸润与转移。MMPs 为一个庞大的蛋白溶解酶系，可分为胶原酶、明胶酶、基质溶解酶和膜类 MMPs 等。MMPs 在细胞外以非活性的酶原存在，需要活化后才能发挥生物学功能。MMPs 的主要生物学功能为：①降解细胞外基质，促进肿瘤细胞进入脉管系统；②促进原发瘤和继发瘤的生长，创造肿瘤生长和扩散的微环境；③促进肿瘤组织血管的生长，MMP-2 在肿瘤组织毛细血管末梢形成及内皮细胞基底膜形成中发挥着重要作用。MMPs 的抑制剂为金属蛋白酶组织抑制剂（TIMP）及其他一些非特异性蛋白酶抑制剂。TIMP 有 TIMP1、TIMP2、TIMP3 和 TIMP4 4 类。TIMP1 为糖蛋白，能抑制所有活化的胶原酶。TIMP2 为非糖蛋白，可结合 MMP-2 的前体，明显抑制 MMP-2 的活性。TIMP4 最近已从心脏组织中克隆出来，表现出了明显的抑制肿瘤侵袭和转移作用。

由上可见，肿瘤组织细胞的转移是多步骤、多因素的复杂过程，是多阶梯似的瀑布过程。

四、肿瘤转移的学说

解释恶性肿瘤转移有许多假说，其中西医方面比较著名的有："解剖-机械"学说和"种子-土壤"学说，中医方面主要有："传舍"理论和"经络转移"学说。

1. 解剖-机械学说　该学说是 1929 年由 Ewing 等提出的，该学说以器官的解剖，血流的分布等来解释转移瘤的发生器官；认为肿瘤组织细胞的转移是按器官的血液、淋巴的引流方向发生转移的（表 2-2）。其依据是肝和肺分别是人体门静脉和腔静脉血回流的终点，因此肺和肝便是转移性肿瘤的常发部位。来自胃肠道的肿瘤细胞可循门静脉入肝，来自全身其他

表 2-2　　　　　　　　解剖-机械学说中肿瘤的转移方向

原发性肿瘤	肿瘤组织细胞转移方向
乳腺癌	腋窝淋巴结
胃肠道恶性肿瘤	肝脏
阴茎癌	腹股沟淋巴结
卵巢癌	髂区淋巴结

脏器的肿瘤细胞最终回流入右心房（室），经肺动脉入肺。凡侵犯肺静脉分支的肿瘤，可随血流进入左心房（室）而播散到全身其他器官。但有些问题用此学说很难解释，如肌肉、肾脏虽接受近 1/4 的全身血液却很少成为转移部位[20]。

2. 种子-土壤学说　1889 年，英国医生 Paget 通过对大量癌症患者的尸检，发现恶性肿瘤组织的转移不是随机的，而是某些肿瘤细胞对某些器官环境有特殊的生长倾向。于是提出了"种子-土壤"学说，认为肿瘤的转移是特殊的肿瘤细胞（种子）在适宜的环境（土壤）中生长发展的结果。1952 年，Luclee 等注射鳞癌细胞于兔的股静脉或肝静脉内，发现相同情况下在肝内的转移灶总比肺内多。后来大量的研究也得出相似的结论，这种"特殊亲和"的现象现已为人们所公认，但机制仍在探索中。

3. 传舍理论　这是我国中医对肿瘤组织转移的一种解释。《内经》将肿瘤的转移称作"传舍"，传指癌毒的传播、扩散；舍有居留之意。中医学认为，癌瘤的传舍（转移）是一个连续的过程，其中包含 3 个要素：① "传"，指癌毒脱离原发部位，发生播散；② "舍"，即扩散的癌毒停留于相应的部位，形成转移瘤；③转移瘤也可继续发生"传舍"[20、21]，即转移的部位又可成为再转移的源泉。这一观点与西医中的"肿瘤组织细胞的转移是多步骤、多因素的复杂过程，是多阶梯似的瀑布过程"论点基本一致。

4. 经络转移学说　我国中医学还认为肿瘤组织细胞的转移主要是通过人体经络体系来进行的。现代医学科学及临床实践证明，经络在人体内是客观存在的；经络与人体血管、神经、淋巴管、内分泌系统密切相关，是独立于血管、神经、体液、内分泌等之外的一个特殊系统[22]。"经"是人体内纵行的主干，"络"是人体内纵横交错的许多分支，如同网络一样。经络系统将人体内在的五脏六腑与外在的肢体、皮肉筋骨、五官九窍、四肢百骸等联络成为一个有机的生物整体[20]。《金匮要略·脏腑经络先后病脉症》云："经络受邪，入脏腑，为内所因也。"指出病邪通过经络传入脏腑，从而导致疾病发生。《灵枢·经脉》阐述了人体肝、胃、肠、肺等的位置分布及经络通路关系。临床上常见胃肠道恶性肿瘤向肝、肺转移，肝癌向肺转移，肺癌向肝转移的症状，基本也与上述经络间的通路联络相符[23]。

　　笔者通过对临床现象的分析，认为肿瘤组织细胞的转移机制除了上述的论点外，很可能还存在着一条"因子-诱导"转移途径。即：①肿瘤组织细胞的转移在某些特定条件下，并不需要原发部位肿瘤细胞的直接运动及侵入远隔器官或组织来形成转移灶；而是通过原发肿瘤的组织细胞不断地向周围微循环体系散播带有原发肿瘤特异性的"致癌因子"。②这些特异性的"致癌因子"随人体循环体系逐步扩散、转移至全身，并通过特异性的适配方式黏附、侵入到人体特定的器官、组织或细胞中。③当患者的免疫功能随着病情的发展下降至某点阈值时，或"致癌因子"在细胞中积累到某种程度时，便会诱导该部位原先正常的组织细胞转变为恶性细胞，形成表象上的转移灶。④原发肿瘤组织细胞散播的"致癌因子"实际上是肿瘤细胞在生长、增殖及侵袭等过程中所产生的一些生理代谢性产物，它们可以是基因、核酸片段[24]、特异性的蛋白质、糖蛋白、酶类等；也有可能是一些低分子化合物，如 CO_2、NO[25,26]等。⑤不同部位的原发肿瘤组织细胞产生的生理代谢性产物（"致癌因子"）具有部位类别性，即特异性；诱导形成的转移灶也具备相应的特异性。显然，用"因子-诱导"理论可以更合理地解释：为什么肿瘤组织细胞的转移通常发生在癌症患者的生命最后时段？而且是大范围、瀑布式的转移，因为"致癌因子"比肿瘤细胞更容易逃脱人体免疫体系的杀伤，"因子-诱导"的损伤速度、损害范围比起肿瘤细胞的直接运动、转移带来的破坏效果更快、更强。此外，"因子-诱导"理论也可以很好地解释肿瘤转移过程中的潜伏期和组织特异性这两大特征性。当然，这一理论还有待实验的进一步验证。不过，肿瘤组织细胞向周围微循环体系释放特异性的蛋白因子、酶类及一些低分子化合物（如 CO_2、

NO 等）的现象已经被证明。Juckett 等[27]1982 年利用核酸酶处理恶性肿瘤细胞，发现肿瘤细胞可以不断释放 DNA 进入血液循环。此外，肿瘤患者循环血中的 DNA 还可能来源于：循环血或微转移灶中肿瘤细胞的溶解；肿瘤细胞的坏死或凋亡；肿瘤侵袭致周围细胞、组织变性而释放到血液中的 DNA 等[24]；这些也都是肿瘤细胞在生长、增殖及侵袭等过程中所产生的生理代谢性产物。

参考文献

[1] 谭宏，马骁，蔡昂，等. 细菌对离体培养 Hela 细胞作用的形态学观察 [J]. 湖南省微生物学会学术年会《论文汇编》，2009：126-135.

[2] 田牛. 微循环 [M]. 北京：科学出版社，1980：156.

[3] Penland S K，Goldberg R M. Combining anti-VEGF approaches with oxaliplatin in advanced colorectal cancer [J]. Clin Colorectal Cancer，2004，4（Suppl 2）：74-80.

[4] Bergsl and E，Dickler M N. Maximizing the potential of bevacizumab in cancer treatment [J]. Oncologist，2004，9（Suppl 1）：36-42.

[5] 刘祖洞，江绍慧. 遗传学：下 [M]. 北京：人民教育出版社，1981：250-252.

[6] 骆云鹏，范维珂. 消化道恶性肿瘤的多重耐药机理 [J]. 中国医药荟萃，1991，5：50-51.

[7] 魏寿江，骆云鹏，王严庆，等. 肿瘤耐药性研究的新进展 [J]. 国外医学（临床生物化学与检验学分册），2001，22（1）：30-31.

[8] Daniel V. Glutathione-S transferases：gene structure and regalation of expression [J]. Crit Rev Biochem Mol Biol，1993，28（3）：173-270.

[9] Jansen W J M，Hulschel T M，Ankoffe J V，et al. CPT-II sensitivity

in relation to the expression of P170 glucoprotein and multidrug resistance-associated protein [J]. Br J Cancer, 1998, 77 (3): 359 - 365.

[10] Sharp S Y, Smith V, Hobbs S, et al. Lack of a role for MRPl in platinum drug resistance in human ovarian cancer cell line [J]. Br J Cancer, 1998, 78 (2): 175 - 180.

[11] Lacare R, Touboul E, Flabault A, et al. Comparative evaluation by semiquantitative reverse transcriptase polymerase chain reaction of MDRl, MRP and GSTp gene expression in breast carcinomas [J]. Br J Cancer, 1998, 77 (5): 694 - 702.

[12] Bennett Plum. 西塞尔·内科学: 上卷 [M]. 20 版. 白永权, 译. 西安: 世界图书出版社, 1999: 1542 - 1579.

[13] Ziegler A, Jonason A, Leffell D J, et al. Sunburn and p53 in the onset of skin cancer [J]. Nature, 1994, 372 (6508): 773 - 776.

[14] Colombel M, Symmans F, Gill S, et al. Detection of the apoptosis-suppressing oncoprotein bcl-2 in hormonerefractory human prostate cancer [J]. Am J Pathol, 1993, 143 (8): 390 - 400.

[15] 刘宇, 张幸平, 陈晓品, 等. 鼻咽鳞癌组织中 p53 和 bcl-2 蛋白的表达及临床意义 [J]. 肿瘤防治杂志, 2005, 12 (1): 45 - 47.

[16] 张贺龙, 王文亮. 肿瘤淋巴管形成与肿瘤转移关系的研究进展 [J]. 临床与实验病理学杂志, 2002, 18 (4): 419 - 421.

[17] Skobe M, Hawighorst T, Jackson D G, et al. Induction of tumor lymphangiogenesis by VEGF-C promotes breast cancer metastasis [J]. Nature Med, 2001, 7: 192 - 198.

[18] YORK, 筱玥. 肿瘤转移的研究现状与治疗前景展望 [J]. 生命奥秘, 2010, 31 (12): 1 - 17.

[19] Cao Y, Linden P, Farnebo J, et al. Vascular endothelial growth factor

C induces angiogenesis in *vivo* [J]. Proc Natl Acad Sci USA，1998，95：14389 - 14394.

[20] 常中飞，胡秀敏，陈培丰. 运用中医理论探讨恶性肿瘤转移新学说："经络转移学说" [J]. 中华中医药学刊，2008，26（1）：167 - 169.

[21] 张健，张淑贤，王沛. 中医传舍理论与肿瘤转移 [J]. 中国中医基础医学杂志，1999，5（6）：4 - 6.

[22] 秦立新. 经络系统与神经内分泌：免疫网络的比较研究 [J]. 中国针灸，1998，5：309 - 311.

[23] 贾小强，黄乃健，邱辉忠. 恶性肿瘤转移的中医病机研究思路和策略 [J]. 中医药临床杂志，2005，17（1）：60 - 61.

[24] 张忠，袁媛. 循环 DNA、循环肿瘤细胞端粒酶与肿瘤早期诊断 [J]. 癌症，2004，23（2）：227 - 229.

[25] 郑向东，于东红，周蕾. 胃癌及癌前病变幽门螺杆菌感染与 Ki67、iNOS 表达关系 [J]. 肿瘤学杂志，2005，11（4）：280 - 282.

[26] Tari A，Kodama K，Kurihara K，et al. Does serum nitrite concentration reflect gastric carcinogenesis in Japanse Helicobacter pylori-infected patients [J]. Dig Dis Sci，2002，47：100 - 106.

[27] Juckett D A，Rosenberg B. Actions of cis-diamminedichloroplatinum on cell surface nucleic acids in cancer cells as determined by cell electrophoresis techniques [J]. Cancer Res，1982，42（9）：3565 - 3573.

第三章 肿瘤的特征及检测诊断

第一节 肿瘤的特征

其实在前面各个章节，我们已经对肿瘤的特征和特性做了许多阐述。读者对肿瘤及肿瘤组织细胞已不再陌生。那么，实体肿瘤会有什么症状和现象？我国古代中医把肿瘤称作"瘤"、"结节"，英语中 Carcinoma 一词来自希腊文 Karkinos，意指"新生物"。因此，顾名思义，肿瘤是指人体组织、器官中产生的肿块。现代生物学及医学认为，肿瘤是一种细胞分化紊乱及成熟障碍性疾病，由于细胞的过度增殖，便形成了肿块。

在显微镜下观察，肿瘤细胞分布密集，细胞较小，呈圆形、椭圆形；细胞核较大，有多核现象，核里面多数有 2~5 个透明的核仁；细胞人小为 5~15 μm，常见二联体、四联体的细胞结构（如图 3-1）。所以，肿瘤组织相对来说，表观显示为密度较高的肿块，笔者将这一特性称之为肿瘤的致密性。由于肿瘤具有致密性，其硬度也比正常的细胞组织高，所以实体肿瘤通常是一较硬的肿块。肿瘤的这种致密性是由于癌细胞的结构特点及其无节制分裂所形成。毫无疑问，致密性结构是肿瘤组织的一个重要形态特征。

肿瘤发生的初级阶段，形态很小，我们人体并不会感到有什么不适。这往往导致我们忽视了它的存在。如果肿瘤组织长在人体表面或表皮下面的浅层区域，我们可能会通过视觉或触觉等偶然发现它；如果是长在器官

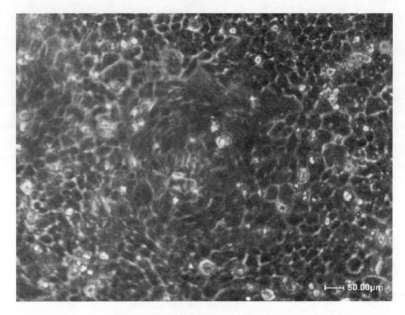

图 3-1 肿瘤 Hela 细胞离体培养照片 (Ph1 10×20)

或人体的深层部位，我们则很难感觉到它的存在，但身体有可能会出现不适症状，如出现经常性疼痛、恶心、头晕、感冒、呕吐、不明出血、体液渗出等症状。肿瘤的初期是最容易根治它的阶段，却因难于发现、检测或因我们的麻痹大意，而被忽视。肿瘤一旦被发现，多半已到了中、晚期，此时却又难以医治，从而导致了恶性肿瘤的高致死率，这也是恶性肿瘤令人恐惧的原因之一。所以，即使以今天的医疗水平对付肿瘤，治疗方针依然是要尽早发现，尽早治疗；切忌硬挺、拖延或置之不理。

不同患者，因其个体因素（内因）及所在具体环境（外因）的差异，会发生不同的肿瘤。患者个体因素包括体质、免疫力、情绪压抑程度等，所在的外部环境因素包括饮食习惯、空气质量、水质质量、放射性物质接触、病毒的感染、致畸突变物的接触等。

肺癌多发于嗜烟者；长期接触工业粉尘或化学物质的人群，如石棉、镍、铬化合物。患者早期症状表现为：咳嗽，血痰，胸痛，不明原因的反复"感冒"，或同一部位反复出现肺炎征象。

引发胃癌的高危因素有：化脓性溃疡和萎缩性胃炎伴有幽门螺杆菌感染；喜食腌熏、高盐和烧烤食物；常食霉变食物；青少年时期饮食很差；家族中有此病例。其早期症状多为：原有胃病者，症状失去规律或出现新症状；原无胃病者逐渐出现顽固的胃痛症状等。

肝癌易发的环境因素有：慢性乙型或丙型肝炎病毒感染；任何原因的肝硬化；常食霉变食物，尤其是霉花生、霉玉米。早期症状为：持续性肝区疼痛，不明原因的消瘦。

引发食管癌的外在因素有：嗜腌菜；烈性酒；食过硬过烫食物；进食过快；常食霉变面食；吸烟；口腔不洁；家族中患此病者。其早期症状表现为：咽食时有哽咽感，进食时胸骨后有疼痛感等。

导致结肠癌的环境因素有：明显肠炎及肠息肉患者；高脂、低纤维素和低钙饮食；长期摄入油炸食品；习惯性便秘者；晚期血吸虫病患者；家族中有患此病者。早期症状多表现为：持续性腹部不适，气胀，隐痛，腹泻与便秘交替，便血等。

直肠癌多发生于：直肠息肉患者；慢性肠炎；血吸虫病患者；习惯性便秘者。早期症状表现为：排便次数增多，有时有排便意识而无便排出，粪便变细或上有沟槽痕迹，便血等。

妇女宫颈癌多发于：子宫颈糜烂患者；18岁前婚育及多产妇女；丈夫包皮过长；有生殖器湿疣病史；有单纯疱疹病毒感染史。早期症状常出现：不规则阴道出血或接触性出血，尤其在绝经期前后。

诱发鼻咽癌的高危因素有：喜食腌、咸鱼；靠近高盐分地区（如沿海）生活；既吸烟又饮烈性酒；慢性鼻炎患者，或家族中有患此病者。其早期症状多为：吸鼻后回缩涕带血，鼻塞，听力下降，头痛或颈淋巴结肿大等。

第二节　肿瘤的传统检测诊断技术

肿瘤检测及诊断技术，对于肿瘤的治疗、控制与防治意义重大，就目前的治疗水平而言，肿瘤的治愈依赖于肿瘤的早期诊断。传统的活检、X射线、近红外线扫描、扫描CT、超声波及磁共振显像检测法等依然是现阶段肿瘤检测诊断的主要方法。

一、活检法

肿瘤活检法是指从活着患者的病变部位取出少量组织，根据不同的情况采用钳取、切取、切除或穿刺吸取等方法制成病理切片，在显微镜下观察肿瘤细胞和组织结构的形态，确定肿瘤的性质、组织学类型和分化程度等的检查诊断技术。活检法又称为组织病理学检查，能为临床治疗提供可靠的观察依据。一般来说，活检之前必须要有仔细的临床评估和影像学分析。

二、放射学检查法

放射学检查法包括X射线法、CT扫描等。

X射线法主要包括X光透视、X光摄片、X光造影检查诊断技术。对于胸部、肺部及骨头等部位的肿瘤，X光片是重要的检查诊断方法。X射线正侧位片可显示出胸部、肺部肿瘤的部位、密度、外形、边缘清晰度、光滑度、有无钙化等，对这些部位肿瘤的判断和治疗具有十分必要的参考性。

CT扫描（Computer Tomography，CT）全称为计算机控制的X射线断层扫描技术。CT扫描仪将传统的X光成像技术提高到了一个新的水平。它根据人体不同组织对X射线的吸收与透过率的不同，应用灵敏度极高的仪器对人体进行测量，然后将测量所获取的数据输入电子计算机，电子计算机对数据进行处理后，就可还原生成人体被检查部位的断面或立体的图像，从而发现体内任何部位更细小的病变。与普通的 X 光照片不同，CT 扫描可以构建完整的人体内部三维计算机模型。医生们甚至可以一小片一小片地检查患者的身体，以便精确定位特定的区域。所以，CT 扫描仪收集的信息比传统 X 光扫描要全面得多，甚至可用于检查诊断血管畸形、早期肿瘤和转移瘤，等等。

三、磁共振显像检测法

磁共振显像检测法（Magnetic Resonance Imaging，MRI），又称磁共振成像技术，是一种生物磁自旋成像技术，它是利用人体中物质原子核自旋运动的特点，在外加磁场内，经射频脉冲激发后产生信号，用探测器检测并输入计算机，经过处理转换在屏幕上显示图像的检测方法，磁共振显像检测法的优点在于：①对人体没有放射性损伤。②能获得脑和脊髓的立体图像，不像 CT 那样因一层一层地扫描而有可能漏掉病变部位。③能诊断心脏病变，CT 则因扫描速度慢而难以胜任。④对膀胱、直肠、子宫、阴道、骨、关节、肌肉等部位的检查优于 CT。⑤扫描迅速、准确。

磁共振显像检测法对检测脑内血肿、脑外血肿、脑肿瘤、颅内动脉瘤、动静脉血管畸形、脑缺血、椎管内肿瘤、脊髓空洞症和脊髓积水等颅脑常见疾病非常有效，同时对腰椎间盘后突、原发性肝癌等疾病的诊断也很有效。但 MRI 也存在着不足之处，如对肺部的检查不优于 X 射线或 CT 检查；对肝脏、胰腺、肾上腺、前列腺的检查不比 CT 优越，且费用要高昂得多；对胃肠道的病变不如内镜检查等。

四、超声波检测法

我们把频率在 2 万赫兹以上的机械波称为超声波。超声波检测法

（Ultrasonic Examination，UE）是指利用超声波的物理特性和人体器官组织声学性质上的差异，以波形、曲线或图像的形式显示记录，从而对人体组织的物理特征、形态结构、功能状态作出判断而进行疾病诊断的一种方法。超声波具有良好的方向性，其在人体内传播过程中，遇到密度不同的组织和器官，即有反射、折射和吸收等现象产生。根据示波屏上显示的回波距离、弱强和多少，以及衰减是否明显，可以显示体内某些脏器的活动功能，并能确切地鉴别出组织器官是否含有液体或气体，或为实质性组织。

超声波检测诊断分为 A 型（示波）法、B 型（成像）法、M 型（超声心动图）法、扇型（两维超声心动图）法、多普勒超声波法等。A 型法根据示波上的波幅、波数、波的先后次序等，来判断有无异常病变；在诊断脑血肿、脑瘤、囊肿，及胸、腹水肿、早孕、葡萄胎等方面比较可靠。B 型法最常用，可得到人体内脏各种切面图形，对颅脑、眼球（如视网膜剥离）及眼眶、甲状腺、肝脏（如检出小于 1.5 cm 直径的小肝癌）、胆囊及胆道、胰腺、脾脏、产科、妇科、泌尿科（肾、膀胱、前列腺、阴囊）、鉴别腹部肿块、腹腔内大血管疾病（如腹主动脉瘤、下腔静脉栓塞）、颈部及四肢大血管疾病的诊断，均有效；图形直观而清晰，容易发现较小病变。M 型法是根据体内心脏等结构活动，记录其与胸壁（探头）间的回声距离变化曲线，从这种曲线图上，可清晰认出心壁、室间隔、心腔、瓣膜等特征；常同时加入心电图、心音图显示记录，用以诊断多种心脏病、心房内黏液瘤等。扇型法可得到心脏各种切面图像，并可观察到心脏收缩和舒张期的不同表现，由于它看到的图形比较全面，诊断范围大大超过了 M 型法，并且更为细致和确切；此外，该法一样可诊断肝、胆、胰、脾、脑、妇产科等疾病。

超声波检测法的特点是：①操作简便易行；②安全无损伤；③无特殊禁忌证；④能及时获得结论；⑤可多次重复检验。

五、内镜检测法

内镜检测法（Endoscopic Detection，ED）是指通过使用各种硬性或软性光学纤维和镜头等，深入到病变的器官和组织中，直接观察、获取这些部位的影像学数据等的检测诊断方法。现有的内镜包括：喉镜、支气管镜、纵隔镜、食管镜、胃镜、胃十二指肠镜、结肠镜、直肠镜、肛门镜、膀胱镜、输尿管镜、肾镜、阴道镜、子宫镜等。内镜检测法的优点是可同时获得组织器官直观的影像和病理两方面的诊断资料。此外，内镜检测法还可与活体检测法同时配合使用，以使患者的活检获得更为直观、准确的影像学分析和病理组织切片等。

六、实验室常规检测法

实验室常规检测法在肿瘤的早期判断和检测方面，起着非常重要的作用。前面已提到在肿瘤的早期阶段，我们很难感觉到它的存在，但身体有可能会出现不适症状，如出现经常性疼痛、恶心、头晕、感冒、呕吐、不明出血、体液渗出等症状。此时，如果采用实验室常规检测法，或许能发现肿瘤存在的蛛丝马迹。

实验室常规检查主要包括血象、尿、大便的常规检查、生化及免疫检查、病理学检查等。①血象检查：包括血细胞计数、白细胞分类、细胞形态学检查以及血红蛋白的测定等。②小便检查：包括外观、酸碱反应、比重、蛋白及糖的定性、沉渣的显微镜检查等。③大便检查：包括一般性状、镜下检查及潜血实验等。④生化及免疫检查：包括甲胎蛋白、癌胚抗原、EB病毒抗原抗体、血清紫色反应、血清耐热试验、血清醛缩酶、酸性磷酸酶、碱性磷酸酶、酸性 α 醋酸萘脂酶、5 -羟基吲哚乙酸等实验室测定。

第三节　肿瘤现代检测诊断技术概论

在肿瘤的早期检查中，往往由于癌细胞的稀少或缺乏，不能检测到细胞块和组织碎片中隐藏的癌细胞，或由于成像系统的误差造成癌细胞的误诊；而 X 射线、CT、超声波及磁共振显像检测法等都需要肿瘤细胞出现并增值到一定大小时才能准确定位和诊断，此时的肿瘤已经是中、晚期了，因为肿瘤细胞的转变是一个漫长的过程。例如，肺癌细胞从发生至演变为 1 cm 大小的肿块，一般需要 2～10 年的时间[1]。实际上，在肿瘤发生的早期阶段，其癌变细胞中的部分基因就已经产生突变；细胞核内 DNA 含量及染色体数目、功能性蛋白质组分等已发生改变；肿瘤特异性生长因子及肿瘤标志物等开始表达。针对于此，肿瘤检测及诊断技术又出现了许多新的方法。

一、基因芯片技术

基因芯片技术（Gene Chip Technology，GCT）是近期发展起来的一项新技术，不仅能研究细胞内所有基因的表达图谱，同时还具有多样品并行处理能力。基因芯片技术具有分析速度快，所需样品少，污染少等特点；其实质就是在固相载体上按照特定的排列式固定大量已知的 DNA 片段，形成 DNA 微矩阵，将样品 DNA/RNA 通过 PCR/RT-PCR 扩增、体外转录等技术渗入荧光标记分子后，与位于芯片上的已知序列杂交，运用检测装置及计算机软件检测芯片各靶基因的标记信号，从而快速、灵敏、高通量地比较和分析待测样本中大量基因表达信息，是集分子生物学、微电子学、激光、化学染料等学科为一体的一门综合性科学技术。按照载体上点的 DNA 种类的不同，基因芯片可分为寡核苷酸和 cDNA 两种芯片。按照基因芯片的用途可分为表达谱芯片、诊断芯片、指纹图谱芯片、测序芯片、毒理芯片等。基因芯片技术在肿瘤的检测诊断中主要可用于：①突变基因的检测。②特异基因的检测，肿瘤抗癌基因对肿瘤的诊断和治疗均有重要意义，芯片技术提高了该项研究的效率。③肿瘤基因表达谱的分析，用基因芯片技术比较肿瘤组织和正常组织的基因表达谱，可以发现新的肿瘤突变基因或肿瘤特异性基因。利用基因芯片高通量、平行处理的优势，从基因水平动态反映肿瘤发生、生长调节等信息。④肿瘤转移相关基因检测，肿瘤转移是大多数肿瘤患者死亡的原因，肿瘤转移是一个多阶段、多基因参与的复杂过程，不同的肿瘤有不同的转移方式，同一肿瘤也有不同的转移方式，基因表达谱的分析有助于了解肿瘤转移时基因变化[2、3]。⑤抗肿瘤药的筛选等。

二、组织芯片技术

组织芯片又称组织微列阵（Tissue Microarray，TMA），由 Kononen 等[4]1998 年首次报道。指将数十个、数百个乃至上千个小的组织片整齐地排列在载玻片上制成缩微组织切片，用不同的基因探针或抗体与之杂交，再通过特定的激光扫描采集系统处理，最终平行、高通量地获得组织学、基因和蛋白质的表达信息等，不仅能用于形态学观察，而且可进行免疫组化染色、原位杂交等多种方法研究，在同一芯片上可对上百种分子生物标记进行检测分析，不仅极大提高了实验操作效率，减低了资金消耗，同时也避免了不同实验条件下产生的结果误差，具有较强的可对比性和重复性。现在应用组织芯片技术研究肿瘤的范围很广，包括胃癌、乳腺癌、鼻咽癌、前列腺癌、肺癌、肝癌、肾癌、膀胱癌、结直肠癌、卵巢癌等，对于肿瘤的病因学、诊断和鉴别诊断、治疗和预后评估等研究起到了重要作用[5、6]。组织芯片技术可具体应用于：①肿瘤基因表达产物分布检测，利用组织芯片技术可检测鳞状上皮及黏膜肿瘤中 3 种标志物的分布：p63，细胞角蛋白5、6（Cytokeratins 5、6）和 CK14。另外，科学家还用组织芯片技术检测了 HbsAg 在 194 例肝癌患者癌组织与其周围正常肝组织细胞中的表达差异，以研究乙型肝炎病毒感染与肝癌发生的关系。②肿瘤的分期诊断，肿瘤在不同发展阶段，基因表达具有差异性，利用组织芯片可对一种肿瘤不同发展阶段进行检测。例如，Bubendorf[4]等用前列腺不同阶段的病变组织（良性前列腺增生、原发癌、转移癌及激素治疗失败后的局部突发癌）制成组织芯片，对 5 个基因（男性激素受体基因、myc、Erbb2、N-myc、细胞周期蛋白 D1）进行监测分析，证明转移癌与 myc 扩增有关，激素治疗失败后的局部复发癌和转移与男性激素受体基因扩增有关。③肿瘤分型鉴别，利用组织芯片技术可以对大量肿瘤样本进行分析，筛选其共有标志物（如细胞表面抗原、胞质蛋白、酶和激素等），进而对肿瘤分型。④肿瘤抗原筛选，肿瘤抗原能激发机体的免疫效应，通过产生大量抗体对肿瘤实施靶向治疗。TMA 可大幅度提高肿瘤抗原筛选的效率。肿瘤抗原与作者在本书中提到的变异细胞所产生的"不适性因子"应是同类物质。⑤组织芯片与基因芯片联合应用，可发现新的肿瘤基因，目前利用基因芯片技术已筛选出数百个新的肿瘤候补基因，这些基因必须用大量的临床病例去检验，TMA 为迅速完成这一任务提供了方便，将 DNA 芯片筛选出的基因制成探针，与组织芯片中众多的肿瘤组织进行荧光原位杂交，即可确定肿瘤相关基因。例如，Kononen 等采用 645 个乳腺癌标本制成的组织芯片对 6 个基因和 2 个抗原进行检测，结果显示除 Erbb2、CMYc、Cyclin D1（CCND1）已为人所知外，17q23 与 20q23 是首次发现的乳腺癌相关基因。

三、蛋白质组学技术（Proteomics）

蛋白质组（Proteome）是由单个细胞、器官或组织类型所表达的全部蛋白质[7]，是对应于一个基因组的所有蛋白质整体。由于同一基因组在不同的细胞及不同的组织中的表达情况各不相同；即使是同一细胞，在不同的发育阶段、不同的生理条件甚至不同的环境影响下，其蛋白质的存在状态也不尽相同。因此，蛋白质组还是一个在空间和时间上动态变化着的整体。蛋白质组学，就是从整体的角度，分析细胞内动态变化的蛋白质组成成分、表达水平与修饰状态，了解蛋白质之间的相互作用与联系，揭示蛋白质功能与细胞生命活动规律的一个新的研究领域[8]。蛋白质组学的研究方法主要以双向凝胶电泳（2-DE）、生物质谱（MS）及 SELDI 蛋白质芯片技术为支撑平台，生物信息学为桥梁，对蛋白质表达模式和蛋白质功能模式进行研究。双向凝胶电泳用于蛋白质的分离纯化，一块 2-DE 凝胶现在能分离出 1000~10000 个以上的蛋白质样点。生物质谱则根据样品离子化后各离子间荷质比的差异，分离并确定其相对分子质量，从而准确、快速地鉴定蛋白质组分。SELDI 蛋白质芯片技术具有快速、操作简便、样品用量少和对多样品的平行检测等特点，可直接检测不经处理的尿液、血液、脑脊液、关节腔滑液、支气管洗出液、细胞裂解液和各种分泌物等，从而可检测到样品中特异性蛋白质的相对分子质量。如将抗体或受体直接加到蛋白芯片表面，就可从样品中捕获到与上述抗体或受体特异结合的抗原或配体[8]。蛋白质组学技术现已广泛应用于肿瘤标志物的筛选和鉴定、肿瘤早期诊断和分类、肿瘤发生发展机制及抗肿瘤药物的筛选等方面[9]，在对乳腺癌、鼻咽癌、肾癌、膀胱癌、前列腺癌、卵巢癌、白血病、成纤维细胞瘤等的研究方面已有较多的应用报道。例如，科学家用表面增强激光解吸/离子化质谱（MALDI-MS）对 167 个 PCA 患者、77 个 BPH 患者以及 82 个正常老年人的血清进行研究，找到有意义的 9 个蛋白质质谱图，结合人工智能算法，进行前列腺癌的早期诊断，准确率为 96%。另外，通过分析正常结肠组织、结肠息肉和结肠癌组织标本中蛋白质表达谱，比较 3 类组织的 2-DE 凝胶图像，找到了 57 个差异点。选择 18 种蛋白质进行质谱分析，发现 EF-2、Mn-SOD 和 nm23 在结肠癌中特异性高表达；还发现 9 种蛋白在癌组织和腺瘤组织中变化相同，分别为 L-银屑病相关蛋白、碳酸酐酶表达减少；S100All、PPIASE 碱性变异体、附加素 III 和 VI、DDAH、

CK18 和抑制素表达增加；说明这些蛋白的变化与直结肠癌的发生和发展相关，可成为结直肠癌早期诊断、评价疗效和预后的特异性标志物。裴毅等[10]利用蛋白质飞行质谱技术（SELDI-TOF-MS）检测 46 例不同肿瘤患者在不同病情发展阶段的血清蛋白质组的质谱，捕捉到了一组促进肿瘤患者病情恶化的异常蛋白质组 LGT，可作为肿瘤死亡发生与否的预警蛋白质组的指纹标志（指纹图谱）。

四、流式细胞术

流式细胞术（Flow Cytometry，FCM）又称荧光激活细胞分类术，是利用流式细胞仪对微小生物颗粒的多种物理、生物学特性进行定量、分析检测的技术；是对细胞、亚细胞结构或生物颗粒进行快速测量的新型分析、分选技术；也是当代激光、流体力学、光学和电子等学科高度发展的产物。流式细胞术具有检测速度快、测量指标多、采集数据量大、分析全面、方法灵活等特点[11]。现已被逐步应用到疾病的诊断、检测和临床医学研究中。FCM 在肿瘤学中可用于癌前病变及早期癌变的检测、化疗指导、预后评估及肿瘤耐药性的研究等，结果可靠、稳定。流式细胞仪的基本工作原理如图 3-2。首先，我们将待检测诊断的组织制成单细胞的液滴，通过流动室的喷口上配有的一个超高频电晶体，充电后振动，使喷出的液流断裂为均匀的液滴，待测定细胞（包括肿瘤细胞）就分散在这些液滴之中。将这些液滴充以正负不同的电荷，流经带有几千伏特的偏转板时，在高压电场的作用下偏转，由于正常细胞与肿瘤细胞在物理及化学特性方面存在着各自的差异，因此产生不同的偏转角，落入各自的收集容器中，不予充电的液滴落入中间的废液容器，从而实现对肿瘤细胞的分离及分选。流式细胞术可以对肿瘤细胞进行多参数测量和分析。如：①DNA 倍体分析，人体正常体细胞的染色体是二倍体，染色体数量为 46 条，23 对。当人体细胞发生癌变时，细胞分裂发生紊乱，染色体大量复制，但细胞核并不分裂，

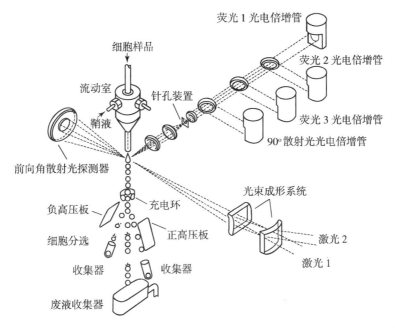

图 3-2　流式细胞仪的基本工作原理

此时，细胞核中的染色体含量会异常改变，产生三倍体、四倍体等。DNA非整倍体出现率增高，是癌变的一个重要标志。FCM 可精确检测出 DNA含量的改变，将不易区分的群体细胞分成 3 个亚群（G1 期、S 期、G2期）。②细胞凋亡的检测，肿瘤细胞凋亡时，一些与膜通透性改变及凋亡有关的蛋白质在细胞膜表面有特定表达。例如，Fas（CD95）、线粒体膜蛋白（APO2.7）、磷脂酰丝氨酸（可与 Annexin-V 特异性结合）等通过 FCM 结合单克隆抗体可以检测。另外，参与细胞凋亡调控的蛋白，如：Bel-2、p53、Bax 蛋白等也可通过 FCM 定量检测[12]。此外，流式细胞术还被大量应用于临床血液学、骨髓和器官的移植等。

五、纳米技术

纳米技术（Nanotechology，NT）是指在纳米尺度空间（0.1～100 nm）内操纵原子和分子，对材料进行加工，制造具有特定功能的产品或对物质及其结构进行研究，掌握其原子和分子的运动规律和特性的一门综合技术体系。纳米所涉及的物质层次处于既非宏观又非微观的相对独立的中间领域-介观（Mesoscopy）。处于纳米量级的粒子，本身具有量子尺寸效应、小尺寸效应、表面效应和宏观量子隧道效应，从而表现出若干新的特性[13]。纳米技术在肿瘤检测与诊断中的应用，主要有：①造影剂，CT扫描与磁共振显像是目前诊断肿瘤的主要方法，使用造影剂对等密度或等信号肿瘤、微小肿瘤的定位、定性诊断尤为重要。科学家用1.5 T/MRI扫描兔移植性瘤，发现整合素 αvβ3 靶向纳米粒子聚集于肿瘤新生血管内皮细胞，从而可以发现早期微小的原发或转移性瘤。含有纳米粒子氧化铁的造影增强剂（SHU-555）能明显增强肝脏的对比造影，发现早期的肝肿瘤。用超顺磁性氧化铁纳米粒脂质体制成的造影剂，可以发现直径 3 mm 以下的肝脏肿瘤[13]。②免疫组化，免疫组化在肿瘤诊断中一般只能起到定性作用，若应用纳米级粒子则可进行定量免疫组化分析，并对免疫组化过程进行标化、减少标本固定、处理等过程造成的误差。例如，将整合镧的纳米粒子用于免疫组化分析中的定量分析，经时间分辨荧光成像系统（TRF）能检测到预先加入的特异性抗原的信号与纳米粒子的量呈线性关系[14]。③光学相干层技术（OCT），利用纳米技术开发的光学相干层技术，其分辨率可达 1 个微米级，能以每秒 2000 次的速度完成生物体内活细胞动态成像，发现单个细胞病变，使肿瘤的早期诊断准确性大幅提高[15]。

六、恶性肿瘤相关改变检测法

恶性肿瘤患者除了肿瘤细胞有明显的变化外，肿瘤周围的正常细胞也有些微小的形态学改变。这种发生在正常组织细胞内的改变称恶性肿瘤相关改变（Malignance Associated Changes，MAC）[16,17]。目前认为 MAC 检测可以作为恶性肿瘤早期诊断的辅助方法，克服恶性肿瘤早期取样时癌细胞较少及难以识别等困难。MAC 在离损害较远的地方（可以达到 50mm）也都可以表达出来。在肿瘤的活检中，即使是一个质量非常差的玻片，里面没有肿瘤细胞，也很可能含有 MAC 细胞。Palcic 等[18,19] 研究了胸部的 MAC 现象，发现 86％ 的病例外观正常的细胞有一个特征可以用来正确诊断早期癌症。因此使用一个阈值来判断患者是否有恶性肿瘤：一个玻片上有多于 34％ 的 MAC 细胞，就算为恶性病例。同时他们对含细胞较少的痰液进行了 MAC 检测，结果表明：69％ 的癌症患者中有 MAC 现象，只有 17％ 的假阳性。但准确检测并分类 MAC 特征不是一件易事。目前具有应用前景的是现代统计学中的支持向量机制论，该法在解决模式识别中小样本、非线性及高维识别中表现出独特的优势，在 MAC 检测中表现出较好的分类性能[17]。

七、肿瘤标志物检测技术

肿瘤标志物（Tumor Marker，TM）是肿瘤细胞本身存在或分泌的特异性物质，存在于肿瘤细胞内或患者体液中，主要通过血液进行检测。TM 在正常组织或良性疾病中不产生或产生极微。检测 TM 可以早期发现肿瘤，或对肿瘤复发起到早期提示作用。目前，临床研究中的肿瘤标志物主要有：①癌胚抗原（CEA），用于诊断结直肠癌、胃癌、胰腺癌、肝癌、肺癌、乳腺癌及甲状腺髓质癌等。②甲胎蛋白（AFP），用于诊断肝癌，AFP 在原发性肝癌，阳性率达 72.3％[20]。③血清癌抗原（CA15-3、CA125、CA19-9），用于诊断乳腺癌、卵巢癌、子宫癌、结直肠癌等。④神经元特异性烯醇化酶（NSE），鉴别诊断小细胞肺癌和神经母细胞瘤等。⑤铁蛋白（SF）。⑥唾液酸（TSA）。SF 和 TSA 是细胞正常结构成分，但在肿瘤患者中，二者高浓度表达。韩景银[20] 将 AFP、CEA、SF、TSA 组成"肿瘤组合"进行研究，对肿瘤组阳性率为 89.1％；对常见肿瘤的阳性率分别为原发性肝癌 95.2％、肺癌 92.6％、胃癌 88.5％、直结肠癌 83.3％、乳腺癌 84.2％、绒癌 90％、卵巢癌 88.9％。另外，临床上常利用 CEA 与 CA15-3

的联检，来确定乳腺的恶性病变及乳腺癌转移、复发的可能。⑦黑色素细胞特异性抗原 MART-1、gp100，用于黑色素瘤的免疫组化性诊断。⑧NO，NO 是一种结构简单而不稳定的自由基气体，可作为介质、第二信使或细胞功能调节因子，参与机体许多生理和病理过程。科学家通过对肺癌患者血清 NO 检测，发现其血清 NO 含量显著高于良性肺病组和正常对照组，良性肺病组高于正常对照组。⑨细胞因子（Cytokine），细胞因子是一类由活化的免疫细胞和相关基质细胞分泌的、具有介导和调节免疫炎症反应等多种生物学功能的活性物质，大多数为小分子分泌型糖蛋白或多肽，细胞因子主要由机体淋巴细胞、单核巨噬细胞等产生，一些肿瘤细胞也能产生某些细胞因子。蔡菊芬[21]等利用流式细胞小球微列阵术（CBA）检测 101 例恶性肿瘤患者血清中的干扰素-γ（INF-γ）、肿瘤坏死因子-α（TNF-α）、白细胞介素（IL-10、5、4、2）6 种细胞因子含量变化，发现大多数恶性肿瘤患者血清中 6 种细胞因子水平同时升高，其中以 IL-5、IL-4 及 IFN-γ3 种因子升高最多见，占 60.4％，差异有高度显著性。可用于肿瘤临床诊断。⑩肿瘤特异性生长因子（TSGF），TSGF 是恶性肿瘤及周边毛细血管大量扩增的物质基础，它来源于恶性肿瘤细胞，只对肿瘤血管增生起重要作用，在肿瘤形成早期，即可达到检出浓度。许彬[22]等对 968 例恶性肿瘤患者治疗前的血清 TSGF 进行检测，总阳性率为 75.6％，对胰腺癌阳性率为 91.3％，高于 CA19-9 测定，对肺癌检测阳性率为 86.1％，高于 CEA 测定敏感度。此外，TSGF 检测操作简单，具有一定的推广价值。现在，肿瘤标志物中的部分内容如癌胚抗原、甲胎蛋白等的检测已划分至实验室常规检测法，检测费用相比最初也有了一定的减少。不过，肿瘤标志物检测有时会出现假阳性现象，因此，联检肿瘤标志物时应结合临床表现，特别是影像学等数据进行综合判断，以提高肿瘤早期诊断的准确性。

不可否认，这些新技术的应用，确实提高了检测的灵敏度和效率，然而，这些技术多数源自于不同个体的共性发现，即是一个平均值的阈值参数，而且，大多是对离体状态的标本测试所得的参数，无法随时对人体微环境体系状态中的肿瘤细胞进行检测，对微环境体系中正常和异常的细胞组织动态变化进行检测，也无法随时对治疗效果与肿瘤细胞组织的动态关联性进行检测。要能随时随地的对人体微循环体系状态中的肿瘤治疗效果、状态信息反应、细胞组织参数变化等全面有机地进行检测，还需要科学研究和技术的进一步发展。如何使组织细胞的动态变化（细胞内结构变化、生化物质变化）能瞬间被检测到的则是检测技术发展的最高层次。

笔者认为，相对于现代检测仪器和方法，有时，人体的神经系统本身也是一个最好、最快、最精密的检测、感知体系。人体的神经系统能随时随地探知、发现我们自身体内某些部位出现的异常及不适的感觉，并将这些信息迅速反馈到我们的大脑。虽然我们人体微循环体系中的神经细胞不能对组织细胞的内部结构变化、生化物质的参数进行定量测定，但能随时对不适部位及肿瘤组织细胞的状态、治疗的效果信息进行反应。大型精密检测仪器，如 CT 扫描、流式细胞仪及切片机等，对于较大的、癌变较严重的肿瘤细胞及组织可以较容易检测出或分析出，但对于初期的、不大的及尚未在某个部位固定的（移动的）肿瘤组织或细胞则不容易被发现。这也就是患者一旦被发现染上恶性肿瘤时，大多已到了中晚期的原因之一。主要是因为这些设备需要被测的标的物需要达到一定的数量值或体积后才能检测到。在未被检出或确定前，患者往往耽误了最佳的治疗时期。然而，对于人类的神经系统及生理反应而言，这些初期的、不大的及尚未在某个部位固定的（移动的）肿瘤组织或细胞却能被经常性地感知及表达出来，如疼痛、疲劳、恶心、出血、体液的渗出、身体某部位持续性的不适或胀痛，等等。所以，笔者以为，我们在相信、依赖现代科学检测仪器设备的同时，也要充分相信经过数百万年进化而来的我们自身机体对各种疾病所作出的感知、反应及各种应答能力。

参考文献

[1] Geddes D M. The natural history of lung cancer: A review base in rates of tumour growth [J]. Br J Dis Chest, 1979, 73: 1-17.

[2] Shirota Y, Kaneko S, Honda M, et al. Identification of differentially expressed genes in hepatocellular carcinoma with cDNA microarrays [J]. Hepatology, 2001, 33 (4): 832.

[3] Cheung S T, Chen X, Guan X Y, et al. Identify metastasis associated genes in hepatocellular carcinoma through clonality delineation for multinodular tumor [J], Cancer Res, 2002, 62 (16): 4711.

[4] Kononen J, Bubendorf L, Kallioniemi A, et al. Tissue microarrays for high-throughput molecular profiling of tumor specimens [J]. Nat Med, 1998, 4 (7): 844-847.

[5] 杨海玉. 组织芯片技术在肿瘤研究中的进展 [J]. 九江学院学报（自然科学版）, 2005, 1: 109-111.

[6] 李涛. 组织芯片技术与肿瘤病理学研究进展 [J]. 国外医学肿瘤学分册, 2005, 32 (4): 265-267.

[7] Wilkins M R, Pasquali C, Appel R D. From proteins to proteomes: large scale protein identification by two-dimensional electrophoresis and amino acid analysis [J]. Biotechnology (NY), 1996, 14 (1): 61-65.

[8] 杜杰. 蛋白质组学及其在肿瘤标志物研究中的应用 [J]. 实用肿瘤学杂志, 2004, 18 (2): 146-149.

[9] 侯振江. 蛋白质组学在恶性肿瘤研究中的应用 [J]. 国外医学临床生物化学与检验学分册, 2005, 26 (9): 613-615.

[10] 裴毅. 一组新发现的肿瘤功能性蛋白质组的指纹图谱 [J]. 肿瘤研究

与临床，2005，17（3）：153-155.

[11] 季旭明. 流式细胞技术在肿瘤研究中的应用 [J]. 中华医学实践杂志，2005，4（8）：779-780.

[12] Fall C，Bennetl J J. Visualization of cyclosporion A and Ca^{2+} sensitive cyclical mitochondrial depolarization in cell culture [J]. Biochim Biophys Acta，1999，1410（1）：77-84.

[13] 王明华. 纳米技术在肿瘤诊断与治疗中的研究进展 [J]. 四川肿瘤防治，2005，18（1）：57-59.

[14] Vaisanen V，Harma H，Lilja H，et al. Time-resolved fluorscence imaging for quantitative histochemistry using lanthanide chelates in nanoparticles and conjugated to monoclonal antibodies [J]. Luminescence，2000，15：389-397.

[15] 张其清，梁屹. 纳米技术在生物医学中的应用 [J]. 中国医学科学院学报，2002，24（2）：197-202.

[16] Nieburgs H E，Zak R G，Allen D C，et al. Systemic cellular changes in material from human and animal tissues in presence of tumours [J]. Transactions of the Seventh Annual Meeting of the International Society of Cytology Council，1959：137.

[17] 高智勇. 恶性肿瘤相关改变检测方法的研究进展 [J]. 北京生物医学工程，2005，24（2）：151-154.

[18] Susnik B，Worth A，Palcic B. Malignancy-associated changes in the breast：changes in chromatin distribution in epithelial cells innormal-appearing tissue adjacent to carcinoma [J]. Analytical and Quantitative Cytology and Histology，1995，17：62.

[19] Palcic B，Susnik B，Garner D，et al. Quantitative evaluation of malignant potential of early breast cancer using high resolution image cytometry

[J]. Journal of Cellular Biochemistry Supplement，1993，17：107.

[20] 韩景银. 肿瘤标志物联检对常见肿瘤诊断的评价 [J]. 放射免疫学杂志，2005，18（2）：86－88.

[21] 蔡菊芬，顾怡生，钱丽娟，等. 流式细胞小球微阵列术检测恶性肿瘤患者血清六种细胞因子的临床意义 [J]. 中国肿瘤临床与康复，2005，12（1）：7－9.

[22] 许彬，郭涛. 肿瘤特异性生长因子检测在肿瘤检查中的应用 [J]. 中国煤炭工业医学杂志，2005，8（10）：1143－1143.

第四章　肿瘤的治疗方法

肿瘤形成的因素非常复杂，恶性肿瘤（癌症）还容易产生抗药性及发生转移。近半个世纪以来，癌症的发病率和死亡率一直呈上升趋势，死亡率现已攀升至人类疾病致死率的前 3 位。目前可以肯定，肿瘤是人体细胞分化紊乱及代谢障碍性疾病，发病率与人的体质及所生存的环境因素有着密切的联系。人体内的正常细胞在众多内因（遗传、内分泌失调等）（约占30％）和外因（物理、化学、生物性及营养不良等因素）（约占70％）的长期作用下发生了质的改变，导致细胞代谢紊乱，过度增殖，形成了致密性的肿瘤组织[1、2、3、4]。这种变异的肿瘤细胞可以遗传，且不容易医治。自肿瘤被发现、报道以来，人类同它们的斗争就没有停止过，随着人类社会工业化、城镇化的加速发展，这种斗争也越演越烈。对于肿瘤的治疗方法，根据医疗水平划分，可分为传统疗法及现代疗法；根据医疗手段划分，又可分为物理疗法、化学（药物）疗法、物理与化学（药物）相结合的治疗方法及生物疗法，等等。

第一节　肿瘤的传统治疗法

肿瘤的传统治疗方法主要有手术法、放疗法、化疗法及我国的中医药疗法，约有30％的癌症患者通过这些方法可以被治愈[1]。

一、手术法 (Surgical Treatment)

手术法指通过实施外科手术，到达医治肿瘤的目的。公元前 1600 年，古埃及已有了手术切除肿瘤的记载。我国东汉时代的华佗首创了手术治疗内脏肿瘤。在人类社会科学技术还不发达的年代，手术法是人类最早应用、最有效的治疗癌症的方法。至今，也是许多早期癌症治疗的首选疗法。许多早期癌症可以通过成功的手术达到根治的目的，治愈率约为 22%。依照手术的目的不同，手术法主要分为：①根治性手术；②姑息性手术；③诊断、探查性手术等。

1. 根治性手术（Radical Surgery） 能治愈局限的原发部位的肿瘤和区域性淋巴结部分肿瘤，如：淋巴瘤，一些儿童肿瘤，分化很差的肿瘤（小细胞肺癌等除外）；或虽已侵犯临近脏器但尚与原发病灶在一起的肿瘤。根治性手术最低要求是切缘在肉眼和显微镜下未见肿瘤，广泛切除原发肿瘤及直接扩展的部位。皮肤基底细胞癌要求被切除干净并超出 2 mm 到正常组织。肉瘤由于沿肌肉间隙扩展，常需要把一组肌肉全切除。黑色素瘤需要切除足够更宽的边界。食管癌切除可以沿正常黏膜下层扩展至几个厘米以外。喉癌大部分已分化成直接可见性瘤，切除边缘不要求太多。乳腺癌常为易发病灶，多对整个乳腺实施切除；近年来对早期的乳腺癌也可采用局部切除术，切缘超过瘤组织 2 cm 即可，但必须辅以对整个乳房的放疗。胃肠道肿瘤，易对临近器官侵袭，常需要大范围切除，来争取有限的治愈机会。当淋巴结出现转移迹象时，除应当切除外，对临近有可能产生病变的淋巴结也应尽可能清除。头颈部肿瘤多数会发生颈淋巴结转移，可以与原发肿瘤同时进行颈淋巴结清扫术。国际抗癌联盟针对淋巴结是否要进行手术，给出了几项基本原则：①切除淋巴结是外科治疗原发肿瘤的一部分，伴有肿大淋巴结的晚期患者，淋巴瘤或鼻咽癌患者，不宜实施颈淋巴结清除术，采用放疗可能会更好，放疗原发癌区域时应包括该部位的淋巴组织。

②无淋巴结肿大，估计转移机会很少，可不必考虑淋巴结清除术。③无肿大淋巴结，但有较大的镜下转移灶危险（超过10％）时，要立即清除淋巴结而不能等待淋巴结的出现。④根据清除的淋巴结标本检查结果，决定是否要辅以化疗。⑤乳腺癌在化疗开始之前，应切除有癌细胞侵袭的淋巴结，以减少病变及扩散的可能性。

2. 姑息性手术（Palliative Surgery）　是指晚期癌瘤患者失去手术治愈的机会时，为了减轻症状、延长寿命，或为下一步的其他治疗创造条件，所采用的各种缓解性手术。目的是为了解除患者的痛苦，减轻症状，改善生存质量，如：切除胃肠中造成梗阻和出血的肿瘤，切除溃疡性的乳腺癌，切除有出血和疼痛的肉瘤所在的肢体，等等。对有些转移的乳腺癌，还可切除内分泌器官以改变病情。对完全梗阻的喉癌、食管癌、胃癌、直肠癌患者，可以实施人工造瘘术，以降低肿瘤对生命产生的危险性。浸润性胸腺肿瘤的部分切除手术，虽然是姑息性的，但可减小肿瘤体，减轻其对纵隔、心脏的压迫；如果术后辅以放疗，会得到意外的治疗效果，因此会比单纯的放疗术好。

3. 诊断、探查性手术　是指为了明确诊断病理器官、组织的性质、范围、发展程度而采取的外科手术。但诊断、探查性手术两者还是有区别的。诊断性手术（Diagnostic Operation）一般是为了对病变器官、组织进行明确诊断，通常不对确诊的肿瘤实施切除术。诊断性手术可分为：①细针吸取；②针穿活检；③咬取活检；④切取活检等。探查性手术（Exploratory Operation）目的一是为了明确诊断；二是了解肿瘤范围后争取对肿瘤进行切除；三是一旦发现复发要及时做切除术。所以探查性手术不同于诊断性手术。探查性手术往往要求做好大手术的准备，一旦探查明确而又能彻底切除时，即时对肿瘤实施根治性手术，所以探查性术前准备要充分。

手术疗法并非万能，许多情况的恶性肿瘤患者是不能进行手术的。①非实体瘤或全身性肿瘤的患者，如患白血病、恶性淋巴瘤、骨髓瘤等。

②晚期肿瘤患者有恶病质、严重贫血、脱水及营养代谢严重紊乱，且无法在短期内纠正或改善者。③肿瘤患者因合并有严重的心、肝、肾、肺等疾病，或有高热、严重传染病等而不能耐受手术治疗者。④肿瘤发生全身广泛转移，手术治疗已失去价值。⑤肿瘤发生部位手术切除比较困难者，如鼻咽癌、食管上段癌、舌根癌等。⑥很早就容易发生转移的肿瘤，如肺部未分化小细胞癌，多不主张手术治疗。⑦肿瘤向四周浸润性生长、边界不清，手术无法切除干净者，如扁桃体癌、胰腺癌等。

二、放疗法 （Radiotherapy）

放疗法就是放射治疗法，意指用放射性同位素射线，普通 X 射线，高能 X 射线，还有各种加速器产生的电子束、质子、快中子、负 π 介子以及其他重粒子等射线来治疗恶性肿瘤的方法。放射性同位素衰变时能发出 3 种射线：α、β、γ 射线。α 射线是氦原子核流，它的电离能力强，但穿透力弱，一张薄纸就可挡住；β 射线是电子流，电离能力较 α 射线弱，而穿透力较强；γ 射线本质上同 X 射线一样，是一种波长极短，能量很高的电磁波，是一种光子流，不带电，以光速运动，具有很强的穿透力。医学上通常将 β、γ 射线用于肿瘤的放疗。早期肿瘤采用放疗法的治愈率可达 18％。

现代生命科学及医学表明，肿瘤是人体细胞分化紊乱及代谢障碍性疾病，由于细胞的过度增殖，形成了致密性的肿瘤组织。肿瘤细胞要遗传增殖，首先就是其细胞核中携带遗传信息的染色体必须要快速、大量复制，然后分裂进入新的肿瘤细胞核中。放射线由于它的高能量性，而使肿瘤细胞中构成染色体的脱氧核糖核酸链（DNA）发生直接及电离损伤，破坏其遗传信息的复制及表达能力，从而使其增殖、表达能力丧失，停止分裂，并引起肿瘤细胞的死亡。当然，放射线也同样损伤照射区内的正常组织细胞。但正常组织细胞与肿瘤细胞对放射线的反应和敏感性极为不同，研究发现细胞的增殖性与细胞对放射线的敏感性之间有着明显的关系，几乎均生长速度快的、生长比率及细胞更新率高的肿瘤细胞，对放射线较敏感，其中以胚胎性肿瘤对放射线最敏感，淋巴类肿瘤次之，上皮性肿瘤再次之，而间质性肿瘤最不敏感，需要较高剂量才可能起作用。正常组织细胞因有稳定的结构及保护系统，相对肿瘤细胞来讲，对放射线较不敏感，对放射线的耐受力也较高。用放射线照射后，①正常组织细胞及肿瘤组织细胞的恢复和生长情况各不相同。正常组织接受照射后，细胞增殖周期恢复正常的时间快，而肿瘤组织对放射的损伤修复慢，细胞增殖周期延长；②照射后虽然肿瘤细胞有暂时的加速生长现象，但这种生长速度比不上正常细胞修补损伤的增殖速度；③肿瘤细胞群内即使存在正常细胞，但因病变细胞的生长比率相对为大，处于细胞分裂期的细胞多，因此受放射致死的肿瘤细胞要比正常细胞多，受到不同程度损伤的细胞也较正常细胞为多。临床上对肿瘤放疗中，可利用正常细胞和肿瘤组织细胞对放疗效果的不同，进行分次放疗，达到尽可能地杀灭肿瘤细胞和保护正常组织细胞的目的。据统计，在肿瘤的临床治疗中，有70%以上的肿瘤患者接受过放疗。

根据肿瘤性质和治疗目的，放疗可分为根治性放疗、术前放疗、术后放疗、姑息性放疗。①根治性放疗，单独采用放疗手段来控制、治愈肿瘤。部分肿瘤，如：鼻咽癌、喉癌、扁桃体癌、舌癌、恶性淋巴瘤、宫颈癌、皮肤癌等可单独采用放疗法治愈。另外肿瘤生长的部位无法手术或患者不愿手术者也可单独给予根治性放疗。根治性放疗时放疗剂量一定要用够量，否则会留下复发的隐患，放疗时间一般需要6～7周完成。②术前放疗，肿瘤较大或与周围脏器粘连无法进行手术治疗时，术前可先放疗一段时间，以缩小肿瘤再进行手术疗法。术前放疗一般需要3～4周时间，放疗后需要休息3～6周，待正常组织细胞修复放疗反应后再行手术切除。休息期间癌细胞会逐渐死亡，不必担忧手术推迟后癌细胞是否会生长的问题。③术后放疗，由于肿瘤生长的特殊部位或与周围脏器粘连无法完全切除，这些残留的肿瘤细胞手术后有可能复发和转移，所以术后应该采用放疗法消灭残存癌细胞。放疗时间根据残存肿瘤多少而定。如果残存肿瘤较多，肉眼就能看到有肿瘤残留，几乎需要与根治性放疗法使用同样的时间和剂量。如果残存肿瘤较少，仅在显微镜下看到有癌细胞残留，则只需使用根治性放疗剂量的 2/3 即可，为 4～5 周时间。④姑息性放疗，当肿瘤生长引起患者痛苦，如骨转移疼痛、肿瘤堵塞或压迫气管引起呼吸困难、压迫静脉引起血液回流障碍至水肿、脑内转移引起头疼、肿瘤侵犯压迫脊髓引起瘫痪危险等时，可实施放疗法，给予一定的放疗剂量，以缓解症状减轻痛苦。放疗剂量应根据肿瘤生长的部位和治疗的目的而定，从放疗数次到 1 个月时间不等。

根据放射源的远近，放疗法又可分为外放射和内照射疗法。①外放射法，也称远距离放疗法。放射线从人体外一定距离的设备（如钴 - 60 机器为 75 cm、直线加速器为 100 cm）发出照射治疗肿瘤组织。这种方法的射线能量高，穿透力强，肿瘤组织细胞能得到相对均匀的放疗剂量。外放射法是目前放射治疗应用较多的一种方法。②内照射法，也称为近距离放疗法。指将放射源直接放入肿瘤内部（如粒子植入）或放入肿瘤邻近管腔（气管、食管、阴道等）内进行放疗。内照射法所用的放射源射线射程短、穿透力低，优点是肿瘤可以得到较高的剂量，远处正常组织因受到的照射剂量低而得到保护，缺点是该法的照射剂量分布不均匀，容易造成热点（过高剂量区）和冷点（过低剂量区），增加肿瘤残留和复发危险。所以除宫颈癌外，目前内照射只作为外照射的补充剂量应用，不单独应用。

根据放疗法的发展历史和趋势，放疗法又可分为普通放疗法和立体定向放疗法。①普通放疗法，指常用的传统放疗方法。照射范围包括肿瘤、附近转移灶、附近将要转移的区域，一般每日照射 1 次，每周 5 次，每次给予常规放疗剂量。优点是肿瘤及附近淋巴结区都能照射，费用低廉。缺点是周围正常的组织细胞被进行了不必要的照射，导致产生放疗毒副反应。②立体定向放疗法，也是目前常说的伽马（γ）刀或 X 刀疗法。该法通过使用特殊、先进的设备将放射线通过多个不同的方向聚焦到肿瘤灶，在破坏肿瘤细胞的同时能较好地保护周围正常组织细胞。治疗的结果就像用刀切除一样，造成肿瘤组织坏死、消失。所以目前将该法形象地比喻成"刀"，实际上伽马（γ）刀、X刀治疗术是不用开刀做手术的，与前面所说的外科手术疗法是两码事。

放疗法的优点是：①许多肿瘤患者通过放疗法可以得到治愈，获得长期生存，如早期鼻咽癌、淋巴瘤和皮肤癌等。②有些患者的放疗疗效甚至同手术疗效一样好，如早期宫颈癌、声带癌、皮肤癌、舌癌、食管癌和前列腺癌等，而患者的说话、发音、咀嚼、进食和排便等功能完好，外观也保存完好。早期乳腺癌通过小手术和放射治疗后，不仅存活时间与根治性手术相同，而且乳腺外观保存基本完好，已为世界各国女性乳癌患者所接受。③有些肿瘤患者开始不能进行手术治疗或切除困难，但经术前放疗后，多数患者肿瘤缩小，术中肿瘤播散机会减少，切除率提高，术后生存率提高，如头颈部中晚期癌，较晚期的食管癌、乳腺癌和直肠癌患者等。④有些患者采用术后放疗法后，既可消灭残存病灶、又提高了病变部位的局部控制率和存活率，如肺癌、食管癌、直肠癌、乳腺癌、软组织肉瘤、头颈部癌和脑瘤患者等。⑤肿瘤患者由于体质差或有合并症不能进行手术，或不愿做手术时，单纯采用放疗法，效果也不错。⑥对于那些晚期癌症患者，癌瘤引起骨痛、呼吸困难、颅内压增高、上腔静脉压破和癌性出血时等，放疗法往往能很好地减轻症状，延长生命。⑦近年来，由于放疗设备的不断改进，治疗计划系统已由二维发展为三维计划，如γ或X-刀的应用使得肿瘤细胞能得到更高剂量被杀灭，而周围正常组织细胞的受照量却能大大降低；对肿瘤组织细胞实施的精确照射放疗术也越来越受到肿瘤患者的欢迎。然事物的发展都是一分为二的，有利也必有弊。放疗法的弊端是：①放射治疗设备昂贵，治疗费用较高。②对实施放疗的工作人员，要求全面和技术熟练，如需要合格的放射治疗医生，放射物理学、放射生物学医生及熟练的放射技术人员等。③放疗的周期长，一般需 1～2 个月。④放疗法引起的并发症较多，甚至造成患者部分功能丧失。⑤有些肿瘤，尤其是晚期肿瘤患者，放疗效果并不完好。

实施放疗法时，有可能造成患者不良的局部反应，主要表现为局部皮肤干性皮炎和湿性皮炎，以后可形成放射性纤维化。如果照射口腔时可引起涎腺功能下降，出现口干；照射膀胱和直肠时可引起放射性膀胱炎（小便次数多、尿痛、血尿）和放射性直肠炎（大便次数多、坠胀、红白胨子）；脑照射剂量过大时有可能引起脑坏死，脊髓照射量过大时有引起截瘫的危险。放疗时，反应比较轻的患者有可能食欲下降，严重者会恶心呕吐，有些患者白细胞可能下降，但一般不会严重，也不必暂停放疗。所以，对于要接受放疗法的肿瘤患者，医生一定要根据具体情况制定合理的放疗方案，避免患者出现严重局部反应和全身反应。

三、化疗法　(Chemotherapy)

化疗法就是化学药物治疗方法，意指利用化学药物杀死肿瘤细胞，或抑制肿瘤细胞生长繁殖的治疗方法。肿瘤化疗始于 20 世纪 40 年代，少数白血病及淋巴瘤患者经氮芥（HN2）或叶酸拮抗剂甲氨喋呤钠治疗后，取得了短暂的缓解。与此同时，前列腺腺癌及乳腺癌也开始用内分泌药物己烯雌酚治疗。20 世纪 50 年代后，通过用动物大规模筛选化疗药物，先后发现了不少有效的抗肿瘤药物，如氟尿嘧啶（5-FU）、硫鸟嘌呤（6-TG）、巯嘌呤（6-MP）、放线菌素 D（ACTD）、甲氨喋呤（MTX）以及几种烷化剂，如环磷酰胺（CTX）、左旋苯丙氨酸氮芥（L-PAM）等，使肿瘤化疗学得到了发展。MTX 治疗绒毛膜上皮细胞癌取得成功后，人们对肿瘤化疗树立了信心。在此时期，已有部分外科医生将化疗作为肿瘤手术前后的辅助治疗。到 20 世纪 60 年代末，大部分目前常用的化疗药都已经被发现，包括长春碱（VLB）、长春新碱、卡莫司汀（BCNU）、阿霉素（ADM）、丙卡巴肼（PCB）、阿糖胞苷（Ara-C）、博来霉素（BLM）、顺铂（DDP）等。肿瘤化疗学在 20 世纪 60 年代的另一个发展，是人们已开始研究肿瘤组织动力学及化疗药药代动力学的机制。对小鼠 L1210 白血病实验性治疗研究，产生了临床上使用几种化疗药的联合治疗方法。20 世纪 60 年代末，有少数肿瘤可经化疗法治愈。如急性淋巴细胞白血病、霍奇金病、睾丸肿瘤等。到了 20 世纪 70 年代，医治肿瘤有了更多比较成熟的化疗方案，包括晚期睾丸肿瘤、弥漫性组织细胞性淋巴瘤、肾母细胞以及横纹肌瘤等。20 世纪 80 年代后，人们开始进一步研究如何用生物反应修饰剂等药物来提高化疗药的疗效，并探索肿瘤对化疗药产生抗药性从而导致化疗失败的原因。目前，化疗法对肿瘤的治愈率约为 5％。

化疗法与放疗法的目的一样，都是要破坏肿瘤细胞的遗传增殖性。只不过化疗法是利用化学药物来破坏、阻止肿瘤细胞遗传信息的复制及表达能力，从而使其增殖、表达能力丧失，停止分裂，并引起肿瘤细胞的凋亡或死亡。肿瘤细胞与正常细胞一样，其遗传信息的复制及表达同样遵循"中心法则"（图 4-1）。也就是说，肿瘤细胞的遗传增殖必须通过它的DNA 链复制及分裂来实现；肿瘤细胞"癌"性的表达一定是它的 DNA 链上的基因信息先传递给 RNA，再由 RNA 指导合成特异性的蛋白质或酶表

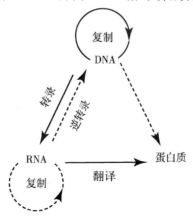

图 4-1　细胞遗传信息的复制及表达规律——中心法则

现出来。化疗药物的作用机制主要表现在 4 个方面（图 4-2）。①干扰核酸的合成代谢。大多数化疗药物主要是通过阻碍核酸特别是 DNA 成分的

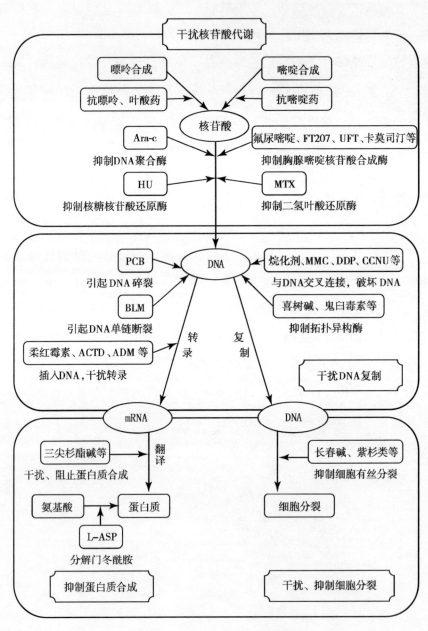

图 4-2 肿瘤的化疗药物机制

形成和利用，从而起到杀伤癌细胞的作用。这类药物的化学结构和核酸代谢的必需物质相似。如氟尿嘧啶、脱氧氟尿苷等药物在体内的衍生物可抑制脱氧胸嘧啶核苷酸合成酶，阻止脱氧脲嘧啶核苷酸的甲基化，从而影响DNA合成；甲氨喋呤可与二氢叶酸还原酶结合，使二氢叶酸不能被还原成四氢叶酸，导致5,10-二甲基四氢叶酸缺乏，使脱氧脲苷酸不能接受来自5,10-二甲基四氢叶酸的碳单位形成脱氧胸苷酸，DNA合成受阻。巯嘌呤进入体内后转变成活性型的硫代肌苷酸，抑制磷酸腺苷琥珀酸合成酶和肌苷酸合成酶，阻止肌苷酸（IMP）转变为鸟苷酸和腺苷酸，又可反馈抑制磷酸核糖焦磷酸（PRPP）转变为磷酸核糖胺（PRA），从而影响RNA和DNA合成。②直接与DNA作用干扰其复制等功能。如氮芥、环磷酰胺、苯丁酸氮芥、白消安、卡莫司汀等烷化剂和博莱霉素、丝裂霉素等抗生素类，这类化合物具有活泼的烷化基团，能与核酸、蛋白质中的亲核基团（羧基、氨基、巯基、磷酸根等）发生烷化反应，以烷基取代亲核基团中的氢原子，引起DNA双链间或同一链G、G间发生交叉联结，使核酸、酶等生化物质结构和功能损害，不能参与DNA的正常代谢。③阻止纺锤丝形成，抑制细胞的有丝分裂。抗肿瘤植物药如长春碱类和秋水仙碱等能与微管蛋白结合，阻止微管蛋白聚合，使纺锤丝形成障碍，结果是DNA的载体染色体不能向两极移动，细胞有丝分裂停留于中期，最终因细胞核结构异常导致细胞死亡。④抑制蛋白质合成。放线菌素D、玫瑰树碱等能嵌入到DNA双螺旋链间形成共价结合，破坏DNA模板功能，阻碍mRNA和蛋白质合成；L-门冬酰胺酶可将门冬酰胺水解，使肿瘤细胞合成蛋白质的原料L-门冬酰胺缺乏，限制了蛋白质合成；三尖杉酯碱可使核蛋白体分解，抑制蛋白质合成的起始阶段。

1. 肿瘤的化疗药物依照来源及作用机制可划分为6个大类

（1）烷化剂：最早问世的细胞毒药物，抗瘤谱广，在体内半衰期短，毒性较大，常用于大剂量短程疗法或间歇用药。进一步又可分为5类：

①氮芥类，即氮芥及其衍生物，包括环磷酰胺、消瘤芥（AT-1258）、苯丙氨酸氮芥（MEL）、苯丁酸氮芥（CLB）、甲氧芳芥、抗瘤新芥、甲氮咪胺等。②乙烯亚胺类，常用的药物为塞替哌（TSPA）。③亚硝脲类，有卡莫司汀、尼莫司汀（ACNU）、司莫司汀（Me-CCNU）、洛莫司汀（CCNU）等。④甲基黄酸酯，即白消安（BUS）。⑤环氧化合物类，是一类能干扰细胞代谢过程的药物，其化学结构常与核酸代谢的必需物质叶酸、嘌呤、嘧啶等相似，通过特异性对抗干扰核酸代谢，产生抗肿瘤效应。叶酸抗代谢物，如甲氨喋呤。嘌呤抗代谢物，如巯嘌呤、硫鸟嘌呤。嘧啶抗代谢物，如氟尿嘧啶、阿糖胞苷、六甲嘧胺（HMM）、环胞苷（CCY）等。

（2）核苷酸还原酶抑制剂及其抗代谢药：如羟基脲（HU）主要抑制核苷酸还原酶以阻止核苷酸转变为脱氧核苷酸从而抑制 DNA 合成；其他药物还有氨基酸拮抗剂、维生素拮抗剂、DNA 多聚酶抑制剂等。

（3）抗生素类抗肿瘤药：来源于微生物的抗肿瘤药，多数由放线菌产生，属细胞周期非特异性药物，基本上可分醌类、亚硝脲类、糖肽类、色肽类和糖苷类等。如放线菌素 D、博来霉素、丝裂霉素（MMC）等。

（4）抗肿瘤植物药：是近年来临床上常用的一类药，主要为生物碱类，包括长春新碱、秋水仙碱（COL）、高三尖杉酯碱（HH）、紫杉醇（TAX）等。

（5）激素类抗肿瘤药：如泼尼松、地塞米松、己烯雌酚、甲孕酮、丙酸睾丸酮、三苯氧胺、来曲唑等。

（6）其他类抗肿瘤药：除了前 5 类抗肿瘤药外，还有一些抗肿瘤药的生化结构和作用机制有别于上述药物，如抗癌锑、门冬酰胺酶（ASP）、乙亚胺、顺铂、卡铂（CBP）、甲基苄肼（PCB）、斑蝥素等。

2. 化疗法的作用及临床应用范围　主要包括 5 个方面。

（1）单纯化疗：也称根治性化疗。单纯使用化疗法能达到治愈肿瘤的目的，对化疗敏感性的肿瘤可采用此法。另外，某些全身性肿瘤，晚期肿瘤患者失去手术切除的机会，或者有手术禁忌证而不能手术者，或者因肿瘤对放疗不敏感者，单纯化疗就成了可供他们选择的重要治疗方法。

（2）辅助化疗（Adjuvant Chemotherapy）：辅助化疗是提高手术和放疗疗效的一种综合治疗方法，包括放疗前后的辅助用药和手术后辅助化疗。在放疗前化疗，可以使肿块缩小，减少照射范围，为放疗创造条件。经过某些药物治疗的肿瘤，有时还可以增加肿瘤细胞对放疗的敏感性。在放疗之后给药，有助于清除残余的和转移的亚临床微小癌灶，减少复发，提高和巩固放疗效果。手术后的辅助化疗，目的是在肿瘤复发灶被切除之后消灭手术野之外的肿瘤术后复发。手术加术后辅助化疗，可使骨肉瘤的治愈率提高到 $60\%\sim80\%$，使睾丸肿瘤治愈提高到 $90\%\sim100\%$。一般来讲，辅助化疗应在术后 1 个月内开始。一些常见的肿瘤如胃癌、结直肠癌患者，目前还缺乏确切有效的辅助化疗方案。另外，化疗引起的毒副反应可以导致手术切口出血或者感染，影响伤口的愈合。

（3）新辅助化疗（Neoadjuvant Chemotherapy）：新辅助化疗又称诱导化疗，是在手术前的短时间内给予辅助化疗，一般是在术前化疗 3～4 个周期，3 个疗程左右，目的是缩小原发肿瘤以便更有利于手术切除。国外报道的新辅助化疗多结合放疗同时进行。新辅助化疗的优势是：①使瘤体缩小以利于手术切除；②破坏肿瘤细胞活力，防止手术时的扩散和转移；③避免在原发灶切除后因肿瘤细胞减量而引起潜伏继发灶的快速增长；④早期用药减少抗药性产生的机会；⑤对手术标本的病理观察可以帮助判断新辅助化疗疗效，从而筛选合适的药物的最佳方案。手术切除标本中肿瘤细胞的坏死程度是最直观的指标之一，一般认为坏死面积大于 60% 为有效。尽管新辅助化疗具有上述的优点，使一些失去手术机会的晚期肿瘤患者重新获得了手术切除的机会，但是，对患者的长期生存率的影响和改善预后方面，至今尚无确切的结论。再加上化疗的毒副反应较大，患者消耗甚大等因素，往往在术后仍然需要给予辅助化疗和支持治疗。因此，在选择新辅助化疗时应严格掌握其适应证：①既往未经治疗；②患者身体状况较好，能耐受化疗和手术；③估计化疗后能够手术切除；④实验室检查，白细胞$>4\times10^9$/L，血小板$>100\times10^9$/L，肾功能正常；⑤病变未发生大范围扩散或者远处转移。

（4）姑息化疗（Palliative Chemotherapy）：对于某些全身性肿瘤，晚期肿瘤患者，采用姑息化疗法可减轻患者的痛苦、缓解并发症、提高生存质量、延长生存期等。

（5）腔内化疗：指在肿瘤生长部位，如胸腹腔内、心包腔内、鞘内、膀胱等对肿瘤实施灌注等方式的化疗方法。

20世纪60年代出现了使用几种化疗药物联合治疗肿瘤的方法，称为联合化疗法。联合化疗法利用几种不同的生物化学药物，分别阻断或抑制细胞代谢过程的某些部位或某些阶段，达到干扰、破坏肿瘤细胞的活性，从而导致肿瘤细胞死亡。这些药物通常作用于：①嘌呤核苷酸及嘧啶苷酸的合成；②由核苷酸还原为脱氧核苷酸；③核苷酸之聚合化形成核酸；④与DNA结合或插入DNA分子中，并影响DNA之复制、修补，干扰DNA向RNA转录，从而影响蛋白质的合成；⑤影响细胞的分裂与形成。临床上根据各个抗肿瘤药物作用于肿瘤细胞代谢不同阶段的特点，分别设计出了化疗药物联合应用的不同模式，如序贯抑制、同时抑制、集中抑制、互补抑制等给药方法。联合化疗的用药原则应是：①选用的药物一般应为单药应用有效的药物。②各种药物之间的作用机制及作用与细胞周期时相各异。③各种药物之间有或可能有互相增效的作用。④毒性作用的靶器官不同，或者虽然作用于同一靶器官，但作用的时间不同。⑤各种药物之间无交叉耐药性。

随着化疗法在临床上的广泛应用，化疗法的局限性也逐步暴露出来。一是肿瘤细胞对化疗药物产生的抗药性，二是由于化疗药物的选择性不高而对机体正常细胞同样产生的损害和杀伤性，对机体的重要器官如心、肝、肾、肺、骨髓以及神经系统、消化系统等产生较大的毒副作用。在临床化疗过程中，常常由于这两个方面的原因而导致肿瘤化疗的失败。虽然有关肿瘤细胞抗药性的学说很多，但笔者认为肿瘤细胞的"易突变"性才是导致肿瘤细胞产生抗药性的根本原因，而正常细胞的受损又加剧了抗药性癌细胞的高速发展。因为：①肿瘤细胞与正常细胞一样，都遵循自然界的自然选择法则，即"适者生存"法则，最初的肿瘤细胞受到化疗药物的打击后大部分会被杀灭。②但因肿瘤本身就是细胞分化紊乱、异常增殖旺盛及代谢障碍性的疾病，其基因体系处于一种高度的不稳定状态，在人体免疫机制丧失或降低的情况下，受到化疗药物淘汰性攻击的肿瘤细胞相比正常细胞更容易突变分裂出新的抗药性癌细胞，并遗传下去。换句话讲，化疗药物对肿瘤细胞的抗药性起到了筛选作用。③肿瘤组织周围的正常细胞由于被化疗药物损害和杀伤后，丧失或降低了抗癌性及对异常细胞的修复能力，导致新突变及筛选出来的抗药性癌细胞能以更快的速度繁殖、生长。

目前医疗界认为，具有某些症状的患者应禁止使用化疗法。①一般状况差，身体明显衰竭或恶液质的患者。②骨髓储备功能低下的患者。③心血管、肺功能损害者。④肝、肾功能严重损害者。⑤严重感染、高热、严重水电解质、酸碱平衡失调者。⑥妊娠妇女。⑦食管、胃肠道有穿孔倾向者。⑧严重过敏体质者。⑨患有精神病而不能合作治疗者。

四、中医药疗法

中医药疗法（Traditional Chinese Medicine Therapy，TCMT）是我国自古代积累、发展起来的，主要采用中草药医治肿瘤的方法。中医药疗法治疗恶性肿瘤有数千年历史，是我国肿瘤治疗的特色之一。有统计资料表明，三分之二以上的我国恶性肿瘤患者在接受现代医学治疗的同时运用中医药治疗[5]。经过几千年的发展，中医药疗法在认识肿瘤、医治肿瘤等方面，特别是借助了西医的现代诊断技术及影像学数据等后，取得了长足的进步。

中医学将肿瘤称之为"毒邪"，将人体的防御机制称之为"正气"。恶性肿瘤的发生就是全身属虚，局部属实，脏腑功能减退，机体防御功能下降，外邪侵袭，内毒积聚的结果。中医文献对"内毒积聚"的发病原因，大多遵循《内经》、《难经》的"因虚致疾"理论，认为脏腑经络、气、血功能失调，不能抵御外邪的侵袭，产生气滞、血瘀、痰湿等病理产物，最终导致痰湿瘀聚及脏腑功能的偏盛偏衰，从而形成肿物；肿瘤的形成是机体"正"与"邪"较量的结果。

临床上，中医药疗法的医治模式主要有 4 种：①辨症论治；②辨证论治；③辨病论治；④病证结合论治[6]。具体治疗法则主要有活血化瘀法、清热解毒法、软坚散结法、扶正培本法等。

活血化瘀法，适用于有血瘀证侯的肿瘤患者。常选用的药物有三棱、莪术、水红花子、喜树、王不留行、泽兰、牡丹皮、丹参、拓木、斑蝥、降香、苏木、鬼箭羽、红花、桃仁、五灵脂、乳香、威灵仙、茜草等。现代医学研究发现，这些药物大部分有抑制实体肿瘤生长的作用。

清热解毒法，当肿瘤患者出现热毒内蕴、化火化热、肿毒瘀结时，可给予清热解毒治疗。常选用的药物有山豆根、重楼、三白草、天葵子、土茯苓、凤尾草、牛蒡子、石上柏、白花蛇舌草、龙葵、大黄、冬凌草、羊蹄、仙人掌、蛇莓、半枝莲、农吉利、芦荟、肿节风、苦参、狗舌草、黄芩、黄连、猪殃殃、蒲公英、鸦胆子、野菊花、鬼针草、鱼腥草、紫草、荠菜、穿心莲、三尖杉、柿叶、牛黄、虎杖等。研究证明，清热解毒药中有许多药物含有抑制或杀伤瘤细胞的成分，如山豆根、重楼、白花蛇舌草、冬凌草、半枝莲、三尖杉等。

软坚散结法，是中医治疗肿瘤的常用方法，它可起到软化和消散肿块的作用。常用的药物有夏枯草、黄药子、山蘑菇、葵树子、半夏、天花粉、瓜蒌、昆布、天南星、海藻、僵蚕、皂角刺、杏仁、马兜铃、乌药、土贝母、狼毒、小茴香等。

以毒攻毒法，此法多选用有毒的药物，具有使肿块消散、减轻和止疼痛的作用。常用的药物有全蝎、马钱子、钩吻、壁虎、蜈蚣、蟾酥、雷公藤、藤黄、长春花、大蒜、雄黄、两面针、苍耳草、蜂房等。目前已从蟾酥、长春花中提取出有效成分，如长春碱等，制成西药制剂用于肿瘤的临床治疗。

利湿逐水法，此法主要是适用于肿瘤患者有痰凝湿聚病症。常用的药物有茯苓、猪苓、泽漆、木通、淡竹叶、石苇、葫芦、半边莲、泽泻、石打穿、车前草、马边草、茵陈等。

扶正培本法，由于肿瘤本身和各种治疗手段所产生的毒副作用的影响，肿瘤患者常出现身体虚弱、正气不足。因而扶正培本就成了治疗肿瘤的重要法则之一。该疗法无论是作为放疗、化疗和手术的辅助治疗，或改善身体功能、减轻毒副作用，还是在康复期帮助恢复身体、防止肿瘤的复发和转移方面，都可起到重要的作用。研究发现，大多数扶正培本的药物都有提高机体免疫功能和抗肿瘤的效应。从个别药物中提取的有效成分，如香菇多糖、灵芝多糖等已作为免疫制剂用于临床治疗。常选用的药物有人参、党参、刺五加、黄英、三七、无花果、太子参、五味子、菟丝子、十大功劳、枸杞子、白合、玉竹、薜荔果、棉花根、白术、冬虫夏草、淫羊霍、制寄生、补骨脂、地黄、当归、白芍、沙参、天冬、女贞子、龟板、鳖甲、鸡血藤、灵芝、云芝、香菇、木瓜、猴头菇、菜豆、银耳、海参等。

中医疗法临床上目前以扶正培本及活血化瘀法应用较多。扶正培本法在稳定患者病灶，提高患者的人体免疫功能，及患者 1 年、3 年、5 年生存率等方面，效果明显。外治药蟾酥止痛膏，经临床观察对肺癌、肝癌、胃癌及胰腺癌等多种癌性疼痛有较好的镇痛效果，无成瘾性和毒副作用，具有活血化瘀，消肿止痛功效。

中医药疗法治疗肿瘤是我国对世界医学的一大贡献，是人类医学库中的宝贵财富。虽然中医药疗法在诊断技术和设备方面不及现代西医先进、明示，在肿瘤治疗的理论和用药方面不像西医那样刻求透彻、精准。但中医理论的整体观念和辩证思维的博大思想，强调考虑癌症患者全身与局部的紧密联系，治疗上整体考虑全身与局部的协调配合等却是值得世人认真学习和借鉴的。另外，经过祖先数千年筛选、积累、沉淀出来的抗肿瘤中药材和药方等也将为我们今后发现、提炼及制备新型的抗肿瘤制剂指明参考方向，并提供海量、可靠的选材依据。

第二节 肿瘤现代治疗法概论

随着分子生物学、受体病理学、免疫组织学等学科的发展，人们对肿瘤及肿瘤细胞的发生、发展与演变规律有了更加深刻的了解，治疗肿瘤的新概念、新方法、新药物层出不穷。目前，治疗肿瘤的药物已有 6000 多种。虽然治疗方法及药物不断涌出，但总体效果差强人意。对于晚期患者，恶性肿瘤仍旧等同于绝症。在笔者看来，并不是说现在的研究方法和药物不行，而是还没有精细到更深入的地步。了解和掌握一下肿瘤的现代治疗法有助于我们能在一个较高视野下俯瞰它的研究前沿和动态。下面介绍一些有代表性的肿瘤现代治疗方法。

一、细胞毒性治疗法

肿瘤细胞虽然是人体的变异细胞，但它会像正常细胞一样，进行新陈代谢，而且较正常细胞更加旺盛，更加敏感。我们可以利用一些特殊的生物毒性物质来抑制肿瘤进行细胞分裂所需要的酶的合成，抑制有丝分裂所需的蛋白质及生物碱（嘌呤和嘧啶）的合成。细胞毒性治疗法就是利用这一原理来毒杀肿瘤细胞。这种治疗方法较现代的主要有 3 类。

1. 抑制拓扑异构酶 真核细胞DNA的拓扑结构由拓扑异构酶Ⅰ（TO-POⅠ）和拓扑异构酶Ⅱ（TOPOⅡ）调节，这两类酶在肿瘤细胞DNA复制、转录、重组、染色体分离与浓缩中发挥重要作用，紫杉醇、喜树碱、依莲洛特肯（Irinotecan）、去甲柔红霉素（Idarubicin）、OSI-211、Teniposid（VM-26）等是这两类酶的抑制剂，临床上用于对卵巢癌、小细胞和非小细胞肺癌、结直肠癌、前列腺癌等的治疗[5]。

2. 抑制微管蛋白活性 肿瘤细胞的分裂是通过有丝分裂来进行的，这种药物通过与真核细胞微管的作用，抑制纺锤体的形成，使细胞分裂停止在有丝分裂中期；或促进微管聚合，抑制微管解聚，中止细胞的有丝分裂。紫杉醇、多烯紫杉醇、Epothilone B 等在临床上对卵巢癌、乳腺癌、非小细胞肺癌等的疗效机制如此。

3. 抑制嘌呤和嘧啶的合成，进而达到抑制 DNA 的合成 肿瘤细胞的遗传物质是 DNA，而 DNA 链中则含有生物碱（嘌呤和嘧啶），该类药物可以抑制肿瘤细胞生物碱的合成。Alimta、Raltitrexed（Tomudex）等作用靶点是胸苷酸合成酶（TS）、二氢叶酸还原酶（DHFR）等，通过对这些酶的抑制，影响嘌呤和嘧啶的合成。临床上可用于治疗胸膜间皮瘤、非小细胞肺癌、乳腺癌、胰腺癌、胃癌、膀胱癌、宫颈癌、头颈部肿瘤、软组织肉瘤、白血病等[6、7]。

细胞毒性治疗法其实就是我们前面所说的"化疗"方法，是我们目前治疗肿瘤的主要方法之一，该法的弊端是毒副作用非常大，这种生物毒性物质对我们的正常细胞也同样具有强大的破坏、杀灭作用。是否选用该类药物应慎重考虑。首先，肿瘤细胞组织产生的致密性，使其犹如一个坚固的堡垒，细胞毒性药物不易到达其内部核心区域，并且相对于正常细胞，肿瘤细胞能以更快的速度从我们的微循环体系获取营养，得以恢复，但它周围的正常细胞组织却惨遭破坏，难以恢复。其次，肿瘤细胞在受到这些药物的打击后，易产生突变株，发生抗药性。第三，肿瘤细胞在受到细胞毒性物质的刺激后有可能发生更可怕的四处转移现象。从而使病情扩大化、复杂化。

二、干扰细胞信号转导通路治疗法

该疗法依赖于细胞信号转导理论。细胞信号转导就是指细胞通讯，指一个细胞发出的信息通过介质传递到另一个细胞产生相应反应的过程。细胞通讯主要有 3 种方式：①细胞间隙连接（如图 4-3）；②膜表面分子接触通讯（如图 4-4）；③化学通讯（如图 4-5）。细胞发出的信息（信号）有物理信号（光、热、电流等），化学信号（激素、气体分子、细胞代谢产物、药物、毒素等）。细胞对外界刺激的感受和反应都是通过信号转导系统

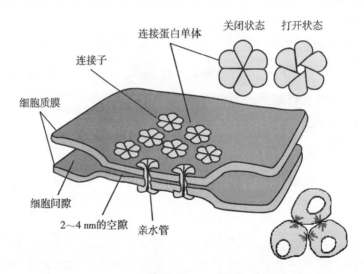

图 4-3　细胞通讯——细胞间隙连接

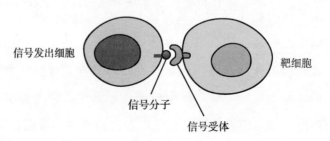

图 4-4　细胞通讯——膜表面分子接触通讯

细胞分泌生化分子的信号转导

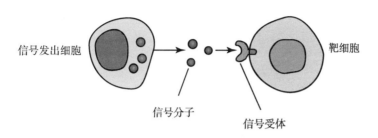

图 4 - 5　细胞通讯——化学通讯

（Signal Transduction System）的介导实现的。该系统由受体、酶、通道和调节蛋白等构成。通过信号转导系统，细胞能感受、放大和整合各种外界信号。细胞信号转导系统的紊乱在肿瘤细胞的发生、发展、分化、转移等方面扮演着重要角色，各种致癌因素直接或/和间接通过细胞的信号转导系统调控细胞的生物学行为。细胞信号分子对靶细胞的作用是通过细胞膜上一类特异的蛋白质——受体实现的，受体能特异地识别信号分子。靶细胞上的受体大多数是跨膜蛋白质，当受体蛋白和细胞信号分子（也称配体 Ligand）结合后就被激活，从而启动靶细胞内信号转导系统的级联反应（Cas-Cade Reactions）。有些受体位于细胞内，信号分子必须进入细胞才能与受体结合，并使受体激活，这些信号分子都是相对分子质量很小而且是脂溶性的，能扩散通过细胞膜进入细胞。

　　该理论认为细胞信号转导失调是细胞癌变的本质，细胞信号转导调控细胞生长、繁殖、分化、衰老和凋亡等重大生命活动。细胞间的协调、细胞与环境的相互作用也是由信号转导来完成的。细胞增殖和凋亡的不平衡导致癌症等重大疾病的发生，细胞癌变的本质是细胞信号转导的失调。癌变是因为调控细胞的分子信号从细胞表面向核内转导的过程中某些环节发生病变，使细胞失去正常调节而发生的。以这些病变环节为靶点的信号转导阻遏剂有望成为高效低毒的抗癌药物，因为从理论上它们可以区分癌细胞和正常细胞，干扰引起癌变的根本环节，起到选择性治疗作用。美国 MIT 肿瘤研究中心的 Robert A. Weinberg 教授认为，有四条细胞信号转导途径的异常与肿瘤的发生有密切关系，它们包括 TGF-周期素途径、p19-p53 途径、端粒酶途径和 Ras-MARP 途径。这些信号转导途径既独立又相互影响，以这些信号转导途径中的分子为靶点可寻找新型特异性抗肿瘤药物。除此之外，还有其他一些信号转导途径与肿瘤的发生和发展有关。

支持信号转导失调导致细胞癌变的证据，是在多数肿瘤细胞中已发现酪氨酸激酶（PTK）及法尼基转移酶（FTase）活性会异常升高。目前针对 PTK 的抑制剂 Iressa、Erlotinib、Herbimycin A、PTK787 等已作为非小细胞肺癌、乳腺癌、成胶质细胞瘤等的临床靶向药物。BMS-186511、J-104871、FTI-276、FTI-277 等则成为 FTase 的临床靶向药物[7]。

目前通过细胞信号转导理论控制癌变最突出的例子，就是酪氨酸激酶抑制剂的研究。获得美国 FDA 特批的酪氨酸激酶抑制剂 Gleevec 已成功应用于治疗慢性粒细胞性白血病。据悉，这是目前唯一能特异杀伤癌细胞的药物，它的研究完全基于对细胞凋亡的信号转导的基础研究。而针对其他主要的细胞信号转导分子的药物研究均还处于临床期或临床前期。另外，以 p53 为靶点的肿瘤基因治疗也是研究的热点之一[7]。

三、抑制肿瘤血管生成（TA）的治疗法

肿瘤细胞通过肿瘤组织内的血管获取营养及氧气。因此，从理论上讲，抑制肿瘤血管生成便能"饿死"肿瘤。TA 抑制剂的优势在于：①具有良好的特异性。②药物能在血液中直接发挥作用，故剂量小，疗效高。③血管内皮细胞基因表达相对稳定，不易产生耐药性。例如：Avastin 是针对 VEGF 的单克隆抗体. 能特异性阻断 VEGF 的生物效应，抑制肿瘤内血管新生[8、9]。VEGF 又称为血管内皮生长因子，是一种同源二聚体糖蛋白，VEGF 可以特异性地促进血管内皮细胞的有丝分裂，促进内皮细胞增殖，

增加血管通透能力，目前认为 VEGF 对肿瘤的浸润和转移有重要影响。2004 年 2 月底美国食品和药品管理局（FDA）已批准 Avastin 联合氟尿嘧啶的化疗方案用于一线治疗晚期结直肠癌患者。Marimastat、AG3304 等能抑制血管基底膜的降解。TNP470、CA4P、血小板因子 4 等能抑制血管内皮细胞的增殖，诱导增殖的内皮细胞发生凋亡。干扰素－α（IFN-α）、PTK787 等则能抑制血管生长因子的活化[10]。

四、肿瘤的基因疗法

基因疗法就是针对肿瘤细胞中的缺陷基因，通过有效的载体系统，将治疗基因靶向肿瘤细胞，并使之表达，发挥生物学效应，从而达到治疗肿瘤的目的。载体系统主要有生物性载体及非生物性载体两大类[11]。生物性载体分为：①病毒类载体，逆转录病毒（Retrovirus）、腺病毒（Adenovirus）、细小病毒（Parvovirus）及单纯疱疹病毒（Herpes Simplex Virus）是应用较多的几种病毒类载体。Sundaresan[12]、Varghese[13] 等还利用溶瘤性病毒 HSV 突变株 G207 直接选择性杀伤肿瘤细胞；G207 在前列腺癌、乳腺癌、卵巢癌、黑色素瘤、结肠癌、头颈部鳞癌等多种肿瘤动物模型中显示出良好的抑瘤效果[14,15]。②细菌类载体，一些无芽孢厌氧菌、减毒的梭状芽孢杆菌、沙门菌属、分枝杆菌等均可选择性地侵入肿瘤组织，并能繁殖，抑制肿瘤生长，可作为肿瘤靶向性治疗的载体[16,17,18]。③干细胞载体，干细胞由于其特有的生物学特性，作为基因治疗的载体，具有以下优点：a. 能够长期稳定地表达外源基因，且转染率高。b. 容易获得，可以在体外长期培养、扩增。c. 无毒副作用，免疫排斥反应小。d. 具有多向分化潜能[19,20]。非生物性载体有：①脂质体转导系统，脂质体是一种人造膜，将外源 DNA 包装入此膜中，再以超声波等方法将此靶向肿瘤细胞[21]。②纳米材料基因载体；例如，常津等[22] 将两种性质不同的高分子材料聚乳酸和羧甲基壳聚糖利用超声波的方法制备成纳米微球，并将其携带的寡核苷酸转导入 TJ905 人脑胶质瘤细胞，能有效地抑制端粒酶 RNA 和端粒酶催化亚基 RNA 的表达。③基因枪（Gene Gun），将 DNA 包裹在微小的金属粒或钨粉中，通过脉冲加速装置，注入肿瘤细胞，从而进行基因转移。

根据治疗途径，基因疗法可分为[23、24、25]：①免疫基因疗法，将基因修饰的瘤苗或抗原呈递细胞回输体内，或将免疫基因直接导入体内，激发或增强人体的抗肿瘤免疫功能。②抑癌基因疗法，向体内导入野生型抑癌基因（如 p53、p16 等），替代缺失或异常的抑癌基因表达，可以抑制肿瘤细胞增殖，促进肿瘤细胞凋亡。③反癌基因疗法，通过人工合成的寡核苷酸与癌基因编码的 mRNA 互补结合，抑制 mRNA 转录，达到封闭癌基因表达的目的。mRNA 为信使核糖核酸链，主要是将细胞核中遗传信息由 DNA 传递到蛋白质表达。例如，Rudin 等[26]利用反义寡核苷酸 G3l39（Genasense）能与 Bel-2 蛋白的 mRNA 结合，抑制 Bel-2 蛋白的表达，促进细胞凋亡（APO），临床上对黑色素瘤、小细胞肺癌等具有一定的疗效。④自杀基因疗法，自杀基因的产物可将无毒或低毒的前体药物转变为细胞毒药物。选择性地将自杀基因靶向肿瘤细胞，并给予前体药物，后者被前者酶解成细胞毒药物，从而特异性地杀伤肿瘤细胞。⑤抗血管生成基因疗法，将肿瘤新生血管生成抑制因子的基因导入肿瘤组织并表达，阻碍肿瘤血管的生成，从而达到"饿死"肿瘤，抑制肿瘤增殖、复制和转移的目的。

五、细胞因子疗法

细胞因子是由机体巨噬细胞、单核细胞、树突状细胞（DC）、自然杀伤细胞（NK）、中性粒细胞和 T 细胞等分泌产生的可溶性蛋白，通过与效应细胞表面特异性受体结合，影响自体细胞和其他细胞生长代谢，参与细胞的增殖、分化及凋亡，影响肿瘤的发生和发展[27、28、29]。目前的研究表明，细胞因子对肿瘤细胞的破坏作用，主要是：①直接杀伤作用，通过对肿瘤细胞膜及线粒体的损伤，溶解肿瘤细胞。②抑制细胞生长和诱导凋亡。

③通过引起机体的炎症，激活免疫系统抗肿瘤。④通过损伤肿瘤的血管系统，引起肿瘤坏死。如：肿瘤坏死因子（TNF）能摧毁实体瘤周围的血管上皮组织，形成血栓，阻断肿瘤的血液供应。而且 TNF 还具有明显的抗新生血管形成作用等。目前，分离出的细胞因子有 50 多种，用于临床的有干扰素 α（IFN-α）、白细胞介素 2、10、12、18（IL-2、IL-10、IL-12、IL-18）及肿瘤坏死因子（TNF-α）等[30,31]。

六、过继性免疫细胞及肿瘤疫苗治疗法

该法指通过输注自身或同种特异性、非特异性"抗肿瘤免疫效应细胞"，激活或诱导机体自然杀伤细胞、T 淋巴细胞、B 淋巴细胞及树突状细胞产生大量细胞因子，直接杀伤肿瘤细胞或提升机体的免疫功能来达到治疗与防治肿瘤的目的，该疗法对所有肿瘤均有效，毒副作用低，是理想状态的肿瘤治疗与防治技术[27,32,33]。

肿瘤的治疗历史已有数千年，但即使用现在的技术水平和手段来治疗，效果仍难如人意，抗癌任务任重道远。目前，有关恶性肿瘤治疗方法虽有很多，但起决定性作用的方法和理论似乎没有，不管怎么说，前人对肿瘤所进行的各种研究以及医学临床所积累的丰富病例和诊治经验，为我们以后解决这一难题打下了坚实基础并提供了宝贵的资料。现在，有关肿瘤成病的观点及治疗思路正在逐步趋向一致，如：①实体肿瘤是一种人体细胞增殖异常的疾病，发病率与人的体质及所生存的环境因素有着密切的联系。生命科学理论及生物医学技术的发展将成为攻克这一难题的重要突破点。②肿瘤发生率与人体的免疫力成反比关系，目前已证明肿瘤的发生与机体免疫力的低下或缺陷有直接、清晰的关系。因此，对机体免疫细胞及肿瘤疫苗的研究及开发应用前景广阔。③根治肿瘤不会是采用一种方法的事情，至少目前的状况是这样，而是需要多种疗法（包括传统的手术法、放疗法和现代疗法等）的协同作用，多方面因素的相互配合才能完成。此外，发

展及探索肿瘤的检测和诊断技术对于根治肿瘤也是必不可少的重要因素。

参考文献

[1] 董信春，瞿平元. 肿瘤学现状及发展趋势 [J]. 卫生职业教育，2005，23 (18)：117 - 119.

[2] 吴克复，马小彤，宋玉华. 期望肿瘤细胞凋亡还是坏死？[J]. 中国实验血液学杂志，2005，13 (6)：921 - 923.

[3] Chandra J, Kaufmann S H. Apoptosis pathways in calleer progression and treatment In. Finkel T & Gutkind J S. Signal transduction and human disease [M]. New Jersey：Wiley-Intersciene, 2003, 143 - 170.

[4] Fadeel B. Programmed cell clearance [J]. Cell Mol Life Sci, 2003, 60：2575 - 2585.

[5] 郭勇. 中医肿瘤治疗方法学探讨 [J]. 浙江中医药大学学报，2009，33 (5)：703 - 708.

[6] 朱尧武，杨宇飞，何小宁. 发挥中药在肿瘤症状处理中的作用 [J]. 医学与哲学 (临床决策论坛版)，2011，32 (1)：15 - 17.

[7] 李贵新，路中，孙秀梅，等. 肿瘤学 [M]. 天津：天津科学技术出版社，2009.

[8] Penland S K, Goldberg R M. Combining anti-VEGF approaches with oxaliplatin in advanced colorectal cancer [J]. Clin Colorectal Cancer, 2004, 4 (Suppl 2)：74 - 80.

[9] Bergsland E, Dickler M N. Maximizing the potential of bevacizumab in cancer treatment [J]. Oncologist, 2004, 9 (Suppl 1)：36 - 42.

[10] Lasek W, Giermasz A, Kuc K, et al. Potentiation of the antitumor effect of actinomycin D by tumor necrosis factor alpha in mice：correlation

between in vitro and in vivo results [J]. Int J Cancer, 1996, 66 (3): 374 - 379.

[11] 曹阳. 恶性肿瘤基因治疗载体的研究进展 [J]. 天津医科大学学报, 2005, 11 (2): 341 - 345.

[12] Sundaresan P, Hunter W D, Martuza R L, et al, Attenuated, replication-competent herpes simplex virus type l mutant G207: safety evaluation in mice [J]. J Virol, 2000, 74 (8): 3832.

[13] Varghese S, Newsome J T, Rabkin S D, et al. Preclinical safety evaluation of G207. a replication-competent herpes simplex virus type 1. Inoculated intrapro-statically in mice and nonhuman primates [J]. Hum Gene Ther, 2001, 12 (8): 999.

[14] 徐丁尧, 陆应麟. 可复制性单纯疱疹病毒在抗肿瘤方面的应用 [J]. 生物技术通讯, 2005, 16 (5): 550 - 551.

[15] Varghese S, Rabkin S D. Oncolytic herpes simplex virus vectors for cancer virotherapy [J]. Cancer Gene Ther, 2002, 9 (12): 967.

[16] Bermudes D, Zheng L M, King I C. Live bacteria as anticancer agents and tumor-selective protein delivery vectors [J]. Curr Opin Drug Discov Devel, 2002, 5 (2): 194.

[17] Liu S C, Minton N P, Giaccia A J, et al. Anticancer efficacy of systemically delivered anaerobic bacteria as gene theapy vectors targeting tumor hypoxia/necrosis [J]. Gene Ther, 2002, 9 (4): 291.

[18] Lee C H, Wu C L, Shiau A L. Systemic administration of attenuated Salmonella choleraesuis earryingthrombospondin-1 gene leads to tumor-specific transgene expression, delayed tumor growth and prolonged survival in the murine melanoma mode [J]. Cancer Gene Ther, 2005, 12: 175.

［19］ Aboody K S，Brown A，Rainov N G，et al．From the cover neural stem ceils display extensive tropism for pathology in adult brain：Evidence from intracranial gliomas ［J］．Proc Natl Acad Sci USA，2000，97 (23)：12，846．

［20］ Ehtesham M，Kabos P，Gutierrez M A，et al．Induction glioblastoma apoptosis using neural stem cell-mediated delivery of tumor necrosis factor-related apoptosis-inducing ligand ［J］．Cancer Res，2002，62 (24)：7170．

［21］ Fahr A，Muller K，Nahde T，et al．A new colloidal lipidic system for gene therapy ［J］．Liposome Res，2002，12 (1-2)：37．

［22］ 常津，刘海峰，许晓秋，等．一种新型纳米基因载体的制备及体外实验 ［J］．中国生物医学工程学报，2002，21 (6)：515．

［23］ 朱莉．恶性肿瘤基因治疗的现状 ［J］．医用放射技术杂志，2005，241 (9)：9-10．

［24］ Simpson E，Immunotherapy and gene therapy ［J］．ID rugs，2004，7 (2)：105-108．

［25］ Kanerva A，Hemminki A，Modified adenoviruses for caner gene therapy ［J］，Int J Cancer，2004，110 (4)：475-480．

［26］ Rudin C M，Kozlof M，Hoffman P C，et al．Phase I study of G3139，a bel-2 antisense oligonucleotide，combined with carboplatin and etoposide in patients with small-cell lung cancer ［J］．J Clin Oncol，2004，22 (6)：1110-1117．

［27］ 季晨阳，刘来昱．肿瘤生物治疗的临床应用的研究近况 ［J］．中国临床康复，2005，9 (26)：213-215．

［28］ 刘洁凡，曾谦，吴兰豹．重组改构人肿瘤坏死因子治疗恶性胸腔积液39例分析 ［J］．中国药物与临床，2005，5 (1)：872-873．

［29］彭宝岗，何强，梁力建，等. 肿瘤坏死因子-α 联合干扰素-γ 治疗肝癌的实验研究［J］. 中国病理生理杂志，2005，21 （10）：1892 - 1895.

［30］Kirkwood J. Cancer immunotherapy：the interferon-alpha experience ［J］. Semin Oncol，2002，29 （3/Suppl 7）：18 - 26.

［31］Atkins M B. Interleukin-2：clinical applications ［J］. Semin Oncol，2002，29 （3 Suppl 7）：12 - 17.

［32］Morse M A，Clay T M，Lyerly H K. Current status of adoptive immunotherapy of malignancies ［J］. Expert Opin Biol Ther，2002，2 （3）：237 - 247.

［33］Engleman E G. Dendritic cell-based cancer immunotherapy ［J］. Semin Oncol，2003，30 （3/Suppl 8）：23.

第五章　人体微循环体系

　　前面我们谈到肿瘤是人体细胞分化紊乱及代谢障碍性疾病。那么肿瘤细胞的发生、发展；肿瘤致密性组织的生成；肿瘤细胞之间、肿瘤细胞与正常细胞间、肿瘤组织与正常组织及脏器之间必然存在着不断的物质交换和新陈代谢活动。这些活动都是在人体局部、微细环境中进行的。神经系统控制的细胞呼吸疗法理论也正是基于这种微细环境来考虑、依托和建立起来的。现在人类科学对人体局部、微细环境的研究已经有了一套相对成熟的理论，这就是微循环理论。但微循环理论要解释肿瘤细胞在人体微循环体系中的发生、发展，还有很长的路要走。实际上要更好地开展肿瘤的检测、传统疗法及现代疗法，也都不能脱离对人体局部、微细环境的深入研究。为了后面能深刻地理解神经系统控制的细胞呼吸疗法理论，有必要建立一个单独的章节来阐述人体的微循环体系，了解、掌握有关人体微循环体系中的物质交换和新陈代谢活动的知识和理论。

第一节　微循环体系的概念

　　人体内细胞、组织、脏器要维持生存，开展各项功能，不可缺少的条件就是：不断地进行物质交换以维持体内环境的稳定，及时、适宜地调整代谢过程以保证动态平衡。所以人体的细胞、组织以及脏器一方面在不断地接受营养因子，另一方面则要不断地清除代谢废物。这一切都依赖于人体的微循环体系。

　　微循环体系中的微循环结构是该体系的重要组成部分，此外，在人体微循环体系中还存在着同样重要的最基本的细胞和组织（包括神经细胞和组织）。微循环体系的组成见图 5-1。人体微循环体系中的细胞和组织通过微循环结构中的微血管、毛细淋巴管等有机、紧密地联系在一起，共同完成了人体局部微细环境中的物质交换、新陈代谢及信息传递等重要生理功能。现代科学已经证明微循环结构是微循环体系中物质输送、交换的通道及场所。人体微循环模式如图 5-2。微循环直接参与了细胞、组织交换

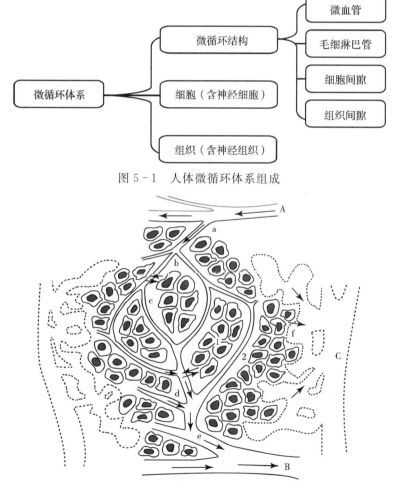

图 5-1　人体微循环体系组成

　A 小动脉；B 小静脉；C 淋巴管；a. 细动脉；b. 分枝毛细血管；c. 网状毛细血管；
d. 集合毛细血管；e. 细静脉；f. 毛细淋巴管；1. 细胞间隙；2. 组织间隙；← 液流方向
图 5-2　人体微循环模式图[1]

的体液循环[1]。人体细胞间、组织中的体液主要分为 3 种：血液、淋巴液和组织液；其有关特性见表 5-1。

表 5-1　　　　　　　　　人体微循环体系体液特性[1]

体液种类	存在部位	管　壁	颜　色
血　液	血管内	有	红色
淋巴液	淋巴管内	有	无色
组织液	细胞间、组织间	无	无色

血液中含有血细胞、血小板及血浆等，血浆中含有大分子蛋白质、纤维蛋白原、生物酶、激素、无机盐和水分子等。血液由动脉进入毛细血管时，除血细胞和大分子血浆蛋白外，其他物质均可透过毛细血管壁，渗入组织间隙形成组织液。组织液是存在于组织间隙中的体液，是细胞生活的内环境，也是血液与组织、细胞间进行物质交换的媒介。组织液与组织、细胞交换物质后，大部分通过毛细血管静脉端回收入静脉，小部分（如大分子蛋白、细菌和癌细胞等）进入毛细淋巴管成为淋巴液。毛细淋巴管与毛细血管相邻，分布甚广，但不相通。淋巴液也不能再回渗到组织液。毛细淋巴管汇集成为淋巴管，经过淋巴结最终注入静脉，流向心脏。因此，淋巴管实际上为血管静脉系的辅助管道。

人体每个器官，每个组织及细胞均要由微循环体系提供氧气、养料，传递能量，交流信息及排除二氧化碳及代谢废物。微循环与人体的健康、疾病有着极其密切的关系。一旦人体的微循环发生障碍，其相应的组织系统或内脏器官就会受到影响而不能发挥正常功能，就容易导致人体免疫功能的紊乱以及疾病的发生。

中国中医药学虽然没有微循环的提法，但认为精、气、血、津液是维持脏腑生理功能活动的物质基础，气与血，一阳一阴，互相依存，"气为血帅，血为气母"。明确认为脏腑经络、气、血功能失调，不能抵御外邪的侵袭，产生气滞、血瘀、痰湿等病理产物，最终导致痰湿瘀聚及脏腑功能的偏盛偏衰，从而形成肿物；肿瘤的形成是机体"正"与"邪"较量的结果。

第二节 微循环的特点

微循环体系中的微循环处于循环系统最末梢部分，因此它属于循环系统；但它同时又是脏器的重要组成部分，因而又属于脏器。这就是微循环的最根本的特点。从哲学角度说：微循环具有两重性。我国科学家田牛[1]认为和一般循环比较，微循环具有 5 个特点。

一、属性方面

微循环既是循环系统的最末梢部分，属于循环系统，又是脏器的重要组成部分。很多脏器的实质细胞、组织都和细动脉、毛细血管、细静脉以及毛细淋巴管有机地结合在一起，形成以微血管为重要支架的立体结构，构成了脏器的一部分，所以它们是脏器的重要组成成分。哺乳动物中不存在没有微血管的脏器，也没有完全脱离实质细胞而单独存在的微血管。

二、形态方面

微循环既具有脉管的共性，又有脏器的特征。微血管、毛细淋巴管形态上呈空腔管状，便于血液、淋巴液的流动，这是脉管的共同形状。但微血管的排列、形态和结构，各脏器都具有各自的特点。如小肠绒毛、肺泡、肝、骨髓微血管的排列、形态和结构都不完全相同。甚至同一脏器不同部位，如淋巴结、脾脏，其小体和髓质部位的微血管形态各具特点。

三、功能方面

微循环既是循环的通路，又是物质交换的场所。全身的循环血液，除部分流经动、静脉短络支外，几乎全部流经微血管，以灌注组织、细胞。

组织液存在于组织、细胞之间隙，流动于微血管、细胞、毛细淋巴管之间，毛细淋巴管是细胞、组织的重要输出通道之一。因此微循环是细胞、组织和血液、淋巴液进行物质交换的场所。

四、代谢方面

微循环既具有血管、淋巴管、组织间隙等代谢的共同性质，又表现出其所在脏器实质细胞代谢的一种特征。

五、调节方面

微循环既受全身性神经、体液的调节，又受局部的调节。

所以，微循环不同于一般循环的特点，它具有"双重性"，即在属性、形态、功能、代谢、调节方面，既具有一般循环系统的共性，又有脏器的特殊性。

第三节　微循环体系的基本结构单位

我们现在已经知道，人体微循环体系中除了微循环结构外，其基本的结构单位还有细胞和组织（包括神经细胞和组织）。理解、运用神经系统控制的细胞呼吸理论离不开对人体细胞及组织的认识和了解。什么是细胞？除病毒和类病毒外，所有的生物体都由细胞构成，细胞是生物体形态结构和生命活动的基本单位[2]。什么是组织？由许多形态结构和生理功能近似的细胞与细胞间质所组成的细胞群体称为组织。人体的基本组织可分为上皮组织、肌肉组织、结缔组织和神经组织四大类[3]。

一、细胞的发现及细胞生物学（Cytobiology）的发展简史

1665 年，英国科学家胡克（R. Hooke）使用诞生不久的显微镜观察软

木塞切片，首次发现蜂窝状的植物细胞。此后 100 多年间，许多学者对动植物细胞进行了广泛的观察，但对细胞的内在结构、功能及其在生物体内的地位尚不明了。

1838 年，德国植物学家施莱登（M. J. Schleiden）在前人研究成果的基础上提出：细胞是一切植物的基本构造；细胞不仅本身是独立的生命，并且是植物体生命的一部分，并维系着整个植物体的生命。

1839 年，德国动物学家施旺（T. A. H. Schwann）受到施莱登的启发，结合自身的动物细胞研究成果，把细胞说扩大到动物界，提出一切动物组织均由细胞组成，从而建立了生物学中统一的细胞学说。

1841 年，雷马克（Remak）在观察鸡胚血球细胞时发现了细胞的直接分裂（无丝分裂）。

1858 年，德国病理学家魏尔啸（R. C. Virchow）提出"一切细胞来自细胞"的著名论断，彻底否定了传统的生命自然发生说的观点。至此细胞学说被完全建立。

1882 年，费勒明（Flemming）在动物细胞中发现了细胞的间接分裂，又称为核分裂（有丝分裂）。

1883 年和 1886 年，范·贝内登（Van Beneden）和施特拉斯布格（Strasburger）分别在动植物细胞中发现了减数分裂现象。

1888 年，沃尔德耶（Waldeyer）观察到了细胞核中的染色小体，并将之称为染色体。

1894 年，阿尔特曼（Altmann）发现了细胞中的线粒体。

1898 年，高尔基（Golgi）发现了细胞中的高尔基体。

1900 年，孟德尔（Mendel）创立了细胞遗传学法则。

1924 年，孚尔根等（Feulgen & Rossenbeck）首创孚尔根核染色反应，用来测定细胞中脱氧核糖核酸（DNA）。

1926 年，摩尔根（Morgan）创立的《基因论》著作出版。

1940 年，布勒歇（Brachet）发明了细胞中核糖核酸（RNA）的染色测定法。

1941 年，比德尔（Beadle）和塔特姆（Tatum）提出了一个基因一个酶的理论。

1944 年，艾弗里（Avery）等在微生物的转化实验中确定了 DNA 就是遗传物质。

1953 年，沃森（Watson）和克里克（Crick）用 X 射线衍射法得出了DNA 双螺旋分子结构模型，奠定了细胞的分子生物学基础。

1958 年，克里克等创立中心法则，阐明了细胞遗传信息如何由 DNA表达为蛋白质的路径。

细胞生物学是以细胞为研究对象，从细胞的整体水平、亚显微水平、分子水平等 3 个层次，以动态的观点研究细胞和细胞器的结构与功能、细胞的生活史和各种生命活动规律的学科。细胞生物学是现代生命科学的前沿分支学科之一，从细胞的不同结构层次研究着细胞的生命活动的基本规律。细胞生物学现已与分子生物学、发育生物学相互衔接，互相渗透。

细胞生物学的发展根据其研究手段可分为 3 个层次，即：显微水平、超微水平和分子水平。根据其历史发展大致可以划分为 4 个主要的阶段。

第一阶段：从 16 世纪后期到 19 世纪 30 年代，是细胞发现和细胞知识的积累阶段。通过对大量动植物的观察，人们逐渐意识到不同的生物都是由形形色色的细胞构成。

第二阶段：从 19 世纪 30 年代到 20 世纪初期，细胞学说形成后，开辟了一个新的研究领域，在显微水平研究细胞的结构与功能是这一时期的主要特点。形态学、胚胎学和染色体知识的积累，使人们认识了细胞在生命活动中的重要作用。1893 年 Hertwig 的专著《细胞与组织》（*Die Zelle Und Die Gewebe*）出版，标志着细胞学的诞生。其后 1896 年哥伦比亚大学 Wilson 编著的 *The Cell in Development and Heredity*、1920 年墨尔本大学 Agar

编著的 *Cytology* 都是这一领域最早的教科书。

第三阶段：从 20 世纪 30 年代到 70 年代，电子显微镜技术出现后，把细胞学带入了第三大发展时期，这短短 40 年间不仅发现了细胞的各类超微结构，而且也认识了细胞膜、线粒体、叶绿体等不同结构的功能，使细胞学发展为细胞生物学。De Robertis 等人在 1924 年出版的《普通细胞学》（*General Cytology*）、在 1965 年第 4 版的时候定名为《细胞生物学》（*Cell Biology*），这是最早的细胞生物学教材之一。

第四阶段：从 20 世纪 70 年代基因重组技术的出现到当前，细胞生物学与分子生物学的结合愈来愈紧密，研究细胞的分子结构及其在生命活动中的作用成为主要任务，基因调控、信号转导、肿瘤生物学、细胞分化和凋亡是当代的研究热点。

二、细胞学说（Cytology）的主要内容

细胞学说是关于生物有机体组成的学说。它论证了整个生物界在结构上的统一性，以及在进化上的共同起源。细胞学说揭示了细胞为什么能产生新细胞。这一学说的建立推动了生物学的发展，并为辩证唯物论提供了重要的自然科学依据。恩格斯把细胞学说、能量守恒和转换定律、达尔文的自然选择学说并誉为 19 世纪最重大的三个自然科学发现。细胞学说的主要内容为：①细胞是有机体，一切动植物都是由单细胞发育而来，并由细胞和细胞的产物所构成。②所有细胞在结构和组成上基本相似。③新细胞是由已存在的细胞分裂而来。④生物的疾病是因为其细胞功能失常。⑤细胞是生物体结构和功能的基本单位。⑥生物体通过细胞的活动来反映其功能。⑦细胞是一个相对独立的单位，既有它自己的生命，又与其他细胞共同组成的整体在生命活动中起作用。⑧新的细胞可以由老的细胞产生。

三、细胞的概念和基本组成

细胞的英文名称为"Cell"，意指小室、小屋。细胞是有机体，一切动植物都由细胞和细胞的产物所构成。动物细胞四周由膜所包围，称为细胞膜（Cell Membrance）；而植物、真菌和原核生物的细胞膜外，还包有一层硬、有弹性的结构，称为细胞壁（Cell Wall），细胞壁一般由纤维素、半纤维素及果胶等构成。细胞内含有一个核，称为细胞核（Nucleus）。此外，细胞内还含有其他的结构单位，称之为细胞器（Organelle），如线粒体、高尔基体、内质网等。细胞膜与细胞核、细胞器之间的其他生活物质，统称为细胞质（Cytoplasm）。生物细胞（动物细胞）基本上都由细胞膜、细胞核、细胞质及各种形态结构的细胞器组成（如图 5-3）。细胞通过分裂产生新的细胞。生物体通过细胞的活动来反映其功能。每一个细胞既是相对独立的单位，又与其他细胞共同组成生命的整体。细胞一旦功能失调和产生病变，生物体便会发生疾病。

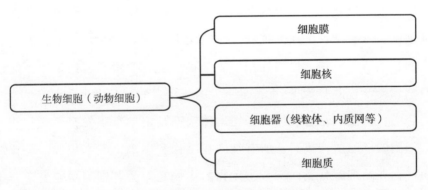

图 5-3　生物细胞（动物细胞）的基本组成

四、细胞的大小和形状

细胞的体积一般很小，肉眼看不到，需要借助显微镜才能看到。细胞的大小常用微米（μm）、纳米（nm）及埃（Å）来衡量。1 μm =

1/1000 mm，1 nm＝1/1000 μm，1 Å＝1/10 nm。细胞的直径大部分为 10～100 μm。有些细胞较小，如细菌的直径一般为 1～2 μm，支原体是最小的细胞，直径只有 0.1 μm（1000 Å）。但也有少数细胞较大，如番茄和柚子的果肉细胞，直径及长度可达 1～10 mm；动物神经细胞长度可达 1 m 左右；体积最大的细胞是鸟类的卵（蛋），如鸵鸟蛋的蛋黄直径可达 7～8 cm。细胞及细胞器等的大小及观察方法参见图 5-4。细胞的大小即使在生物体的同一组织中，也不一定相同，例如妇女子宫颈组织细胞的大小 20～40 μm，而子宫颈细胞癌变后（Hela Cells）大小却只有 5～15 μm。生物体中的同一细胞，处于不同的发育生长期时，其大小也会有所变化，如鸡卵的生长发育等。

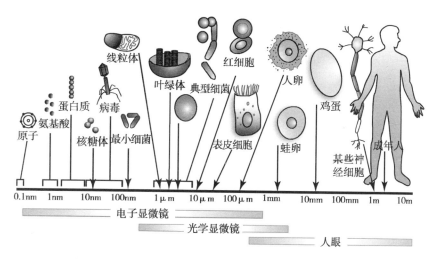

图 5-4　细胞等的大小及观察方法

细胞的形状千姿百态，各种各样，有球形、椭圆形、多边形、梭形、柱形、星形等（如图 5-5）。细胞的形状一般与其自身的结构、所处环境及其特定的生理功能有关，如相互紧密连接的动物上皮细胞和植物表皮细胞等多为扁平形、立方形或柱形；变形虫、白细胞等的细胞形状随生存环境的变动而改变；动物运动神经元细胞，为了接受、传导外部的刺激反应，形状常呈树状，细胞伸展长度可达几米。

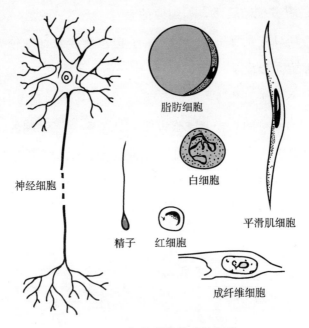

图 5-5　各种形状的动物细胞

五、组织（Tissue）的概念、分类及基本结构

组织是指形态结构相似，生理功能相同的细胞群。组织是构成生物体中各器官的基本成分，它是由细胞组成的。构成植物的组织可分为分生组织、薄壁组织、保护组织、输导组织、机械组织和分泌组织。动物组织依据其起源、形态结构和功能上的特性，可分为上皮组织、肌肉组织、结缔组织和神经组织四大类。本文重点对动物组织进行阐述。

1. 上皮组织（Epithelial Tissue）　上皮组织由许多紧密排列的上皮细胞和少量的细胞间质所构成。上皮组织常呈膜状披覆于身体表面及体内各种管、腔、囊的内表面和某些器官的表面。上皮细胞具有极性，朝向表面或管腔面的，称为游离面；与其相对的附着于结缔组织上的另一极，称为基底面。基底面与结缔组织之间被一层极薄的细胞间质形成的基膜所隔开。

上皮组织无血管，其所需的营养物质和细胞的代谢产物，主要是通过基膜的渗透作用来与结缔组织相互交换（如图5-6）。上皮组织具有保护、分泌、排泄、吸收和感觉等功能。上皮组织根据其形态和功能可以分为被覆上皮、腺上皮和感觉上皮3种类型。上皮组织形态结构如图5-7。

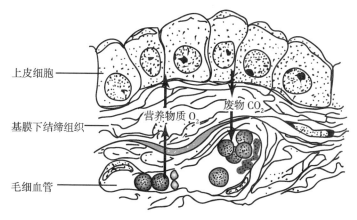

图5-6　上皮组织与结缔组织物质交换示意图

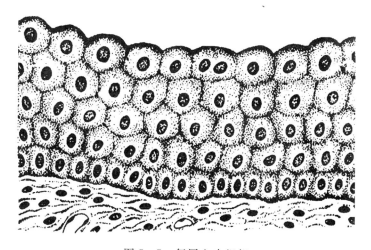

图5-7　复层上皮组织

2. 结缔组织（Connective Tissue）　结缔组织由细胞和大量的细胞间质构成。结缔组织的细胞主要有成纤维细胞、巨噬细胞、浆细胞、肥大细胞、间质细胞、软骨细胞和骨细胞等。细胞间质包括基质和纤维。基质为均质状，有液体、胶体或固体；基质是一种没有形态结构的复杂物质，主要成分为蛋白多糖等，另外，还含有大量的组织液[4]。纤维为细丝状，包埋于基质中，结缔组织纤维可分为胶原纤维、弹性纤维和网状纤维3种。结缔组织的构成如图5-8。

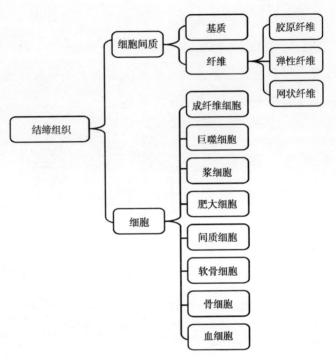

图5-8　结缔组织的构成

结缔组织是分布最广，种类最多的一类组织，可分为疏松结缔组织（如图5-9）、致密结缔组织（如图5-10）、

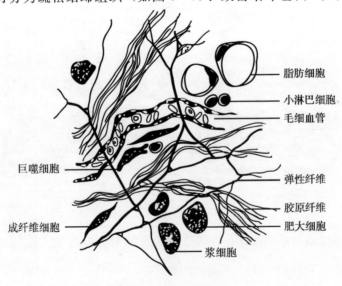

图5-9　疏松结缔组织

脂肪组织（如图 5-11）、网状结缔组织（如图 5-12）、软骨结缔组织（如图 5-13）、骨组织（如图 5-14）和血液等，其分类如图 5-15。结缔组织在动物体内主要起支持、连接、保护、防御、修复及运动等功能。

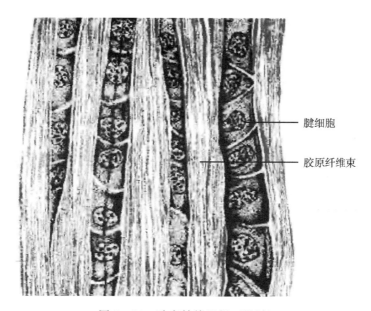

图 5-10　致密结缔组织（肌腱）

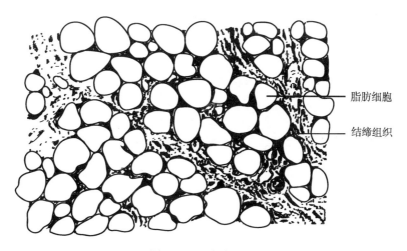

图 5-11　脂肪组织

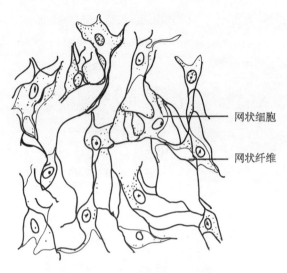

图 5 - 12　网状结缔组织

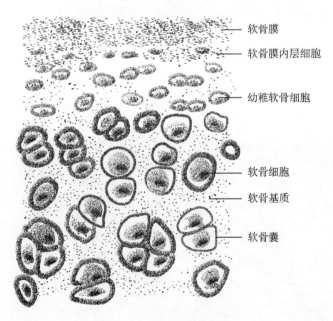

图 5 - 13　软骨结缔组织

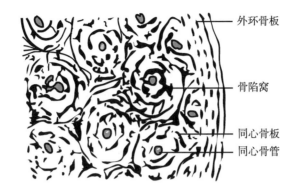

外环骨板

骨陷窝

同心骨板
同心骨管

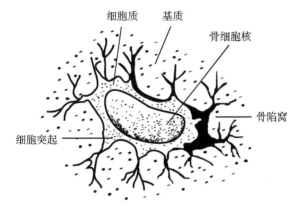

细胞质　基质

骨细胞核

骨陷窝

细胞突起

图 5 - 14　骨组织

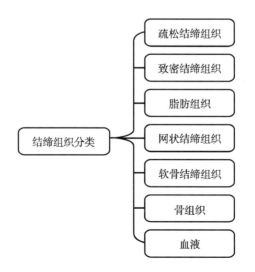

结缔组织分类

疏松结缔组织

致密结缔组织

脂肪组织

网状结缔组织

软骨结缔组织

骨组织

血液

图 5 - 15　结缔组织的分类

3. 肌肉组织（Muscular Tissue） 肌肉组织由具有收缩能力的肌细胞构成。肌细胞又称肌纤维，形状细长似纤维。肌肉组织能收缩是因肌细胞质中存在纵向排列的肌原纤维（Myofibril）。根据肌细胞的形态结构和功能，肌肉组织可分为横纹肌（如图 5-16）、平滑肌和心肌 3 种。

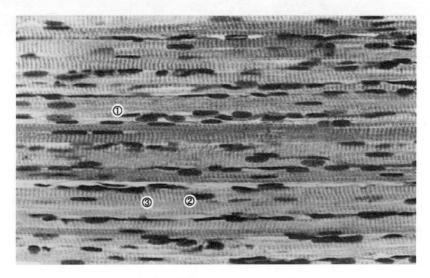

①骨骼肌纤维　②细胞核　③横纹

图 5-16　狗横纹肌纵切标本图

横纹肌又称骨骼肌，因其受神经意识支配，也可称为随意肌。横纹肌纤维呈长圆柱形，直径 $10 \sim 100$ μm，长 $1 \sim 40$ mm；细胞核位于细胞膜（肌膜）下面，数量可达 100 个以上。横纹肌纤维中的肌原纤维直径 $1 \sim 2$ μm，成束纵行排列。肌原纤维由于屈光性的差异，导致整个肌纤维细胞显现出明暗相间的横纹。

平滑肌的收缩不受意识支配，又称不随意肌，是构成血管和某些内脏器官的肌层部分。心肌能够自动有节律性的收缩，但不受意识支配，也是不随意肌，是构成心脏的肌层部分。

4. 神经组织（Nervous Tissue） 动物体内分化程度最高的组织，主要由神经细胞（神经元）（如图 5-17）和神经胶质细胞（如图 5-18）构成。

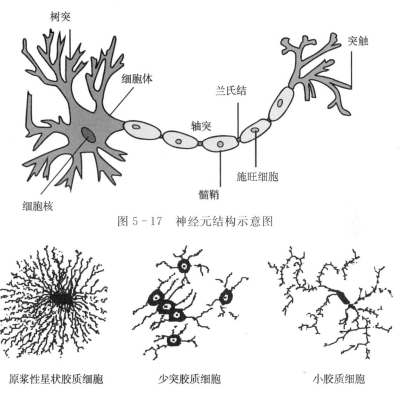

图 5 - 17　神经元结构示意图

原浆性星状胶质细胞　　　　少突胶质细胞　　　　小胶质细胞

图 5 - 18　几种神经胶质细胞形态图

神经组织构成图如图 5 - 19。神经元是神经系统的形态和功能单位，具有感受机体内、外刺激和传导冲动的能力[4]。神经细胞由胞体和突起（神经纤维）组成。胞体具有细胞的一般结构，位于中枢神经系统的灰质或神经节内，有圆形、锥形及星形等多种形态；具有神经细胞所特有的尼氏体（Nissl Body）。胞体主要参与神经细胞的蛋白质合成、支持和物质的运输等作用。突起（神经纤维）由胞体伸出，数量、长短和粗细不等，根据形态功能不同，又分为树突（Dendrite）和轴突（Axon）两种。树突较短，有 1 个或数个主干，连接胞体部分较粗，离胞体不远又可反复分支，形成树枝状，故名树突。树突的功能是接受刺激，并将冲动传向胞体。轴突在每个神经元上只有一个，细而长，有的动物轴突可长达 1 m 以上，直径均一，分支很少。轴突的功能是将冲动传离细胞体至器官、组织内。

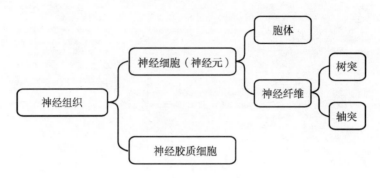

图 5-19　神经组织构成图

有些神经纤维的外面包裹着髓鞘和神经膜，称为有髓神经纤维。髓鞘由神经膜细胞（又称为施旺细胞，为神经胶质细胞的一种）组成。另一些神经纤维的外面无髓鞘，仅包有一层神经膜，称为无髓神经纤维。神经纤维的末端没有髓鞘和神经膜，仅以很细的纤维终止于器官、组织内，称为神经末梢。神经末梢根据其生理功能，起感受器作用的称之为感觉神经末梢；起效应器作用的称之为运动神经末梢。

神经胶质细胞是一些多突起的细胞，突起不分树突和轴突，细胞体内无尼氏体。神经胶质细胞无传导冲动功能，主要是对神经元起支持、保护、营养和修补等作用。

第四节　细胞的结构和功能

要想了解、掌握神经系统所控制的细胞呼吸疗法，还需对细胞的结构及功能有进一步的认识。上一节中我们已经知道生物细胞虽然在形状、大小和功能上存在差异，但它们的基本结构是一样的。随着显微操作技术及分子生物学等的发展进步，生物细胞及其内部的结构和功能现在已经被阐明。图 5-20 是动物细胞的超微结构模式平面图，图 5-21 是动物细胞的

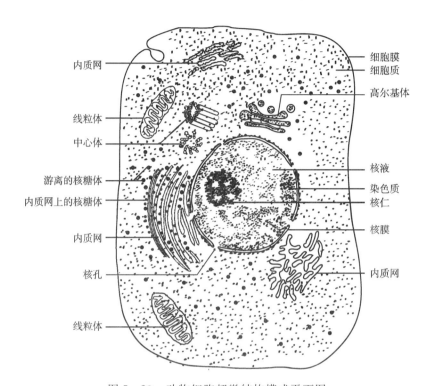

图 5-20　动物细胞超微结构模式平面图

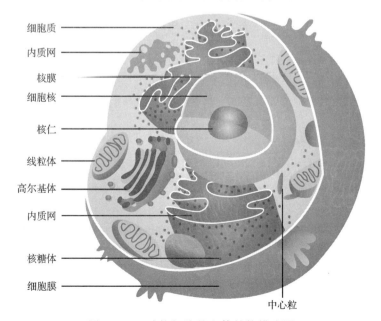

图 5-21　动物细胞的立体结构模式图

立体结构图。动物细胞基本上都由细胞膜、细胞核、细胞质及各种形态结构的细胞器组成（如图 5-3）。

一、细胞膜

动植物细胞的表面都有一层薄膜包裹，以此将细胞内的原生质与外界环境分隔开来，这层膜就叫细胞膜或质膜（Plasma Membrance）。此外，细胞膜还起着调节、维持细胞内微环境相对稳定的作用，同时也是细胞内、外物质交换的重要场所。现代科学研究表明，细胞膜及其表面上的结构与生物微循环体系中的物资运输、神经传导、信息传递、能量转换、激素作用、细胞识别、细胞免疫、肿瘤发生及细胞起源等有着密切的关系。细胞能否接受微环境中控制细胞增殖和运动的信号、是否破坏邻近组织、是否易于释放细胞内及吸收外界的各种物质，都取决于细胞表面的各种受体、酶活性和通透性等性状，也是区别正常细胞和癌细胞生物学特性的主要标志[2]。如果细胞膜被弄破，细胞膜的完整性就受到破坏，将导致细胞死亡。

细胞膜的厚度为 $70\sim100$ Å（$7\sim10$ nm），因此，在光学显微镜下无法看见。在电子显微镜下观察，细胞膜可以分为三层结构，内、外两层为电子密度大的暗层，中间为电子密度小的亮层[4]（如图 5-22）。细胞膜约占

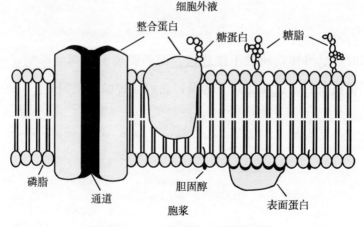

图 5-22　细胞膜的三层结构图

细胞干重的 10%。它主要由蛋白质（约占 60%）和类脂（约占 40%）组成，并以磷脂双分子层为其基本结构。磷脂分子本身分散于水中的方式是：非极性疏水基排列在一起，从而自动地形成双分子层膜。磷脂双分子层是构成细胞膜的主体。膜里比较大的蛋白质是疏水性的，它同磷脂的基质相连，并且嵌入其中（如图 5-23）。

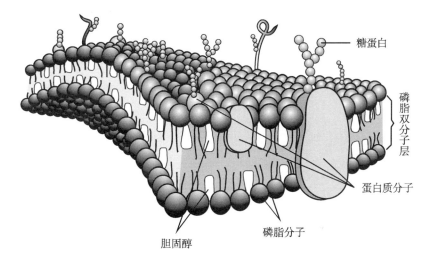

图 5-23　细胞膜的三层立体结构图

细胞膜具有什么样的功能？现已知道，细胞膜是一层具有高度选择性的半透明薄膜，膜上磷脂的脂酰基在不断地运动，并使膜上的小孔不断打开和关闭。当小孔打开时，水和溶于水中的很多非带电分子可以通过；当小孔关闭时，水溶性物质就不能通过。而受膜表面电荷的影响，使离子化与非离子化物质的通过就受到了选择，它们通过膜的机制是不同的。因此，细胞膜的结构决定了细胞膜的通透性是有选择性的。细胞膜的主要功能有下面几方面。

（一）物资运输

细胞膜对细胞内外的物质交换起着屏障和运输作用。细胞膜不仅能将细胞内的原生质与外界环境分隔开来，还可以调节水、无机盐及各种有机营养物质等进出细胞。一旦细胞发生变异或死亡，细胞膜调节物质进出细胞的能力也会改变或消失。目前认为，细胞膜运输物质方式主要为 4 种。①自由扩散，即物质由高浓度经细胞膜向低浓度处运输。这是一种单纯的扩散作用，不需要消耗细胞的能量，也称之为被动运输（Passive Transport），如水分子、氧及二氧化碳等的运输（如图 5 - 24）。②协助扩散（Facilitated Diffusion），此运输方式中物质也是由高浓度经细胞膜向低浓度处运输，但需通过镶嵌于细胞膜上的多肽、蛋白质（即载体分子，或载体蛋白质）的协助来完成。协助扩散不需要消耗细胞的能量，故也称之为被动运输（如图 5 - 25）。如钾离

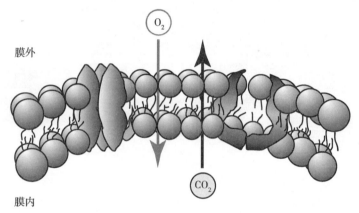

图 5 - 24　细胞膜对氧及二氧化碳的自由扩散运输

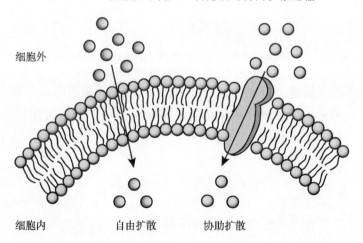

图 5 - 25　细胞膜的自由扩散与协助扩散

子、葡萄糖等的运输。被动运输的动力就是浓度梯度，它的运输方向是顺浓度梯度的。③主动运输（Active Transport），细胞中还有许多物质的运输是要逆浓度梯度的，如 K^+ 离子的运进、Na^+ 离子的运出等。这就需要一种消耗细胞能量的方式来"主动运输"。细胞膜在这种运输方式中起着动力器的作用，细胞膜脂质层中的蛋白质（ATP 酶）通过分解 ATP 所获得的能量，产生构象变化，将细胞内的 Na^+ 离子转运出细胞外，同时将细胞外的 K^+ 离子转运进细胞内（如图 5 - 26）。④内吞（Endocytosis）与外排（Exo-

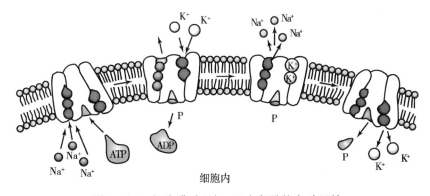

图 5 - 26　细胞膜对 K^+、Na^+ 离子的主动运输

cytosis）作用，早在 20 世纪，科学家就已观察到某些大分子物质（如特异性蛋白质、微颗粒、细菌及病毒等）进出细胞时，会通过另外一种方式。这些大分子物质与细胞膜上的某些蛋白质有特异性的亲和力而被依附在细胞膜上，然后这部分细胞膜内陷，形成小囊，大分子物质便被包裹在小囊中，小囊随即从质膜上分离出来形成小泡，并进入细胞内部，称之为内吞作用[2]，也称为胞吞作用。如果内吞的物质为固体，称为吞噬作用（Phagocytosis），若为液体，则叫胞饮作用（Pinocytosis）。外排作用（也称之为胞吐作用）则是某些大分子物质在细胞内被一层膜所包围，形成小泡，移至细胞膜时，两者接触点上的蛋白质构象发生变化，小泡膜与细胞膜融合在一起，并产生小孔道，将小泡内的大分子物质排除于细胞外（如图 5 - 27）。内吞与外排作用有可能也是细胞膜的主动运输方式，它们的活动需

要细胞提供能量。有报道表明，许多细胞的内吞与外排作用与无氧或有氧代谢途径有密切联系，并与细胞膜下面的微丝、微管蛋白的收缩有关。这些都说明细胞的内吞与外排作用是需要能量的。细胞膜的运输物质方式见表 5-2。

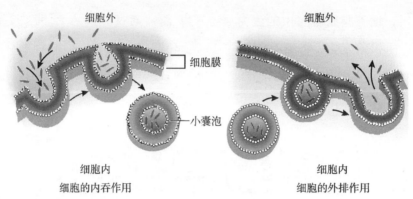

图 5-27　细胞膜的内吞与外排作用

表 5-2　　　　　　　　　　　　细胞膜运输物质的方式

细胞膜对物质运输	自由扩散	协助扩散	主动运输	内吞与外排作用
运输方向	顺浓度梯度 高浓度→低浓度	顺浓度梯度 高浓度→低浓度	逆浓度梯度 低浓度→高浓度	内吞：细胞外→细胞内 外排：细胞内→细胞外
载体	不需要	需要	需要	不明确
能量	不消耗	不消耗	消耗	消耗
运输例证	O_2、CO_2、N_2、H_2O、甘油、乙醇、尿素、苯等	葡萄糖进入红细胞等	Na^+、K^+、Ca^{2+} 等离子；小肠吸收葡萄糖、氨基酸等	特异性蛋白质、微颗粒、细菌及病毒等

（二）信息传递

目前认为，通过微循环体系进入人体组织内的激素、神经递质和药物等对细胞进行代谢调节作用时，与细胞膜的活动有着密切的关系。细胞膜上面的许多嵌入性蛋白质都是特异性的受体（Acceptor）和酶。当细胞膜上这种受体蛋白在细胞外与激素、神经递质和药物等分子进行特异性的结合时，受体蛋白在细胞内酶部分的构象会发生变化被激活，导致细胞内一系列的生化反应得以进行。另外，这种特异性的结合还有可能导致细胞膜蛋白打开或关闭离子载体功能，使细胞膜对某种离子的运输及细胞膜的电位发生变化。例如，肝细胞催化糖原分解为葡萄糖的反应（如图 5-28）。肝细胞膜上的 β 受体与激素-肾上腺素结合后，受体蛋白的构象发生变化，导致其在细胞内的腺苷酸环化酶被激活，催化腺苷三磷酸（ATP）变成环腺苷酸（cAMP），环腺苷酸作为一种化学信号又与无活性的蛋白激酶结合，使其构象发生变化，成为有活性的蛋白激酶，如此导致一系列的化学连锁反应产生，最终使得肝糖原分解为葡萄糖。

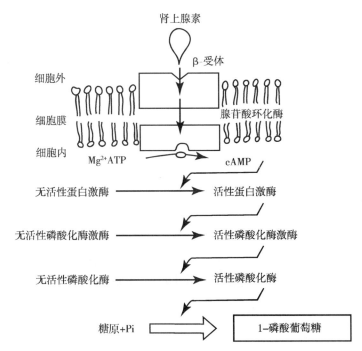

图 5-28　肝细胞膜上 β 受体与肾上腺素结合引起糖原分解图[4]

目前已经清楚，细胞膜上的受体主要分为两类（如图 5-29）：①腺苷酸环化酶受体，此类受体与细胞外刺激信号结合后，会激活细胞内的腺苷酸环化酶，促使环腺苷酸增加，cAMP 的增加会促使细胞内特异性蛋白质及酶的合成，导致细胞分化，并抑制细胞分裂。该类受体有肾上腺素 β 受体、胰高血糖素受体、促皮质素受体等。②鸟苷酸环化酶受体，此类受体与细胞外刺激信号结合后，会激活细胞内的鸟苷酸环化酶，促使环鸟苷酸（cGMP）增加，cGMP 的增高会促使细胞 DNA 合成，导致细胞分裂，同时抑制细胞分化。该类受体有乙酰胆碱 M 受体等。

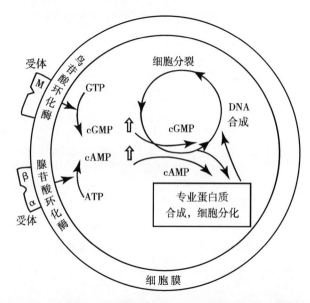

图 5-29　细胞膜上两类受体控制细胞分裂及分化图解[2]

细胞内的 cAMP 与 cGMP 相互拮抗，相互制约，共同调节着细胞的正常生理功能[2]。郑国锠认为 cAMP 与 cGMP 这种矛盾的、对立统一体与中国中医理论中阴阳对立、阴阳消长及阴阳转化非常类似，可能就是阴阳理论的物质基础。中国中医的阴阳理论认为，阴阳平衡是维持机体正常活动的基础，"阴平阳秘，精神乃治"。如果出现阴阳偏盛偏衰、阳生阴长、阳杀阴藏现象，便会造成阴阳失调，导致疾病与肿瘤的发生。

（三）参与细胞代谢的调节控制

在第二节微循环体系的特点中，我们谈到微循环既受全身性神经、体液的调节，又受局部的调节。微循环体系的调节方式主要有 3 种：①神经系统的调节；②体液调节；③微血管及周围组织的调节，又简称为局部调节。三种方式不是单纯孤立的，而是相互联系、相互影响的[1]。微循环体系的调节方式可概括如图 5-30。

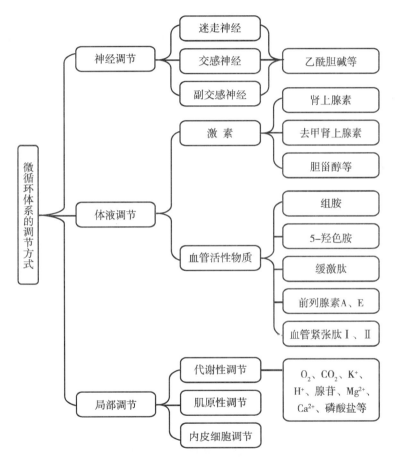

图 5-30　微循环体系的调节方式

不论哪种调节方式，最终都会微细化到细胞结构上的分子水平的调节。所有的调节都需要细胞膜的参与。

现已知道，微循环体系中的神经调节及体液调节，都是以某种化学信号作用于靶细胞膜上的特殊受体来调节细胞的生理活动。这些化学信号在神经调节中为神经递质（如乙酰胆碱等），在体液调节中为激素（如肾上腺素等）。一般讲，这些化学信号并不进入细胞，只激活细胞膜上的对应受体，如图5-31。化学信号不同，靶细胞出现的效应也会不同。如果化学信号相同，但靶细胞膜上的受体不同，靶细胞出现的生理效应也会不同。例如，神经调节中的靶细胞膜上有两种受体：N受体与M受体。当N受体与乙酰胆碱结合时，靶细胞出现快速兴奋性突触后电位；当M受体与乙酰胆碱结合时，靶细胞则出现迟缓兴奋性突触后电位[4]。

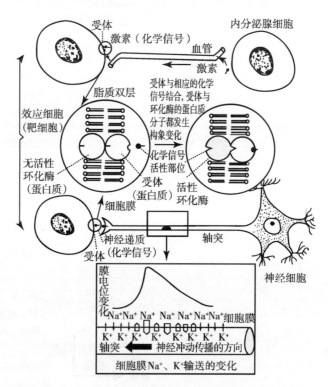

图5-31　细胞膜参与微循环体系调节示意图[2]

（四）细胞识别（Cell Recognition）

细胞识别是指细胞对同种或异种细胞、同源或异源细胞的认识；是指细胞通过其表面的受体与胞外信号物质分子（配体）选择性地相互作用，从而导致胞内一系列生理生化变化，最终表现为细胞整体的生物学效应的过程。多细胞生物有 3 种识别系统：抗原-抗体的识别、酶与底物的识别、细胞间的识别。无论是那一种识别系统，都有一个共同的基本特性，就是具有选择性，或是说具有特异性。

目前已经知道，细胞膜就是细胞识别的部位，在细胞膜上有许多识别位点，包括膜受体和膜抗原，细胞之间的识别主要通过这些识别位点的作用实现。细胞识别的物质基础是细胞膜上糖蛋白中的多糖链（如图 5 - 23），它的种类和序列是识别过程的关键。

参与免疫、炎症反应的吞噬细胞、淋巴细胞、肥大细胞等的功能与其细胞膜上面的受体有着密切的关系。例如：吞噬细胞膜上有与外界某物质相应的受体，这个受体对该物质有特异的亲和力，从而使吞噬细胞能够识别它，吞噬它[2]。又如在淋巴细胞膜上有对异物（抗原）识别的抗原受体（称之为表面免疫球蛋白，简称表面 Ig），当该受体被相应抗原激活时，引起淋巴细胞分裂成浆细胞，并制造出相应的抗体。抗原刺激吞噬细胞、淋巴细胞产生抗体的机制如图 5 - 32。

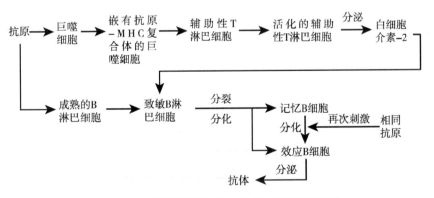

图 5 - 32　抗原刺激免疫细胞形成抗体示意图

在吞噬细胞、淋巴细胞、肥大细胞和血小板等免疫细胞膜上都有 M、β 两类不同的受体。当 M 受体类被激活时，细胞内 cGMP 增高，促进细胞的功能；当 β 受体类被激活时，细胞内 cAMP 增高，抑制细胞功能，如图 5 - 33。细胞膜上的各种蛋白质（受体与抗原），不是细胞存在的各个时期都具备，它们是会发展和变化的，会受到外因（各种化学信号）和内因（基因的开关）的调节和控制。如果细胞膜上缺少某种蛋白质，细胞的识别系统就会发生障碍而引起病变。

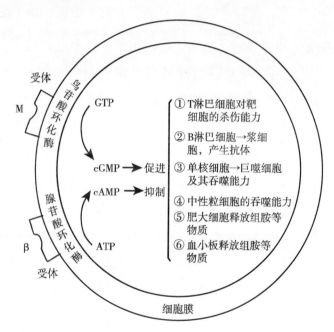

图 5-33　免疫细胞膜上不同受体被激活后引起的细胞反应[2]

（五）参与细胞呼吸

细胞呼吸（Cell Respiration）通常是指细胞的有氧呼吸，它是指生物体细胞在氧气的参与下，把有机物（如碳水化合物、蛋白质及脂肪等）氧化分解，最终生成二氧化碳或其他产物，并且释放出能量（ATP）的过程。就我们直观地讲，人体吸入氧气，呼出二氧化碳的过程便是细胞呼吸的宏观体现。细胞内完成生命活动所需的能量 ATP，都是来自于细胞的呼吸作用。细胞呼吸是所有的动物和植物都具有的一项生命活动。细胞呼吸具有非常重要的生理意义。①细胞呼吸能为生物体的生命活动提供能量。细胞呼吸释放出来的能量，一部分转变为热能而散失，另一部分储存在 ATP 中。当 ATP 在酶的作用下分解时，就把储存的能量释放出来，用于生物体的各项生命活动，如细胞的分裂，肌肉的收缩，神经冲动的传导，等等。科学研究表明，1 mol 的葡萄糖在细胞内彻底氧化分解后，可释放出约 2870 kJ 的能量，其中有 1161 kJ 左右的能量便储存在 ATP 中。②细胞呼吸能为细胞内其他化合物的合成提供原料。在细胞呼吸过程中所产生的一些中间产物，可以成为合成体内一些重要化合物的原料。例如，细胞内葡萄糖分解时的中间产物丙酮酸是合成氨基酸的原料，等等。一旦人体停止呼吸，细胞呼吸也将停止，生命活动便将终结。神经系统控制的细胞呼吸疗法就是通过控制呼吸来调控细胞呼吸，从而获得能量，改变特定部位的细胞及组织代谢功能，并产生特异性的生化物质及功能。细胞呼吸用简式表示，就是：

细胞内有机物质（碳水化合物、蛋白质及脂肪等）＋ $O_2 \rightarrow CO_2$ ＋ 水＋能量（ATP）

当细胞缺氧时，细胞也能进行短暂的无氧呼吸。不过，无氧呼吸所产生的能量要比有氧呼吸所产生的能量少得多。无氧呼吸主要通过糖酵解途径进行。

目前已知，原核细胞细菌的细胞膜对于细菌的呼吸过程起着关键的作用，细菌细胞膜的内侧和外侧存在呼吸酶系统，其细胞膜上的电子传递体系，类似于真核细胞中线粒体膜上电子呼吸链，具有电子传递和氧化磷酸化的功能。

真核细胞（包括动物细胞）中，细胞呼吸产生能量的主要场所是在细胞中的细胞器（线粒体）上进行的，细胞呼吸作用的几个关键性步骤都在其中进行。对于人体（包括动物）来说，空气中的氧气如何到达我们身体中的组织及细胞，身体各器官、组织细胞呼吸所产生的二氧化碳又如何被排出到体外则是通过一套复杂的体系来完成的。通常来说，氧气通过呼吸，被吸入肺部，进入肺泡，肺泡上布满毛细血管，在肺部的微循环体系中，氧气和二氧化碳通过毛细血管内皮细胞以自主呼吸、自由扩散的方式被交换，二氧化碳通过肺部被呼出体外。氧气则透过肺泡壁与毛细血管壁进入血液，进入血液的氧气再以自由扩散的方式通过红细胞膜与其中的血红蛋白结合，血红蛋白具有运输 O_2 及 CO_2 的能力，进入血液的氧气随着血液循环到达全身各器官、组织，之后，到达目的地的氧气再通过各器官、组织的微循环体系以自由扩散的方式穿过细胞膜进入组织的细胞（如图 5-34 及图 5-24）中。进入组织细胞后，氧气的主要作用便是参与细胞的有氧呼吸。在人（包括大多数动物）体内，细胞中的线粒体是有氧呼吸的唯一场所，氧气进入线粒体后主要通过其膜上的电子呼吸链参与氧化磷酸化反应，并与氢原子结合生成水，同时释放出大量的 ATP（如图 5-35）。

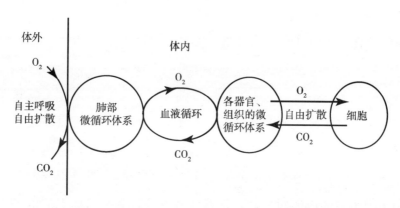

图 5-34　氧气从人体外进入到体内组织、细胞的示意图

（六）细胞膜与肿瘤

肿瘤是不是一种"细胞膜疾病"，目前尚无定论。但肿瘤发生时，却能导致细胞膜出现许多异常现象。①接触性抑制（Contact Inhibition）现象消失，正常细胞生长到相互接触时，便不再分裂增殖，此乃称之为接触性抑制现象。然肿瘤细胞却无此现象，例如，离体培养的肿瘤 Hela 细胞生长接触后细胞仍继续分裂，生长成为一个多层的锥状突起（如图 5-36）。正常细胞则是形成一个平面。这种接触性生长抑制现象的丧失，与细胞膜表面糖蛋白的变化密切相关[2]。②肿瘤细胞膜表面出现的微绒毛、表面小泡、

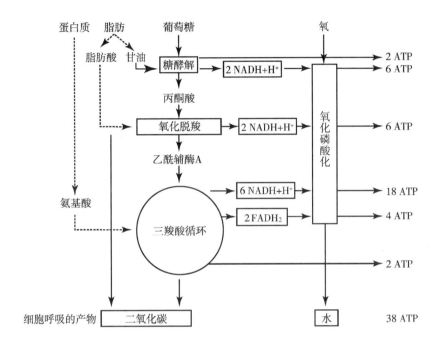

图 5-35 氧气进入细胞后参与氧化磷酸化生成水和能量 ATP 的过程

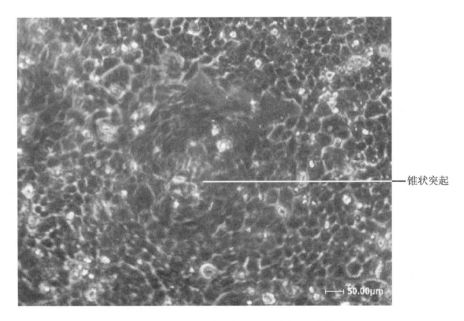

图 5-36 人体肿瘤 Hela 细胞离体培养时形成的锥状突起（Ph1 10×20）

皱褶和膜层变形足的数量及大小等，都比正常细胞多。这些表面结构的改变与质膜下的微丝、微管的解离和汇合状态有关[2]。③细胞癌变时，细胞的膜系统（包括线粒体、高尔基体膜及内质网）结构和功能都发生明显改变。线粒体的数量、大小及其膜上的电子呼吸链出现异常，线粒体形态变形或缺损；导致细胞有氧呼吸受到抑制，无氧呼吸糖酵解增强，细胞内二氧化碳含量增高，乳酸积累，细胞及周围组织酸性增强。正常细胞与癌细胞膜的差异变化见表5-3。

表5-3　　　　　　　　　正常细胞与肿瘤细胞膜的差异性[2]

项　目	正常细胞	肿瘤细胞	变化的后果
生化组成的差异	①糖蛋白含量正常 ②糖脂增加 ③有唾液酸 ④腺苷酸环化酶正常	①大分子糖蛋白增多 ②糖脂减少或消失 ③唾液酸消失 ④腺苷酸环化酶减少或活性降低	①与细胞恶化成正相关 ②细胞分裂、增殖能力增强 ③细胞分化能力减弱或消失 ④细胞接触性生长抑制现象丧失
物理性质的差异	①膜透性正常 ②膜转运性正常 ③与植物凝集素结合，不发生凝集	①膜透性改变 ②膜转运性改变 ③与植物凝集素结合，凝集成团	①不能控制物质正常进出细胞 ②细胞分裂、增殖能力增强
形态学上的差异	无微绒毛、表面小泡、皱褶和膜层变形足或出现较少	有微绒毛、表面小泡、皱褶和膜层变形足或出现增多	①与细胞恶化成止相关 ②可能与肿瘤细胞的浸润、转移有关

二、细胞质

有的书中介绍细胞质时，将细胞膜内及细胞核外的所有物质统称为细胞质[4]。但用光学显微镜观察上述细胞质时，除了透明物质外，还可见到里面有许多大小不一的折光性颗粒或内含物。这些颗粒实际上就是细胞器，如线粒体、高尔基体、溶酶体，等等。细胞器具有一定的形态结构，在细胞中行使一定的功能，类似我们人体中的各个器官，因此人们把它们称为细胞器。本书中所说的细胞质是指通过超速离心后，除去所有细胞器及颗粒物，在光学显微镜下所见到的透明物质，实际上就是上述细胞质的可溶相，又可称为细胞液（Cell Sap）[2]。

细胞质的化学组成非常复杂，依相对分子质量的大小可划分为 3 类：①小分子类物质，如水，无机离子 K^+、Cl^+、Na^+、Mg^{2+}、Ca^{2+} 和溶解性气体等。单价离子大部分游离在细胞质中，双价阳离子则有可能结合在核酸、多糖及酶蛋白上。②中分子类物质，如各种代谢物脂类、单糖（葡萄糖、果糖）、双糖（蔗糖）、氨基酸、核苷酸等。③大分子类物质，如蛋白质、脂类、RNA、与蛋白质及核酸代谢等有关的各种酶类、多糖等。

细胞质对于细胞新陈代谢的生命活动具有重要的生理功能。①生化反应的场所，目前已知，在细胞质中可进行如下生化反应：a. 糖酵解（EMP），细胞进行无氧呼吸的糖酵解场所就在细胞质中，糖酵解就是细胞在无氧气参与的情况下，分解葡萄糖生成乳酸和能量 ATP 的过程，其代谢途径如图 5-37。

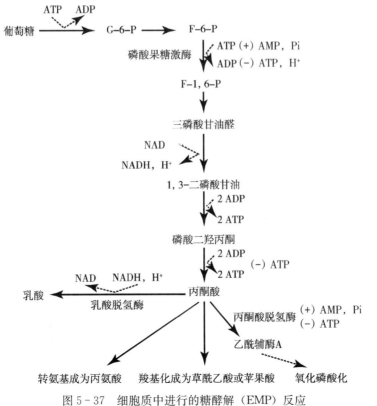

图 5-37 细胞质中进行的糖酵解（EMP）反应

b. 磷酸戊糖代谢，细胞利用葡萄糖通过磷酸戊糖代谢途径可生成合成脱氧核糖核酸 DNA 及核糖核酸 RNA 所需的重要原料 5-磷酸核糖。此外，还可生成另一种重要的原料还原型辅酶Ⅱ（NADPH）。磷酸戊糖代谢途径如图 5-38。c. 脂肪酸的合成，细胞脂肪酸的合成也是在细胞质中完成的，

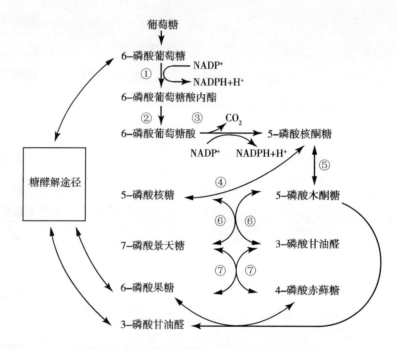

①6-磷酸葡萄糖脱氢酶　②内酯酶　③6-磷酸葡萄糖酸脱氢酶
④异构酶　⑤差向酶　⑥转酮基酶　⑦转醛基酶

图 5-38　细胞质中的磷酸戊糖代谢途径[2]

合成脂肪酸的酶系均存在于细胞质中。脂肪酸的合成途径如图 5-39。细胞质中糖酵解反应形成的中间产物丙酮酸透过线粒体膜进入线粒体。在丙酮酸脱氢酶的作用下，线粒体中的丙酮酸被氧化为乙酰辅酶 A（乙酰CoA）。线粒体中的乙酰辅酶 A 与草酰乙酸结合形成柠檬酸后被转运出线粒体，进入细胞质（液）。通过柠檬酸裂解酶的催化作用，细胞质中的柠檬酸被分裂为乙酰辅酶 A 与草酰乙酸。之后，细胞质中的乙酰辅酶 A 与丙二酰辅酶 A，通过 NADPH 供氢，在脂肪酸合成酶系的作用下，被连

续催化成为软脂酸。②细胞质为细胞器提供了完整的生态环境，包括细胞器行使功能所需要的离子环境、底物及各种中间物和产物的运输，等等。

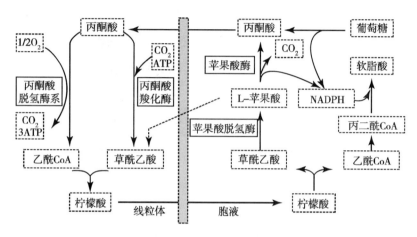

图 5-39 细胞质（液）中脂肪酸的合成途径

三、细胞器

前面我们已说过，在细胞膜内及细胞核外，用光学显微镜观察时，除了细胞质外，还可见到里面有许多大小不一的折光性颗粒或内含物。这些颗粒实际上就是细胞器，细胞器具有一定的形态结构，在细胞中行使一定的功能。细胞器在电子显微镜下观察，都是由膜所围成，这些膜统称为生物膜。下面我们对动物细胞中的一些重要细胞器进行阐述。

（一）内质网（Endoplasmic Reticulum，ER）

除原核动物和哺乳动物的成熟红细胞外，所有动、植物细胞都有内质网。内质网是一种互相通连的扁平囊泡构成的膜性管道系统（如图 5-40）。由于首次在电子显微镜下发现这种膜管系统是在细胞的内质中，因此得名。后来发现这种结构并不局限于细胞的内质，也延伸到细胞的边缘，并与细胞膜通连[4]。

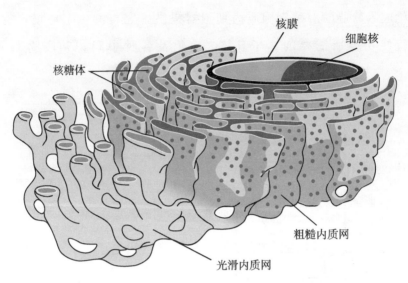

图 5-40　内质网的结构模式图

　　在不同类型的细胞中，内质网的大小、排列、数量、分布均不相同，即使在同种细胞的不同发育阶段和不同生理状况下也有很大变化。根据内质网膜表面是否附着有核糖体，可将内质网分为粗糙（面）型内质网（Rough ER）和光滑型内质网（Smooth ER）。粗面内质网膜的外面附有核糖核蛋白体颗粒，大多数为扁平囊，少数为球形或管泡状囊。粗面内质网的功能是参与细胞蛋白质的合成和运输，因此，这种内质网常见于蛋白质合成旺盛的细胞中，如在能产生抗体的免疫浆细胞和分泌多种酶的胰腺细胞中特别丰富。光滑内质网的膜上无核糖核蛋白体，形态基本上为分支小管，彼此相连成网。光滑内质网的功能较为复杂，与脂类物质的合成、糖原和其他糖类的代谢有关，也参与细胞内的物质运输。光面内质网在肝细胞、肾上腺皮质细胞、卵巢黄体细胞及睾丸间质细胞中较发达。一般来讲，早期快速分化的细胞中，粗糙型内质网的形成要先于光滑型内质网。

　　（二）高尔基复合体（Golgi Complex）

　　1898 年，意大利人高尔基在猫头鹰的神经细胞中发现了这种细胞器，后来发现该细胞器几乎存在于所有的细胞中。用光学相差显微镜可以看到活体细胞中的高尔基复合体。在电子显微镜下，高尔基复合体由单层膜围成的扁平囊泡、大泡和小泡所组成（如图 5-41）。

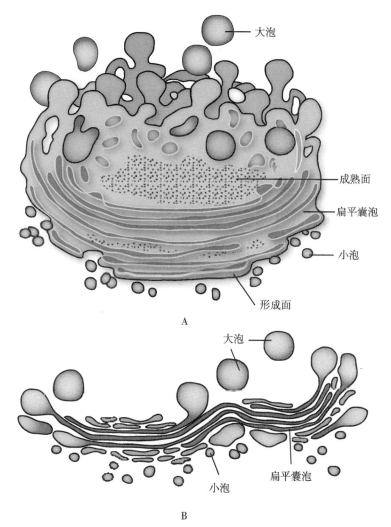

A. 立体模式图　B. 切面图

图 5-41　高尔基复合体电镜观察图[4]

扁平囊泡为 5～8 层互相通连的扁平形囊，它有两个面，面向细胞核的一面叫形成面；面向细胞外方的一面叫成熟面。小泡又称转运小泡，多分布在形成面，一般认为它是由内质网脱落下来的，因为转运小泡膜的形态和组织化学性质（包括膜上酶的活动、脂类成分等）都和内质网相似。含有合成物的小泡移向扁平囊并与其融合，把内质网的合成物运送到扁平囊进行加工浓缩。大泡又称浓缩泡，位于成熟面，是由扁平囊外周部分膨大脱落而成的，其中含有经高尔基复合体加工浓缩后的各种物质。这些大泡有的为溶酶体，分布于细胞质内；有的成为分泌小泡，并逐渐移向细胞表面，分泌小泡膜的结构和组织化学性质也逐渐与细胞质膜相像，最后与细胞膜融合，通过胞吐作用将所含的内容物释放出细胞外（如图 5-42、图 5-43）。

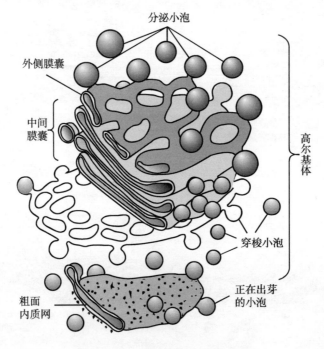

图 5-42 高尔基体转运模式图

高尔基复合体的功能与细胞内一些分泌物的储存、加工和转运出细胞的作用有关。由粗面内质网合成的蛋白质转移到高尔基复合体后，在高尔基复合体内储存、加工、浓缩成为分泌小泡，并加入高尔基复合体本身合成的糖类物质，形成糖蛋白，一起转运出细胞，供细胞外使用。此外，高尔基复合体对摄入的脂类也有暂时的存储和加工作用[4]。

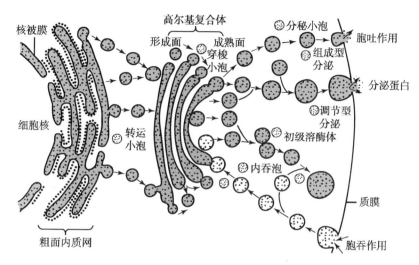

图 5-43 高尔基复合体及与内质网、细胞膜的关系示意图

（三）线粒体（Mitochondria）

线粒体于 1894 年在动物细胞中首先被发现。现已知道，除原核生物和哺乳动物的成熟红细胞外，所有真核细胞都有线粒体。线粒体是细胞内物质进行氧化磷酸化生成能量的重要结构单位；细胞内进行各项生命活动所需的能量，大都由它们提供。因此，线粒体又有细胞的"动力工厂"或"能量供应站"之称（如图 5-44）。

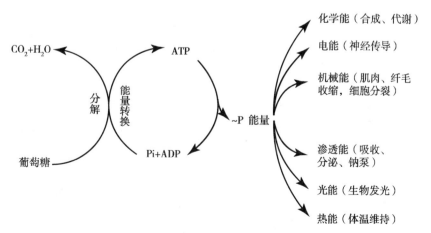

图 5-44 细胞"动力工厂"线粒体工作示意图[2]

线粒体的形状是多种多样的，常因细胞的种类及生理功能不同而有所差异。一般情况下多为粒状和杆状（如图 5-45），也有呈环形、哑铃形、星形及其他形状的。

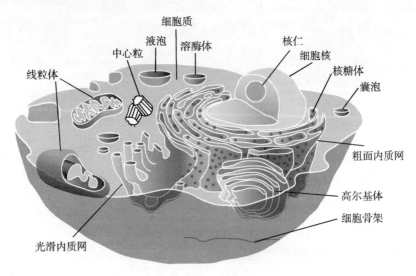

图 5-45　细胞中线粒体的形状

在光学显微镜下，线粒体一般长 2～6 μm，直径 0.2～1 μm。电子显微镜下可以看到线粒体的表面由两层单位膜构成（如图 5-46）。两层膜之间被宽 4～8 nm 的空间所隔开。线粒体外膜平整，内膜向线粒体内折叠，形成许多板状或管状的小嵴称为线粒体嵴。嵴与嵴之间的空腔为嵴间腔，充满着线粒体基质，线粒体基质为含有可溶性蛋白质等物

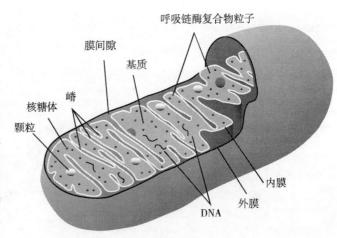

图 5-46　线粒体立体结构图

质的溶液，其中含有 DNA、RNA 和直径 30～50 nm 的球形或不规则形的颗粒。嵴膜上有数目众多的与膜面垂直的球形小体，由一短柄附着在嵴膜的面上，这种结构称为线粒体基粒[4]（如图 5－47）。目前已清楚，这些基粒就是可溶性的腺苷三磷酸酶（ATPase）复合体[2]。

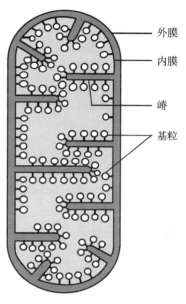

外膜

内膜

嵴

基粒

对于需要能量较多的细胞，细胞中线粒体的数目相对较多，线粒体的内部结构也较为复杂，并充满着嵴。需要能量较少的细胞，线粒体和嵴的数量都较少。细胞发生病变时，线粒体会发生明显的改变。例如，人类原发性肝癌细胞中线粒体嵴的数目会显著减少。

图 5－47　线粒体上基粒分布示意图

线粒体内含有许多种酶，这些酶的功能是参与细胞内的物质氧化和高能磷酸化合物 ATP 的形成。线粒体中的酶能将营养物质（如丙酮酸、脂肪酸、氨基酸等）进行氧化分解，产生能量，以高能磷酸键的形式贮存在 ATP 中。当 ATP 分解为腺苷二磷酸（ADP）时，则释放能量，供细胞生命活动的需要。

线粒体是细胞进行呼吸作用的主要场所。有关催化三羧酸（柠檬酸）循环、氨基酸代谢、脂肪酸分解、电子传递、能量转换、DNA 复制和 RNA 合成等过程所需要的各种酶和辅酶，都分布在线粒体中。实际上，细胞呼吸的氧化磷酸化生成能量的反应是分 3 个步骤进行的，分别在细胞质（液）和线粒体中完成。以葡萄糖被氧化生成能量为例，①葡萄糖（或糖原）首先在细胞质中通过无氧糖酵解途径被氧化成丙酮酸。②丙酮酸进入线粒体中，在氧气的参与下，通过其基质进行的三羧酸（柠檬酸）循环及线粒体膜上进行的电子传递，最终被氧化成二氧化碳和水。③释放的能量则在电子传递的过程中，通过磷酸化偶联作用以高能磷酸键的形式存储在能量分子 ATP 中（如图 5-48）。

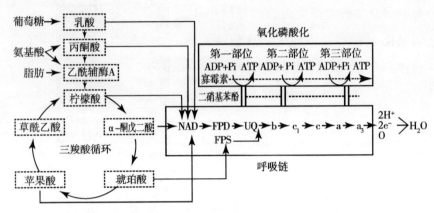

图 5-48　细胞呼吸氧化磷酸化生成能量的过程[2]

（四）溶酶体（Lysosome）

溶酶体于 1955 年在鼠肝细胞中被发现，这种细胞器普遍存在于动物细胞中。溶酶体由一层单位膜包围而成，大小在 0.25～0.8 μm，一般为球形，分布于细胞质中（如图 5-49、图 5-50）。

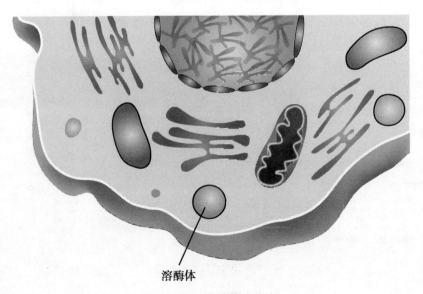

图 5-49　溶酶体的形态

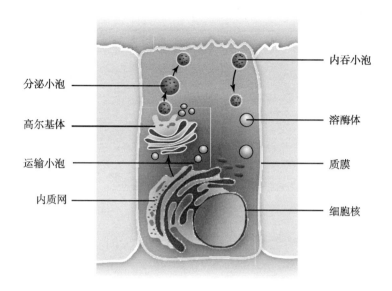

图 5-50　溶酶体在细胞中的位置

溶酶体中含有许多种酸性水解酶，如酸性磷酸酶、核糖核酸酶、脱氧核糖核酸酶、组织蛋白酶和糖苷酶类等。这些酶能把细胞内的蛋白质、核酸、糖类、脂类等大分子分解成较小的分子，供细胞内的物质合成或供线粒体的氧化需要。所以，溶酶体的功能主要是溶解和消化作用。故有人把它比喻成细胞内的"消化器官"[4]。依据其功能的变化，溶酶体可划分 3 种。①初级溶酶体（Primary Lysosome），刚由内质网或高尔基体边缘突出膨大分离而来。里面含有各类水解酶，尚未开始进行消化作用。②次级溶酶体（Secondary Lysosome），这些是消化泡，正在进行或已经进行消化作用的液泡。吞噬本身细胞衰老或损伤结构（如衰老的线粒体）的消化泡称之为自体吞噬泡；消化细胞外源性物质（如细菌等）的消化泡称为异体吞噬泡。③后溶酶体，又称为残体（Residual Body），这些小体已失去了酶，仅剩余未消化的残渣在里面。

溶酶体对食物的消化过程如图 5-51。当细胞表面接触到外来固体物质（如细菌等）时，细胞膜便以局部内陷的方式将其包围形成一个囊泡，并逐

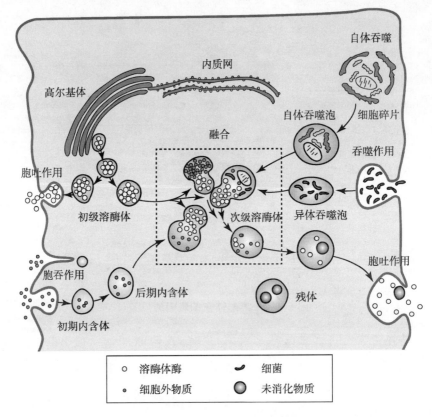

图 5-51 溶酶体的消化过程

渐与细胞脱离联系，游离在细胞质内，成为一个吞噬小泡，这种过程称为吞噬作用（Phagocytosis）。如果外来物为液体物质（如某些营养物质），这个过程则称为吞饮作用（Pinocytosis）。含吞饮物质的小泡称为吞饮小泡。当吞噬小泡或吞饮小泡接触到溶酶体时，两者的膜彼此融合，形成消化泡（次级溶酶体）。大分子物质就在这里被分解，分解后的产物再通过膜扩散到细胞质里，用于各种生命过程。消化泡内未被消化的残渣，则形成残体。有的残体（如脂褐素）蓄积在细胞质内，有的则移到细胞表面与细胞膜融合，以胞吐方式排出细胞外。

溶酶体不仅能消化细胞外源性物质，而且能消化细胞本身的一些衰老或损伤的结构，如衰老的线粒体等，使细胞内的一些结构不断更新，以维持细胞的正常生活功能。

在正常情况下，溶酶体所含的水解酶只能在溶酶体内起作用。但是在某些异常情况下，例如当细胞受伤或死亡时，溶酶体膜破裂，使得水解酶进入胞质，导致细胞发生自溶，及时将这些细胞清除掉，以便为新细胞的产生创造条件。

（五）核糖核蛋白体（Ribosome）

核糖核蛋白体也可简称核糖体，于 1941 年被发现。核糖体颗粒可游离存在于细胞质中（游离核糖体）；也可附着于内质网膜上（固着核糖体），形成粗糙型内质网。此外，核糖体还被发现存在于细胞核、线粒体内。

核糖体是由核糖核酸（rRNA）和蛋白质构成的略成球形的颗粒状小体。直径 8～30 nm，一般为 15～20 nm。每个核糖体都由两个亚基单位组成，称之为大亚基单位和小亚基单位，如图 5-52。依据核糖体的沉降系数的不同，核糖体可以分为 70S 型和 80S 型两种。沉降系数是指测量某一种物质在离心力作用时的沉降速度，以漂浮单位 S（Svedberg Unit）来表示。沉降速度与颗粒的大小、形状及分子量成比例关系。现已清楚，细菌中的核糖体为 70S 型（大亚基单位为 50S，小亚基单位为 30S）；哺乳动物细胞中的核糖体为 80S 型（大亚基单位为 60S，小亚基单位为 40S）。

核糖体在细胞中承担着蛋白质的合成任务，可喻为细胞中蛋白质的"合成工厂"。它们通常丛集或串联在一起，由一条宽度约为 1 nm 的 mRNA 核糖核酸链（蛋白质合成的模板信使链）串联着。这些聚集的核糖体称之为多聚核糖体（Polysome）（如图 5-53）。一个多聚核糖体一般由 5～6 个核糖体串联而成，最多可达 50 个以上[2]。固着核糖体合成的蛋白质主要是供运输到细胞外面的分泌物质，如抗体、酶原或蛋白质类激素等。游离核糖体合成的蛋白质主要是分布在细胞基质中或供细胞本身生长所需要的蛋白质[4]。

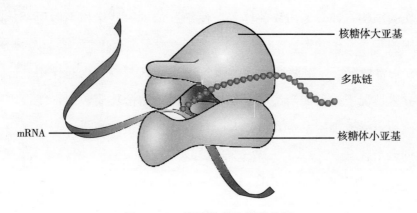

核糖体大亚基

多肽链

mRNA

核糖体小亚基

图 5-52　核糖体的立体结构图

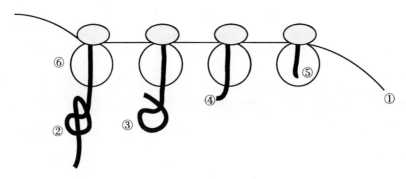

⑥

②

③

④

⑤

①

①信使 mRNA 链　②~⑤合成的蛋白质肽链　⑥核糖体

图 5-53　多聚核糖体结构

　　细胞中蛋白质的生物合成是一个十分复杂的过程。①蛋白质的合成受中心法则的支配（如图 5-54）。中心法则认为细胞中 DNA 所携带的遗传信息要表达为具有特定功能的蛋白质，首先由携带遗传信息的 DNA 双链通过转录（Transcription）的方式，形成单链信使 RNA（mRNA）。之后，细胞在核糖体上将信使 mRNA 所携带的遗传信息，从核苷酸顺序通过碱基密码子配对的形式，转译（Translation）或翻译成蛋白质肽链上的氨基酸顺序。②蛋白质的合成需要 mRNA、tRNA（转运核糖核酸）、rRNA（核糖体核糖核酸）、20 多种氨基酸、能量分子 ATP 与 GTP、Mg^{2+} 离子、K^+ 离子、蛋白质因子 IF 及 TF 及多种酶类（如氨酰-tRNA 合成酶）等的协同参与（如图 5 - 55）。

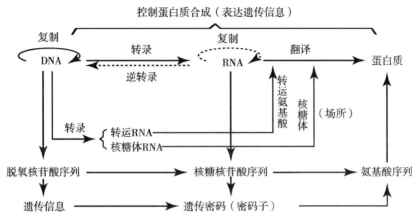

图 5 - 54　蛋白质合成的中心法则

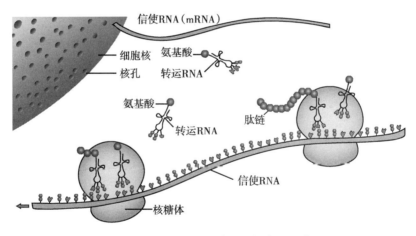

图 5 - 55　细胞中蛋白质的生物合成示意图

（六）中心体（Centrosome）

中心体存在于动物细胞和某些低等植物的细胞中，因为它的位置比较接近细胞的中央，细胞核的一侧，故有中心体之称。在光学显微镜下看到的中心体是由两部分组成的，即中央 2 个染色深的颗粒，称中心粒（Centriole），和中心粒周围一小团比较致密的细胞质基质，称为中心球（Centriosphere），如图 5 - 56。在细胞分裂的间期内，中心体一般不容易观察到，而在细胞进行有丝分裂时特别明显。当细胞由分裂间期进入分裂期后，已复制的中心粒彼此分开，并借纺锤丝与染色体相连，使染色体向细胞两极移动。

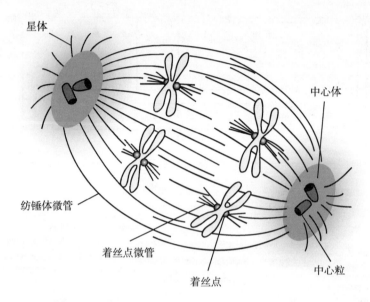

图 5-56 细胞的中心体与有丝分裂器

在电子显微镜下观察，中心粒不是球形小粒，而呈短圆柱状，长 $0.3 \sim 0.5 \ \mu m$，直径为 $0.15 \sim 0.20 \ \mu m$。两个中心粒的排列位置是以长轴相互垂直（如图 5-57），因此，有人把这样一对中心粒，合称之为双心体（Centriole Pair）。在横切面上可以看到每个圆柱状小体的壁是由九组微管环列而成，每一组又由三个微管从中央向外略成偏斜排列而成。中心体的功能与细胞的有丝分裂和染色体的分离有密切的关系。因此，通常把细胞在分裂期间出现的中心粒、星体和纺锤体等统称为有

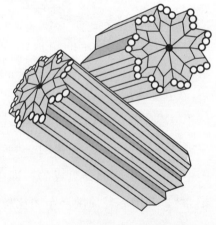

图 5-57 中心粒立体结构示意图

丝分裂器（Mitotic Apparatus）[4]。

四、细胞核（Nucleus）

除原核生物外，所有真核生物的细胞都有细胞核。但个别极度分化的真核生物细胞没有细胞核，如哺乳动物的红细胞等。通常细胞核的体积是细胞内最大的。每个细胞一般只有一个细胞核，但也有的细胞具有多个细胞核，如人的骨骼肌细胞中的核可多达数百个，兔的肝细胞含有 10 个或以上的细胞核。

在细胞生活的周期里，细胞核会有两个不同的时期：分裂间期（非细胞分裂期）及分裂期。

细胞核的形状与大小差异很大，因生物种类而异。细胞核的形状一般为圆球状或卵形。细胞核的形状与细胞的形状有一定的关系，如在圆形、椭圆形、多边形和立方形细胞内的细胞核一般为圆形；在柱状细胞内多为椭圆形；在梭形细胞内为杆状，等等。细胞核通常位于细胞的中央，但也有偏于细胞的一端，如腺细胞，甚至有的被细胞内含物挤到边缘的，如脂肪细胞等[4]。生物细胞核的大小不等，一般为 3～20 μm，最小的细胞核直径不到 1 μm，而鸡蛋卵黄中细胞核的大小可达 1 cm。

（一）细胞核的结构

细胞核具有一定的组成结构，均由核膜（Nuclear Membrane）、核质（Nucleoplasm）、核仁（Nucleolus）和染色质（Chromatin）组成（如图 5 - 58、图 5 - 59、图 5 - 60）。

1. 核膜　核膜的结构在光学显微镜下是看不清的，只有在电子显微镜下才能看清楚。核膜由两层单位膜组成，包围在核外，将细胞核与细胞质分隔开来。每层膜厚约 8 nm，两层膜之间有 10～50 nm 的间隙，称为核周腔（Perinuclear Space）。核外膜在靠近细胞质的一面附有许多核糖体，并与内质网相连，核周腔与内质网腔相通。因此，可以认为核膜实际上就是包

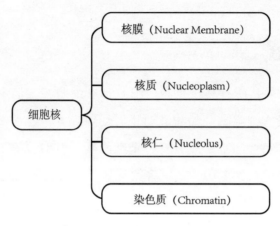

图 5 - 58　细胞核的结构组成

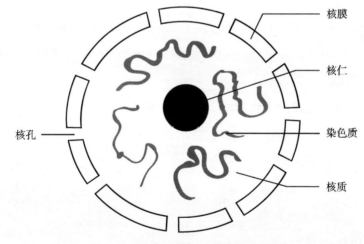

图 5 - 59　细胞核平面结构模式图

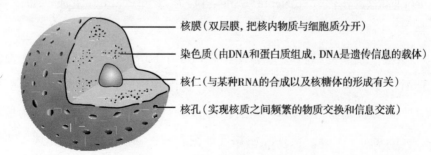

图 5 - 60　细胞核立体结构模式图

围核物质的内质网的一部分，也就是遍布于细胞中整个膜系统的一部分。它的主要作用就是把遗传物质（DNA）集中于细胞内某特定的区域。核膜上还有许多均匀分布的小孔，称为核孔（Nuclear Pore），它是由内、外层单位膜融合而成的。核孔的大小一般为 20～50 nm。核孔是细胞核与细胞质之间进行物质交换的孔道。核孔上存在一种叫做核孔复合体的复杂结构，它主要由胞质环（外环）、核质环（内环）、辐（核孔边缘伸向核孔中央的突出物）、中央体（与物质运输有关）（如图 5-61）。核孔复合体是核质交换的双向选择性亲水通道，是一种特殊的跨膜运输的蛋白质复合体。具有双功能和双向性，双功能表现在两种运输方式：自由扩散与主动运输。双向性表现在既介导蛋白质的入核运输，又介导 RNA 等出核运输。具体来说：离子、水分子等小分子物质可通过自由扩散（被动运输）通过核孔复合体，而大分子需凭借自身的核定位信号和核孔复合体上的受体蛋白结合来实现"主动转运"过程，而且核孔对大分子的进入是有选择性的，如mRNA 分子的前体在核内产生后，只有经过加工成为 mRNA 并与蛋白形成复合物后才能通过[5]。由此可见，细胞核膜上的核孔并不是完全中空的结

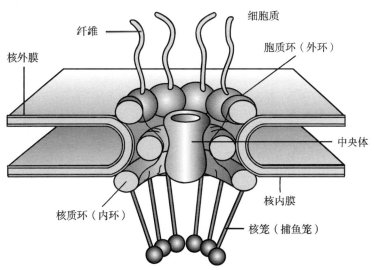

图 5-61 核孔复合体的结构模式图[5]

构，它是主要由蛋白质构成的亲水性跨膜运输复合体，既可以进行自由扩散（水、离子等小分子物质），也可以进行主动运输（主要是大分子物质）；既可以让细胞核中形成的物质如 mRNA 运出细胞核，也可以把一些亲核蛋白如 DNA 聚合酶、RNA 聚合酶等从细胞质运输入细胞核。核孔数目的多少与细胞的代谢状况有关，代谢旺盛的细胞，核孔较多。核孔所占的面积为核膜总面积的 5%～25%。

2. 核质　核质为细胞分裂间期细胞核内非染色或染色很浅的基质，染色质与核仁悬浮在其中，含有蛋白质和酶等，成为细胞核行使各种功能的有利内环境。核质的化学成分有蛋白质、RNA 和许多酶。当这些基质呈半固体的凝胶状态时称为核质；呈液体状态时称为核液（Nuclear Sap）。

3. 核仁　核仁多出现于间期细胞核中，在细胞分裂周期内，有时出现，有时消失。核仁的形状、大小、数目等依生物种类、细胞形状及生理状态不同而不同。核仁的显微结构是匀质的球体，其中含有液泡和各种内含物。电子显微镜下观察核仁，主要分两个区城，即颗粒区和纤丝区。颗粒区位于核仁边缘，其中含有直径为 15～20 nm 的颗粒，它是细胞质核糖体的前体，纤丝区中含有直径为 10 nm 的纤丝，由核糖核蛋白质组成，为颗粒区的前体，这些纤丝包埋在无定形的蛋白质中。在颗粒区和纤丝区中可找到染色质。核仁周围没有膜的包围。核仁的化学组成是不恒定的，是依细胞的类型和生理状态而异的。但一般来讲，核仁都含有 3 种主要成分：DNA、RNA 和蛋白质。核仁的主要功能是进行核糖体 RNA（rRNA）的合成。我们知道，细胞内 RNA 有信使 RNA（mRNA）、转运 RNA（tRNA）和核糖体 RNA（rRNA）3 种，它们主要存在于细胞质中。细胞核内含有少量的 RNA，但核内 RNA 同样也有这 3 类，且核内 RNA 大部分存在于核仁中。不论是细胞质中的 RNA，还是细胞核中的 RNA，都是在细胞核内以 DNA 的一条链为模板转录而成的。现在已经知道核糖体 RNA 的基因位于核仁组成中心的副缢痕上，而该部位则是形成核仁的地方，它转录形成核糖体 RNA 的部位就是核仁区。核糖体 RNA 合成后，通过核孔进入细胞质中，然后与在细胞质中合成的核糖体蛋白质联结形成核糖体。核仁中并不形成核糖体，核糖体的功能仅包括 rRNA 的合成、加工和核糖体亚单位的装配等过程。从核仁纤维组分开始，再向颗粒组分延续。核糖体小亚基单位成熟较早，大亚基单位成熟较晚。核糖体的成熟作用仅发生在它们的亚单位被转移到细胞质以后，两个亚单位只有分别通过核孔进入细胞质中，才能形成功能单位——成熟的核糖体。在一些迅速生长的卵母细胞，以及肿瘤细胞中，核仁较大。恶性肿瘤细胞核核仁肥大十分突出（如图 5-62），核仁丝结构也不一样，有的十分致密，呈实体状，有的疏松如海绵体，有的呈同心圆或靶状，也有的横跨核呈桥状。而在一些蛋白质合成不活跃的细胞中（如梢细胞、肌细胞），核仁很小或根本没有，近年来的实验证明核仁与细胞信息的传递也有关系。

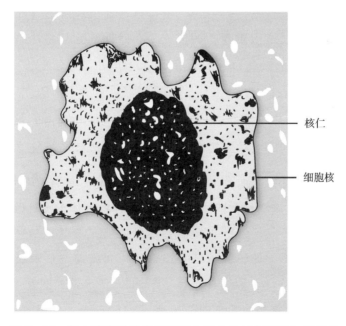

图 5-62　肾上腺皮质腺癌细胞核中肥大的核仁疏松如海绵状

4. 染色质　染色质是指细胞核中一种嗜碱性的物质，易被洋红、苏木精等碱性染料着色，因而得名。染色质主要由 DNA 和蛋白质组成。蛋白质包括组蛋白和非组蛋白，它们按一定比例与 DNA 结合。此外，还含有少量 RNA。现在已知，染色质是真核细胞的间期核中 DNA、组蛋白、非组蛋白及少量 RNA 所组成的一串念珠状的复合体（如图 5-63）。它们代

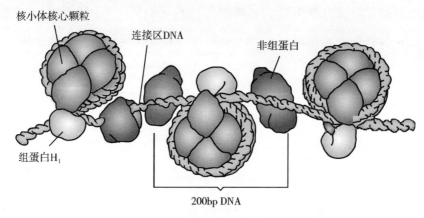

图 5-63　染色质的念珠状复合体结构示意图

表了细胞间期核内遗传物质存在的形式。在间期细胞核中，染色质呈纤维状结构，故又叫染色质丝。其直径平均为 10 nm，最粗的区域可达 25～30 nm。染色质丝相对于其的直径，长度极长，在淋巴细胞中曾报道过染色质丝长达 2.2 cm。间期核的染色质经固定染色后呈现出着色深浅不同的两种区域。着色深的区域称异染色质（Heterochromatin），在光学显微镜下呈深蓝色的颗粒状或块状；着色浅的区域称常染色质（Euchromatin）。这种差异是与功能有关系的，常染色质为功能活跃的部分（正在进行复制），染色质丝呈解螺旋状态；异染色质为功能不活跃的部分，染色质丝螺旋化程度较高[4]。根据电子显微镜观察与生物化学实验证实，染色质念珠状结构的基本单位叫核粒，也称为核小体（Nucleosome），如图 5-64。每个核小体包括有 200 个碱基对的 DNA 双链，8 个组蛋白分子（H_2A、H_2B、H_3、H_4型组蛋白，各 2 个分子）。这些组蛋白分子相互挤在一起呈小珠状，DNA 双链就缠绕在小珠外，缠绕 1.75 圈，由 140 个碱基对组成[2]。缠绕

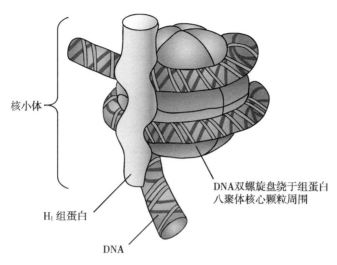

核小体

DNA双螺旋盘绕于组蛋白
八聚体核心颗粒周围

H₁组蛋白

DNA

图 5-64　核小体结构模式图

每个小珠外的 DNA 双链又通过组蛋白 H₁ 连结在一起。每个核小体宽约 10 nm，相邻的两个核小体之间通过 50～60 个碱基对的连接区 DNA 相连接。在间期核内的染色质经常伸展成非光学显微镜所能看到的网状的细纤丝（染色质丝），每条丝的宽度为 10～15 nm，包含着一条 DNA 双螺旋线和蛋白质。在有丝分裂期中，染色质进一步高度螺旋化就形成光学显微镜能看到的染色体。有丝分裂结束进入间期，染色体解螺旋后，又回复到染色质状态。因此，染色质和染色体是细胞周期中不同时期的两种运动形态（如图 5-65）。

染色体是细胞核内具有特殊功能，并能自我复制的部分，它与生物的遗传有密切关系，因为控制遗传性状的基因（Gene）便存在于染色体上。从分子水平的角度来看，基因实际上就是 DNA 上的一个具有特定遗传性状的片段，基因表达后，代表一种特定的蛋白质，或一种酶，等等。所以，遗传信息（基因信息）便可通过染色体的自我复制一代代传递下去。

（二）细胞核的功能

从上面细胞核的结构看，细胞核中最主要的结构就是染色质。由于染

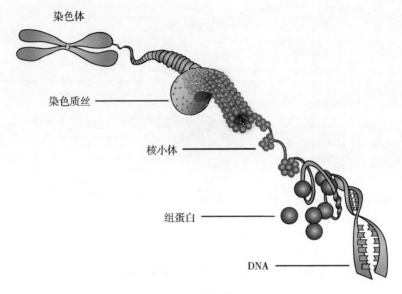

图 5-65　DNA、染色质和染色体的结构关系

色质是遗传物质 DNA 的载体，所以说细胞核是生物遗传物质贮存、复制及转录的场所，是控制细胞遗传和细胞代谢的重要基地。细胞核控制着细胞的生长、分裂、分化和新陈代谢等，是细胞结构中最重要的组成部分。

当然，细胞作为真核生物微循环体系中的一个最基本的结构单位，细胞内各部分的结构和功能都是相互联系，彼此协调的。近年来的许多实验已经证明了这一点。例如将金鱼的细胞核移入去核鳑鲏鱼的卵细胞中，结果发育出来的幼鱼像鳑鲏而不像金鱼，这说明这种幼鱼性状的发育是受细胞质控制的。又如从鲫鱼成熟的卵细胞中，提取出信使 RNA，注射到金鱼的受精卵中，结果有 33.17% 发育成单尾，表现出鲫鱼的性状，用鲤鱼提取的信使 RNA 进行实验，也得到同样结果。这些实验结果清楚地表明细胞质对细胞的分化、发育和遗传也具有非常重要的作用[4]。

总之，细胞是一个完整的统一体，细胞核和细胞质之间是相互联系，相互影响的，它们之间的关系是辩证统一的。只有在保持整体的条件下，细胞才能正常进行各种复杂的生命活动。

第五节　细胞的增殖和衰亡

在前章及本章开头，我们说过肿瘤是人体细胞分化紊乱及代谢障碍性疾病，发病率与人的体质及所生存的环境因素有着密切的联系。人体内的正常细胞在众多内因（遗传、内分泌失调及营养不良等）（约占30%）和外因（物理、化学、生物性等因素）（约占70%）的长期作用下发生了质的改变，导致细胞代谢紊乱，过度增殖，形成了致密性的肿瘤组织。现在我们对人体自身细胞及其结构和功能有了一定的了解，这还不够，还需对细胞的分裂、生长及衰亡的规律有所了解，以便更好地从科学的发展观看待肿瘤细胞的增殖与衰亡。

生命体在自然界要想生存、进化，就必须具备繁殖、生长发育和新老更替的机制。这一点在达尔文的生物进化论中已被充分证实。对于单细胞生物，如细菌、蓝藻和变形虫等，细胞分裂就代表着它的繁殖；细胞的生长代表着它的发育；细胞的死亡及新细胞的诞生代表着它的新老更替。对于多细胞构成的生物体（包括人类）来说，则要复杂得多，它们通过细胞分裂来完成繁殖（如减数分裂）及生物体的长大（如有丝分裂）；通过各细胞不同的分化来实现生物体的发育；通过细胞的衰亡来达到生物体自然淘汰、更新的目的。

我们把细胞由一个变成两个，两个变成四个，……的现象称为细胞分裂，或细胞增殖。新生细胞成长、发育为具有特定形态功能的过程称为细胞的分化。细胞生长、发育到一定时期后自然死亡的现象叫做细胞的衰亡。显然，对于多细胞生物体来说，最终还是归原到细胞的分裂、分化及衰亡决定了生物体的繁殖、生长、发育及消亡。

成年人的身体由40万亿~60万亿个细胞组成，但它们都是从一个受精卵细胞分裂而来。肿瘤的致密性组织虽然含有成千上万的恶性细胞，但它们也是从一个或几个突变生成的癌细胞分裂而来。只不过恶性肿瘤是一类特殊的细胞，即细胞增殖多，分化少，而且增殖速度惊人。但肿瘤细胞也有衰亡的时刻，通常我们将肿瘤细胞的程序化死亡，或自然死亡称之为肿瘤细胞的凋亡。

一、细胞的增殖周期 (Cell Cycle)

细胞是通过分裂来增殖的。细胞在生活过程中不断地进行生长和分裂，但它的生长和分裂是有周期性的。通常把细胞从一次分裂结束，开始生长到下一次分裂结束为止之间的期限，称为细胞增殖周期，简称细胞周期。以细胞的有丝分裂为例，按细胞生活期的整个阶段划分，细胞周期可分为分裂间期（非细胞分裂期）和分裂期两个阶段，如图 5-66、图 5-67。

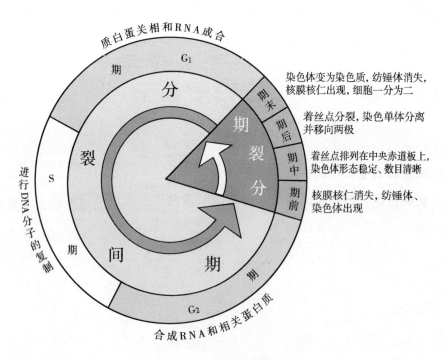

图 5-66　细胞增殖周期示意图

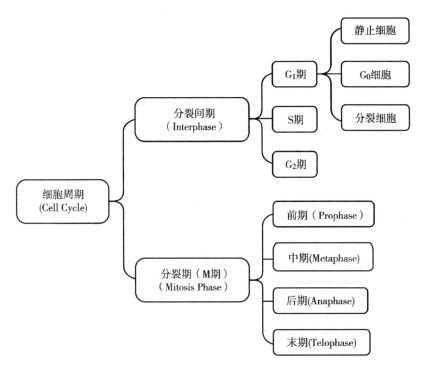

图 5-67　细胞增殖周期概况图

（一）分裂间期（Interphase）

细胞从分裂结束到下一次分裂开始之间的间隔期称为间期。间期是细胞生长的阶段，其体积逐渐增大，在此期间，细胞内进行着旺盛的生理生化活动。间期是整个细胞周期中极为关键的一个阶段，间期的细胞形态并没有发生显著变化，核仁明显，核质中有分散的染色质，在光学显微镜下看不到染色体。但其实间期细胞内核酸和蛋白质的合成十分活跃，主要进行着 DNA 复制和有关酶的合成。

间期根据 DNA 的复制情况又可分为 3 个分期。①G_1 期或称复制前期，此时 DNA 没有合成。细胞在 G_1 期主要进行 RNA、蛋白质和酶的合成。各种细胞在此期所进行的生物合成与各细胞的特性有关，一定特性的组织细胞要求合成相应的 RNA 和蛋白质。根据生化测定，在 G_1 期细胞没有进行 DNA 的合成，而是为 S 期 DNA 的合成做准备，特别是能量的储备，DNA

前身物质及 DNA 聚合酶等的合成[4]。目前认为，进入 G_1 期的细胞有 3 种走向。a. 形成静止细胞，即永久失去分裂能力，如神经细胞及血红细胞等。b. 形成 G_0 细胞，这类细胞在平常情况下不合成 DNA，不分裂。但在给予适当刺激后，可重新进入细胞增殖周期开始分裂，如骨髓干细胞、肝细胞及癌细胞等。癌细胞在密度过大或营养缺乏的条件下可转入 G_0 期，G_0 期的癌细胞对药物杀伤最不敏感，往往成为癌症复发的根源。G_0 与 G_1 细胞在形态与功能上都是不同的，比如两者都能合成 RNA 和蛋白质，但 G_0 细胞增强了对放线菌素 D 和吖啶橙的结合[2]。c. 形成分裂细胞，即不离开 G_1 期，继续走完各期，进入细胞分裂。②S 期或称复制期，DNA 开始合成，染色体开始复制。DNA 在 S 期开始阶段合成的强度大，以后逐渐减弱，到 S 期末，DNA 的量便增加一倍，为细胞分裂做准备。在 S 期内，染色质不同部分 DNA 的复制先后不一，DNA 首先在解螺旋的常染色质区域进行复制，异染色质区域的 DNA 复制较晚，多在 S 期的后期进行。在正常情况下，细胞一旦进入 S 期，细胞增殖就会自动地持续进行下去。由于在 S 期内 DNA 进行着准确的复制，因此，保证了分裂后的子细胞的遗传性，DNA 复制一旦发生差错，便会引起变异，导致异常细胞或畸形的发生。③G_2 期或称复制后期。此期主要是为分裂期（M 期）做好准备，故又称有丝分裂准备期。细胞在 G_2 期中，DNA 合成已经终止，但还进行某些为染色体凝聚和形成纺锤体所需的一些物质的合成，主要是 RNA、微管蛋白及其他物质的合成。细胞经 G_2 期后便进入分裂期。

（二）分裂期（Mitosis Phase）

分裂期，又称有丝分裂期，简称 M 期。有丝分裂期的生物学意义，在于把分裂间期中倍增了的 DNA 形成染色体，然后再平均分配到两个子细胞中去，使每个子细胞都得到全套的和母细胞完全相同的遗传信息。

细胞周期的各个时期的持续时间，因物种、组织、细胞及所处环境条件不同而有差异。同类细胞虽受环境因素影响，但各期差异变化不大。总体来说，细胞增殖周期中，分裂间期所占的时间长，分裂期（M 期）所占时间短。部分细胞的增殖周期时间见表 5-4。细胞增殖周期各时期中所发生的生化活动见表 5-5。

表 5-4 部分细胞增殖周期时间表[2]

细胞类别	细胞增殖周期时间（小时）				
	G_1 期	S 期	G_2 期	M 期	合计
人宫颈癌细胞（Hela）	8	6	4.5	1.5	20
人骨髓细胞（正常）	25～30	12～15	3～4	—	40～50
急性白血病白细胞	1～10 天以上	20	2～3	1	2～10 天以上
中国仓鼠成纤维细胞	2.7	5.8	2.1	0.4	11
小鼠肿瘤细胞	—	12	6	0.5	18.5
小鼠成纤维细胞	9.1	9.9	2.3	0.7	22

表 5-5 细胞增殖周期各时期中所发生的生物化学活动表[2]

时期	细 胞 周 期			
	G_1 期	S 期	G_2 期	M 期
生物化学活动	①合成 RNA ②合成蛋白质 ③组蛋白 mRNA 合成 ④非组蛋白合成 ⑤多核糖体再形成 ⑥磷脂合成速度增加	①RNA 合成继续 ②蛋白质合成继续 ③出现组蛋白 mRNA ④非组蛋白合成继续，转换速度较慢 ⑤合成 DNA 的酶活性高 ⑥DNA 合成在单个染色体上分段进行 ⑦组蛋白的合成与 DNA 的合成紧密偶联在一起	①合成 RNA 和对放线菌素 D 敏感 ②蛋白质合成继续 ③存在特异的 G_2 蛋白质 ④非组蛋白合成继续，转换速度增加 ⑤"老"的和新合成的 DNA 都进行转录 ⑥合成磷脂	①RNA 合成停止 ②蛋白质合成减少 ③非组蛋白合成继续，转换速度加快 ④染色体凝缩与分离 ⑤在体外染色质活力降低 ⑥多核糖体散开

二、细胞的分裂（Cell Division）

细胞分裂的方式可以分为无丝分裂（Amitosis）、有丝分裂（Mitosis）、减数分裂或成熟分裂（Meiosis）3 种，如图 5-68。

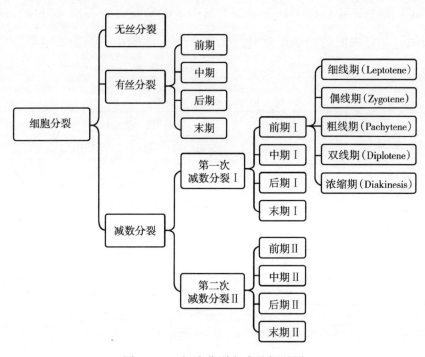

图 5-68　细胞分裂方式及概况图

（一）无丝分裂

无丝分裂也叫直接分裂，是最先被发现的一种细胞分裂方式，无丝分裂较有丝分裂简单，细胞进行无丝分裂时，核的变化没有像有丝分裂过程中所看到的那样复杂。首先是核仁先行分裂，当中连以细丝，继而核延长并缢裂成两部分；接着细胞质也拉长并分裂，形成两个子细胞，其间不经过染色体的变化[4]（如图 5-69）。这种由一个细胞直接分裂为两个细胞的无丝分裂，称为二分裂。有时一个母细胞的核先分成许多子核，每一子核各有一部分细胞质，并各自形成新的细胞膜，结果一个细胞可分裂成许多个新细胞，这种无丝分裂称多分裂。还有一种无丝分裂方式为出芽分裂，先由母核表面突出一个芽，核仁也伸入其中，然后核芽断裂形成一个新核，进而分裂出一个新细胞。如酵母菌可用此种方式繁殖。

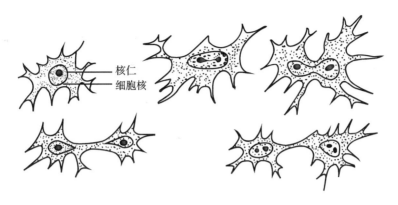

核仁
细胞核

图 5 - 69　鼠腱细胞无丝分裂图解[4]

以前认为无丝分裂主要见于低等生物和高等生物体内衰老或病态的细胞中。但近年来研究发现，无丝分裂也普遍存在于高等生物的名种组织器官中，例如动物的上皮组织、疏松结缔组织、肌组织和肝细胞等。无丝分裂由于在分裂过程中不形成染色体，分裂迅速、消耗能量较少，在分裂过程中可继续执行细胞的功能，因而具有积极的适应意义[4]。

（二）有丝分裂

有丝分裂是细胞分裂的基本形式。也称间接分裂或核分裂。在这种分裂过程中出现由许多纺锤丝构成的纺锤体，染色质集缩成棒状的染色体。弗勒明于 1882 年发现了此种细胞分裂方式，并命名为有丝分裂。通过有丝分裂，高等生物使得遗传物质（DNA）得以准确地在细胞间相传；生物体通过有丝分裂实现体细胞的发生和个体的生长和发育。肿瘤细胞及组织也是通过有丝分裂进行增殖、长大。致癌因子可以使有丝分裂的调控失常，从而导致肿瘤的发生。

在一次有丝分裂的发生过程中，DNA 复制一次，细胞分裂一次，形成两个新生子细胞，每个子细胞所含染色体数目与亲代细胞一样，都为 $2n$。有丝分裂的重要意义，就是将亲代细胞经过复制的染色体，精确地平均分配到两个新生的子细胞中去。由于染色体上具有遗传物质 DNA，因而使得生物亲代细胞和新生子代细胞间的遗传性状保持了一致性和稳定性。

有丝分裂的发生过程可分为分裂间期（非细胞分裂期）和分裂期两个阶段，分裂间期我们已在前面阐述过了。分裂期按其形态学的变化特征，可人为地划分为前、中、后、末4个时期，如图5-70。最后是细胞质的分割。

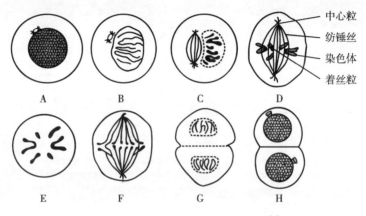

图5-70　动物细胞有丝分裂图解[6]

1. 前期（Prophase）　自分裂期开始到核膜解体为止的时期。间期细胞进入有丝分裂前期时，核的体积增大，由染色质丝构成的细染色线逐渐缩短变粗，形成染色体。染色体逐渐清晰起来，并开始出现。着丝粒区域也变得相当清楚。每一条染色体含有一个着丝粒及间期复制好的两条染色单体。在动物和低等植物细胞中，靠近核膜有两个中心体。每个中心体由一对中心粒和围绕它们的亮域，称为中心质或中心球所组成。由中心体放射出星体丝，即放射状微管。带有星体丝的两个中心体逐渐分开，移向相反的两极。这种分开过程推测是由于两个中心体之间的星体丝微管相互作用，更快地增长，结果把两个中心体推向两极形成纺锤体。前期快结束时，染色体缩得更短、更粗。同时，核仁逐渐消失，核膜崩解（如图5-70B、C）。

2. 中期（Metaphase）　从染色体排列到赤道面上，到它们的染色单体开始分向两极之前，这段时间称为中期。中期染色体在赤道面形成所谓赤道板。染色体排列在赤道面上，并不是所有的染色体平铺在一个平面上，而是指各染色体的着丝粒基本在一个平面上。从一端观察可见这些染色体在赤道面呈放射状排列，这时它们不是静止不动的，而是处于不断摆动的状态。同期，染色体的着丝粒与纺锤体上的纺锤丝连接起来。中期染色体浓缩变粗，显示出该物种所特有的数目和形态。此时，适于做染色体的形态、结构和数目的研究，适于核型分析。中期时间较短（如图 5 - 70 D、E）。

3．后期（Anaphase）　每条染色体的两条染色单体分开并移向两极的时期。分开的染色体称为子染色体，或染色单体。子染色体到达两极时后期结束。染色单体的分开常从着丝点处开始，着丝粒一分为二，然后两个染色单体的臂逐渐分开。当它们完全分开后就向相对的两极移动。这种移动的速度依细胞种类而异，大体上在 $0.2 \sim 5$ $\mu m/min$。平均速度约为 1 $\mu m/min$。同一细胞内的各条染色体都差不多以同样速度同步地移向两极。子染色体向两极的移动是靠纺锤体的活动实现的（如图 5 - 70 F）。

4．末期（Telophase）　从子染色体到达两极开始至形成两个子细胞为止称为末期。此期的主要过程是子细胞核的形成和母细胞体的分裂。子细胞核的形成大体上是经历一个与前期相反的过程。到达两极的两组子染色体首先解螺旋而轮廓消失，全部子染色体构成一个大染色质块，在其周围集合核膜成分，融合而形成子细胞核的核膜，随着子细胞核的重新组成，核内出现核仁。核仁的形成与特定染色体上的核仁组织区的活动有关（如图 5 - 70 G）。子核形成后，母细胞体开始分裂，称胞质分割（Cytokinesis）。动物和某些低等植物细胞的胞质分割是以缢束或起沟的方式完成的。缢束的动力一般推测是由于赤道区的细胞质周边的微丝收缩的结果。微丝的紧缩使细胞在此区域产生缢束，缢束逐渐加深使细胞体最后一分为二（如图 5 - 70 H）。

参与有丝分裂的细胞器主要有：①中心体，与纺锤体的形成有关；②线粒体，与提供能量有关；③高尔基体及核糖体，与间期进行 DNA 复制需要的蛋白质有关。

（三）减数分裂

减数分裂是一种特殊形式的有丝分裂。凡是进行有性生殖的生物都要发生减数分裂。每一种生物在其生活史中，发生减数分裂的时期和部位大致是固定的，但在不同类群之间可以是不同的。在动物中，一般都是在形成生殖细胞时发生的，即配子的最后一次分裂是减数分裂，其结果形成了精细胞和卵细胞。

减数分裂与正常有丝分裂的不同点，主要在于减数分裂时，细胞进行连续两次分裂，而染色体只复制一次，分裂结果形成 4 个子细胞，但子细胞中的染色体数目却减少了一半，即只含有一组染色体，染色体数目为 n。此外，减数分裂的前期特别长，变化复杂，其中包括相同染色体（同源染色体）的配对、交换与分离等。当两个经过减数的配子（染色体数为 n）结合成合子后，染色体数目恢复为 $2n$。例如人的体细胞中的染色体数为 46 条（23 对），经减数分裂形成的配子（如精子和卵子）中的染色体数目只有 23 条。当精子和卵子结合形成合子（受精卵）时，染色体数目又恢复到原有的 46 条。

减数分裂对维持物种的染色体数目的恒定性，对遗传物质的分配、重组等都具有重要意义。同时也是生物在进化发展过程中适应性的表现。①减数分裂保证了有性生殖生物个体世代之间染色体数目的稳定性，通过减数分裂导致了性细胞（配子）的染色体数目减半，即由体细胞的 $2n$ 条染色体变为 n 条染色体的雌雄配子，再经过两性配子结合，合子的染色体数目又重新恢复到亲本的 $2n$ 水平，使有性生殖的后代始终保持亲本固有的染色体数目，保证了遗传物质的相对稳定。②减数分裂通过非同源染色体的随机组合，各对非同源染色体之间以自由组合的方式进入配子，由此形成的配子可产生多种多样的遗传组合，雌雄配子结合后就可出现多种多样的变异个体，使物种得以繁衍和进化，为自然选择提供丰富的材料。③减数分裂通过非姐妹染色单体片段的交换，即在减数分裂的粗线期、双线期，非姐妹染色单体上对应片段可能发生交换，使得同源染色体上的遗传物质发生重组，形成不同于亲代的遗传变异。

　　减数分裂包括第一次、第二次减数分裂，和有丝分裂一样，每一次分裂都可人为地分为前、中、后和末 4 个时期，如图 5-71。

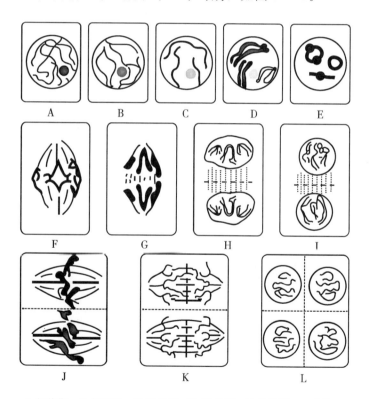

A　细线期　B　偶线期　C　粗线期　D　双线期　E　浓缩期　F　中期Ⅰ
G　后期Ⅰ　H　末期Ⅰ　Ⅰ前期Ⅱ　J　中期Ⅱ　K　后期Ⅱ　L　末期Ⅱ

图 5-71　减数分裂模式图

　　1. 第一次减数分裂　第一次减数分裂包括前期Ⅰ、中期Ⅰ、后期Ⅰ和末期Ⅰ 4 个时期。前期Ⅰ又可划分为细线期、偶线期、粗线期、双线期和浓缩期。

（1）细线期：细胞核内出现细长、线状染色体，细胞核和核仁体积增大。每条染色体含有两条姐妹染色单体。但在显微镜下，细线期的染色体上还看不出双重性（图5-71 A）。

（2）偶线期：细胞核内两条形状完全相同的染色体（称为同源染色体）开始配对，在两端先行靠拢配对。这种配对是专一性的，只有同源染色体才能配对[6]。配对最后扩展到整个染色体，这一现象又称作联会（如图5-71 B）。

（3）粗线期：两条同源染色体此时配对完成。原来的 $2n$ 条染色体变成 n 组染色体。每一组含有两条同源染色体，每一条同源染色体又含有在间期复制好的两条姐妹染色单体。这种配对的同源染色体叫做双价体，每个双价体有两个着丝粒。染色体继续缩短变粗。粗线期末了时，双价体更加粗短，显微镜下可见到每一条同源染色体的双重性，即双价体含有4条姐妹染色单体（又称四分体）。4条姐妹染色单体相互绞扭在一起（如图5-71 C）。

（4）双线期：此期双价体中的两条同源染色体开始分开，但仍有若干处发生交叉而相互连接。实验表明，这些交叉的地方有可能发生了染色单体的交换，即四分体中的非姐妹染色单体之间发生了DNA的片断交换，导致了父母同源染色体间基因的互换，产生了基因重组，但每个染色单体上仍都具有完全相同的基因。双线期中，交叉数目逐渐减少，并由着丝粒两侧向两端移动，称之为交叉端化。染色体进一步缩短变粗，螺旋化程度加深（如图5-71 D）。

（5）浓缩期：又称为终变期。两条同源染色体仍有交叉连接，所以仍为 n 个双价体。染色体变成紧密凝集状态并向核的周围靠近。以后，核膜、核仁消失，最后形成纺锤体（如图5-71 E）。

（6）中期Ⅰ：各成对的同源染色体双双移向细胞中央的赤道面上，着丝点成对排列在赤道面两侧，细胞质中形成纺锤体。纺锤丝将着丝粒连向两极。两条同源染色体上的着丝粒逐渐分离。双价体分开，但在两端仍有交叉相联（如图 5 - 71 F）。

（7）后期Ⅰ：在纺锤丝的牵引下，双价体成对的同源染色体各自发生分离，并分别移向两极。每一极得到了 n 条非同源染色体。所以，在第一次减数分裂的后期Ⅰ，两极的染色体数目减半，但此时各条染色体仍有两条染色单体。至于双价体中的同源染色体，哪一条移向哪一极，则完全是自由、随机的。因此，后面由此形成的配子便可产生多种多样的遗传组合（如图 5 - 71 G）。

（8）末期Ⅰ：重建核膜、核仁，然后细胞质分裂为两个子细胞。这两个子细胞的染色体数目为 n 条，只有原来的一半。但各条染色体仍有两条染色单体。染色体逐渐解开螺旋，又变成了细丝状的染色质丝（如图 5 - 71 H）。如果在有丝分裂的末期，两个子细胞的染色体数目会是 $2n$ 条，染色体数目不减半，但各条染色体只有一条染色单体。这是它们两者的区别。

2. 第二次减数分裂　在第二次减数分裂开始前，两个子细胞进入间期，此时细胞核的形态与有丝分裂间期没区别。但许多生物的性细胞第一次减数分裂结束后，不进入间期，而是马上开始第二次减数分裂。第二次减数分裂也包括前期Ⅱ、中期Ⅱ、后期Ⅱ和末期Ⅱ 4 个时期。

（1）前期Ⅱ：前期Ⅱ的情况完全与有丝分裂前期一样，染色体首先是散乱地分布于各细胞之中。而后再次聚集，核膜、核仁再次消失，细胞中再次形成纺锤体。所不同的是各细胞中的染色体虽由两条染色单体组成，但染色体数目只有 n 条了。

（2）中期Ⅱ：各细胞中染色体的着丝点排列到细胞中央赤道面上（如图 5 - 71 J）。

（3）后期Ⅱ：各细胞中的每条染色体的着丝点分离，两条染色单体也随之分开，成为两条染色体。在纺锤丝的牵引下，这两条染色体分别移向细胞的两极（如图 5 - 71 K）。

（4）末期Ⅱ：重现核膜、核仁，到达两极的染色体，分别进入两个子细胞。至此，第二次减数分裂结束（如图 5 - 71 L）。

发生一次减数分裂最后的结果是形成了 4 个子细胞，但子细胞中的染色体数目却减少了一半，即只含有一组染色体，染色体数目为 n 条。

有丝分裂与减数分裂的主要特征见表 5 - 6。

表 5 - 6　　　　　　　　有丝分裂与减数分裂的主要特征对比表

序号	对比项目	有丝分裂	减数分裂
1	分裂次数	细胞分裂一次	细胞连续分裂二次
2	染色体复制	染色体复制一次	染色体复制一次
3	染色体行为	无同源染色体配对（联会）和分离，不形成双价体及四分体	有同源染色体配对（联会）和分离，形成双价体及四分体
4	子细胞染色体数目	不变，仍为 $2n$ 条	减少一半，只有 n 条
5	产生子细胞数目	2 个/每次分裂	4 个/每次分裂
6	分裂结果	体细胞增殖	产生性生殖细胞
7	例证	各组织、器官的长大；肿瘤细胞的增殖	精子及卵子的形成

三、细胞增殖的调控

多细胞生物体要维持正常的生活，保持体重的恒定，就必须不断增殖新细胞来代替那些衰老死亡的细胞。例如人体每天要消失的细胞估计占总数的 1%～2%，因此，人体每天新生的细胞要以亿万计。在体内的各种不同组织中，细胞转换的速度不同。例如神经元细胞新生的很少，而另一类细胞则增殖很快，如小肠黏膜和表皮，还有一些器官的生长状况则介于两者之间。如肝细胞经常在转换，但速度较慢，一个肝细胞的平均寿命约 18 个月，而小肠黏膜细胞只能存活 2 天。有关细胞的增殖、分化、迁移和死亡等问题相当复杂，细胞群体动力学涉及这方面的研究[2]。

细胞动力学是一门从定量方面来研究机体的细胞群体、增殖分化、分布消亡的规律，以及它们对生理生化因子发生调节和反应的学科。细胞动力学不仅对肿瘤疾病的诊断、治疗及发病原理进行研究，还深入研究机体组织的增生与修复等。

细胞增殖的调控是一个极其复杂的问题。在正常情况下，生物体内的细胞都处于某种体内平衡状态。即使是有分裂能力的细胞，也不会无休止地进行分裂。人工离体培养的正常成纤维细胞，当形成单层细胞接触后，生长和分裂就被抑制。所以细胞生长的接触抑制是正常细胞的特征，即细胞增殖到一定程度互相接触时，细胞便停止增殖。目前认为，细胞的接触性抑制与细胞膜的结构有紧密的关系[4]。细胞的增殖还受细胞核和细胞质的关系、细胞表面积和体积的比例等因素所限制。通常，细胞核和细胞质之间维持着正常的比例关系。如果细胞质与细胞核之间的平衡关系被破坏，细胞便处于不稳定的状态，从而引起细胞分裂，以恢复核质之间的平衡状态。肿瘤细胞的增殖也可用此理论解释，因为肿瘤细胞的细胞核在不断地分裂，细胞质却不怎么分裂，造成核很大，里面的染色体数目通常可见 3 倍体、4 倍体、6 倍体甚至 8 倍体，而细胞质却很少，使得细胞核和细胞质之间比例关系极不正常，细胞便处于一种不稳定的状态，从而引起癌细胞的分裂、增殖。

现在已经知道，有一些体内因素可以抑制细胞的增殖。前面我们已阐述过，细胞内的环腺苷酸和环鸟苷酸的浓度对细胞的分裂和分化具有调控作用。当 cAMP 含量增高时，则抑制细胞分裂，而 cGMP 的作用与此相反，含量高则导致细胞分裂。cAMP 和 cGMP 是相互拮抗、相互制约的，是体内两种对立统一的调控系统，共同调控着细胞的正常生理活动。

此外，还有学者认为[4]，体内存在另一类调控物质——抑素（Chalone）。抑素无种属特异性，但具有细胞特异性，能够抑制同类细胞的繁殖作用，即当抑素含量达到一定浓度时，细胞增殖就受到抑制。抑素是细胞内合成的小分子蛋白质或多肽。肿瘤细胞的恶性增殖的原因之一，可能是与抑素的失调有关。关于抑素作用的机制还不十分清楚，有人认为是激活了腺苷酸环化酶的活性，从而提高细胞内 cAMP 的浓度，从而抑制了细胞的增殖。

目前，人们可利用物理的或化学的方法，部分人为地控制细胞的增殖。例如紫外线、高剂量的电离辐射等能抑制间期细胞 DNA 的合成。抗生素能抑制蛋白质的合成。放线菌素 D 可作用于染色体，抑制以 DNA 为模板的 RNA 转录。秋水仙碱能抑制纺锤体形成并使其解体。在前章肿瘤的治疗方法中，人类通过化疗法与放疗法，就是为了破坏肿瘤细胞的遗传增殖性。阻止肿瘤细胞遗传物质 DNA 的复制及 RNA 的转录，从而使其增殖、表达能力丧失，停止分裂，并引起肿瘤细胞的凋亡和死亡。

四、细胞的分化与衰亡

（一）细胞分化（Cell Differentiation）

多细胞动物一般都是由一个受精卵或合子通过分裂、生长和发育而产生的。它们的胚胎在发育的早期，细胞的形态和功能彼此相似，随着细胞的增殖，数量增多的同时，细胞的形态、大小、内部结构和生理功能也逐渐发生了差异，最后形成各种不同形态和功能的细胞群、组织与器官。我们把细胞这种由一般到特殊，由相同到相异的变化过程，叫做细胞分化。

细胞在分化过程中，细胞核和细胞质的行为有显著的区别。细胞核并不发生像细胞质那样的变化。完全不同的细胞，细胞核都是很相似的，因为细胞核在遗传上起着主要作用，将没有分化的物质完整地从上一代传给下一代，从而保持遗传的稳定性；细胞质在分化中也起着重要作用，使细胞具有各种细胞所特有的性质[4]。

分化一般发生在分裂间期，即两次细胞分裂之间，或是发生在细胞永久停止分裂以后。细胞分化是质变,而细胞分裂是量变,但是二者并非截然分开的,因为细胞在增殖过程中也有分化,而在分化过程中也能继续增殖。通常,分化程度高的细胞,增殖能力较差或失去增殖能力。神经细胞达到高度分化的地步,因此,它们不再能转变为其他类型的细胞,而且也失去了分裂的能力。在这种情况下,分化是永久的,而且是不可逆的。但在另一些情况下,分化是暂时的和可逆的,这些细胞的分化程度较低,如造血器官中的网状细胞,能形成血细胞或结缔组织中的各种细胞。

(二)细胞的衰老(Cell Senescence)

生物体的衰老、死亡过程,其实本质就是细胞的衰老与死亡。差不多所有细胞,也和生物体的个体发育一样要通过几个阶段:由未分化到分化、分化到衰老、衰老到死亡。

许多实验证实,各种细胞如果能保持它的正常分裂能力,那么这类细胞就不会衰老。例如单细胞生物变形虫、草履虫和单细胞藻类就是这样。又如分化很高的神经细胞,一般说它的分裂能力已丧失,所以最后必然要死亡。由此可见,细胞的分化和保持分裂能力,与生物寿命和衰老很有关系[2]。

细胞衰老时,形态结构和化学组成会有下述变化。①原生质减少。细胞到了衰老期,细胞内的生活物质逐渐减少,而原生质中出现一些非生命物质,因此,细胞内原生质的含量也就相应地减少了。②水分减少。衰老细胞常发生水分减少现象,结果使细胞收缩,体积缩小,失去正常的形状。这种变化可与原生质的脱水收缩作用有关。水分减少致使原生质硬度增加。③细胞核固缩。核结构模糊不清,染色加深。④核外染色的物质减少。核外染色物质的含量往往与细胞的功能活动有关,功能强的核外染色物质含量多,反之,在衰老细胞中含量就少。⑤细胞核与细胞质的比率逐渐减小。衰老细胞的生长速度会逐渐降低,甚至有的细胞最后连核都消失掉,如哺乳类的红细胞就是这样。⑥色素生成。许多细胞内色素的生成,随着衰老而增加。⑦酶的活性变化。衰老细胞内酶的活性变化和含量的增减，也可能与衰老有密切关系。不过要在活体组织中测定酶的含量和活性是很不容易的。⑧核酸与蛋白质的变化。例如，在衰老细胞中，各部分蛋白质合成速度按比例下降；氨基酸合成的速度降低；在细胞器的全部蛋白质中，甲硫氨酸和半胱氨酸含量增加；在细胞质中可溶性 RNA 的浓度急剧下降；等等。

上述这些细胞衰老的特征，有的是共同的现象，有的是某些衰老细胞所特有的。例如核与质的比率可以说是所有衰老细胞都存在的现象，而色素的生成只是局限于某些细胞如神经细胞等。

解释细胞衰老的原因有许多假说，如内生因素说、外生因素说、遗传因素说、有机体分子衰老说和细胞大分子合成错误成灾说。目前细胞大分子合成错误成灾说有一定的实验根据。该学说的主要观点是：细胞里的核酸和蛋白质在生物合成中，如果由于某些原因而发生差错，这种差错便会得到累积而迅速扩大，引起代谢功能大幅度降低，造成细胞衰老。例如，Linn[7]1976 年，在人工培养的人工成纤维细胞工作的基础上，从上述细胞中提取 DNA 聚合酶，利用这种酶进行 DNA 复制实验，结果发现上述成纤维细胞经过 40～56 次的连续培养，其 DNA 聚合酶的活性显著地降低，大约降低到只有正常细胞的 1/5 活性。从此以后，这些细胞就迅速衰老而死亡。

（三）细胞的死亡（Cell Death）

细胞死亡的一般定义是细胞中的生命现象不可逆的停止。恩格斯说过死亡不是一个突然事件，而是一个长期的过程。细胞死亡有一个细胞学标志，一般认为是可靠的，即用活性染料（中性红、次甲基蓝等）把细胞质或细胞核作扩散性染色。在活细胞中这些染色只积聚于细胞质内的一定颗粒或液泡中，但细胞死亡以后，则细胞质与细胞核都染得很深，而且全部均匀染色[2]。

用中性红作离体活体染色时，如果发现有下列标志，就可确定细胞的死亡。①颗粒与液泡失色；②细胞质与细胞核染色深；③核膜特别清楚；④细胞质与细胞核作扩散性染色。若观察培养的细胞，细胞死亡的标志是：①伪足退缩，细胞变圆；②细胞核凝集，皱缩；③线粒体解体；④细胞质与细胞核作扩散性染色。

细胞死亡后，一般会发生自解性的"死后"现象，这些自解性现象被认为是死亡细胞的溶酶体膜破裂，使得其水解酶进入胞质，酶将大分子物质水解，使得小分子和离子积累，细胞渗透压增高，导致细胞吸水肿胀，并发生自溶。

细胞的分化、衰老与死亡，是生物体为适应自然界的变化而长期演变成的一种进化机制。没有细胞的分化，便没有生物体的形态特征及各种功能；没有细胞的衰老与死亡，便不会出现生物体的新老交替、进化发展。所以，细胞的分化、衰老与死亡其实就是生命发生与发展的自然规律；是对达尔文关于物种自然选择、适者生存进化理论从细胞学角度的有力证明。

另外，现代科学认为，细胞的死亡还有另外一种方式，即细胞凋亡（Apoptosis）。细胞凋亡是指为维持生命内环境稳定，细胞自主的、由基因控制的有序死亡。细胞凋亡是近年来逐渐被认识的一种细胞死亡方式。细胞凋亡是细胞的一种基本生物学现象，在多细胞生物去除不需要的或异常的细胞中起着必要的作用。它在生物体的进化、内环境的稳定以及多个系统的发育中起着重要的作用。细胞凋亡不仅是一种特殊的细胞死亡类型，而且具有重要的生物学意义及复杂的分子生物学机制。

细胞凋亡是多基因严格控制的过程。这些基因在种属之间非常保守，如 Bcl-2 家族、Caspase 家族、癌基因如 C-myc、抑癌基因 p53 等，随着分子生物学技术的发展对多种细胞凋亡的过程虽然有了相当的认识，但是迄今为止凋亡过程确切机制尚不完全清楚。而凋亡过程的紊乱可能与许多疾病的发生有直接或间接的关系，如肿瘤、自身免疫性疾病等。能够诱发细胞凋亡的因素很多，如射线、药物等。人的部分生理结构属于自然凋亡，如人的有尾阶段，尾部在发育过程中自动凋亡。

电镜下观察凋亡细胞，可见细胞的溶酶体并未被破坏，显然不同于常见的细胞坏死现象。这些凋亡细胞体积收缩、染色质凝集，从其周围的组织中脱落并被吞噬，机体无炎症反应。研究凋亡细胞，可发现如下的特征。①染色体 DNA 降解。细胞凋亡的一个显著特征就是细胞染色质的 DNA 降解，凋亡时 DNA 的降解断片大小规律是 200bp（碱基对）的整数倍。②RNA 及蛋白质大分子合成。③钙离子浓度变化。细胞内钙离子浓度的升高是细胞发生凋亡的一个重要条件。④合成内源性核酸内切酶。细胞发生凋亡时需要这种核酸内切酶参与。细胞凋亡与细胞坏死的形态学变化如图 5-72。

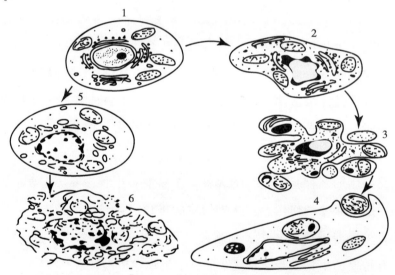

1. 正常细胞　2. 凋亡开始，核质沿核膜浓聚，细胞质紧缩
3. 核质裂解，细胞表面发泡，释出凋亡小体　4. 凋亡小体被邻近细胞吞噬
5. 细胞坏死早期，核质成团，细胞肿胀　6. 细胞坏死后期，膜系破坏，细胞自解
图 5-72　细胞凋亡与细胞坏死的超微结构变化示意图

细胞凋亡是指为维持内环境稳定，由基因控制的细胞自主的有序的死亡。细胞凋亡与细胞坏死不同，细胞凋亡不是一件被动的过程，而是主动

过程，它涉及一系列基因的激活、表达以及调控等的作用，它并不是病理条件下，自体损伤的一种现象，而是为更好地适应生存环境而主动争取的一种死亡过程。细胞坏死（Necrocytosis）现指细胞受到强烈理化或生物因素作用引起细胞无序变化的死亡过程。表现为细胞胀大，细胞膜破裂，细胞内容物外溢，核变化较慢，DNA降解不充分，并会引起局部严重的炎症反应。

细胞凋亡的过程大致可分为以下几个阶段：接受凋亡信号→凋亡调控分子间的相互作用→蛋白水解酶的活化（Caspase）→进入连续反应过程。细胞凋亡的启动是细胞在感受到相应的信号刺激后，细胞内一系列控制开关的开启或关闭。不同的外界因素启动凋亡的方式不同，所引起的信号转导也不相同。目前，对细胞凋亡过程中信号传递系统的认识还不够全面。

细胞凋亡是生命体中的细胞对环境生理及病理性的刺激信号，环境条件的变化或缓和性损伤产生的应答作出有序变化的死亡过程。凋亡细胞及组织的变化与细胞坏死有明显的不同。对细胞凋亡的深入研究，是为了能够更好地掌握某些重大疾病（如癌症）的治疗机制，以及探索新的医疗方法和治疗药物。

参考文献

[1] 田牛. 微循环 [M]. 北京：科学出版社，1980：1-40.

[2] 郑国锠. 细胞生物学 [M]. 北京：人民教育出版社，1980：1-327.

[3] 徐信. 人体组织解剖学 [M]. 北京：人民教育出版社，1981：9.

[4] 张銮光. 普通生物学 [M]. 北京：高等教育出版社，1986：35-139.

[5] 翟中和，王喜中，丁明孝. 细胞生物学 [M]. 高等教育出版社，2000：255.

［6］刘祖洞，江绍慧. 遗传学：上册［M］. 北京：人民教育出版社，1981：55-57.

［7］Linn S. Decreased fidelity of DNA polymerase activity isolated from ageing human fibroblasts［J］. Proc. Nat. Acad. Sci. USA，1976，73：2818-2822.

第六章　人体神经系统

　　人体中，与神经系统控制的细胞呼吸疗法理论有重要相关作用的另一个体系是人体的神经系统。神经系统是动物和人体主要的功能调控系统。它能有意识及无意识地协调机体内各个系统、器官和组织等的功能活动，保证机体内部的完整统一；同时，使机体的活动能随时适应外界环境的变化，以保证机体与不断变化的外界环境之间维持相对平衡。人类的神经系统高度发展，特别是大脑皮层不仅进化成为调节控制人体活动的最高中枢，而且进化成为能进行思维活动的器官。因此，人类不但能适应环境，还能认识和改造世界。

第一节　神经系统的组成及其在机体中的地位

　　在第五章中，我们已了解了神经组织（Nervous Tissue），知道它是动物体内分化程度最高的组织，主要由神经细胞（神经元）和神经胶质细胞构成。神经元是神经系统的形态和功能单位，具有感受机体内、外刺激和传导冲动的能力。神经细胞由胞体和突起（神经纤维）组成。胞体具有细胞的一般结构。突起（神经纤维）由胞体伸出，数量、长短和粗细不等，根据形态功能不同，又分为树突（Dendrite）和轴突（Axon）两种。树突的功能是接受刺激，并将冲动传向胞体。轴突的功能是将冲动传离细胞体至器官、组织区域。神经胶质细胞是一些多突起的细胞，突起不分树突和轴突，细胞体内无尼氏体。神经胶质细胞无传导冲动功能，主要是对神经元起支持、保护、营养和修补等作用。

一、神经系统的组成及作用

神经系统作为人体主要功能调控及思维活动的最高级系统，依照其所在位置和功能的不同，分为中枢神经系统（Central Nervous System）和周围神经系统（外周神经）（Peripheral Nervous System）；二者在形态结构和功能上是不可分割的完整统一体（如图 6-1、图 6-2）。中枢神经包括脑和脊髓，分别位于颅腔和椎管内，两者在结构和功能上紧密联系，组成中枢神经系统。外周神经系统按解剖学划分，包括 12 对脑神经和 31 对脊神经；按功能划分，可分为感觉神经和运动神经。感觉神经负责接受机体内、外刺激信号，并将其传入。运动神经则将机体受到刺激后做出的反应信号传出到相应的器官及组织区域，并使其作出反应。运动神经分为支配骨骼肌运动的躯体运动神经和支配内脏器官运动的自主性神经两大类。自主性神经又包括交感神经与副交感神经两类。外周神经分布于全身，把脑和脊髓与全身其他器官、组织及细胞联系起来，使中枢神经系统既能感受内外环境的变化（通过传入神经传输感觉信息），又能调节体内各种功能（通过

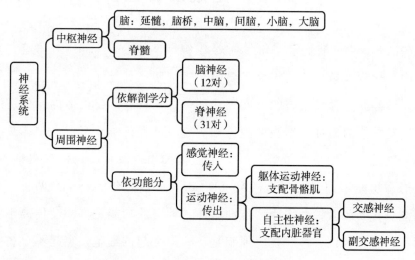

图 6-1　人体神经系统组成示意图[1]

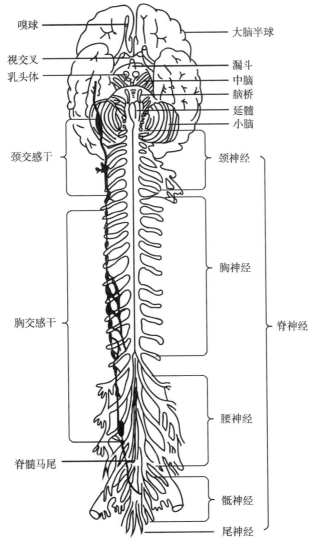

嗅球
大脑半球
视交叉
漏斗
乳头体
中脑
脑桥
延髓
小脑
颈交感干
颈神经
胸神经
胸交感干
脊神经
腰神经
脊髓马尾
骶神经
尾神经

图 6-2 人体神经系统[1]

传出神经传达调节指令），以保证人体的完整统一及其对环境的适应。神经系统的基本结构和功能单位是神经元（神经细胞），而神经元的活动和信息在神经系统中的传输则表现为一定的生物电变化及其传播。例如，外周神经中的传入神经纤维把感觉信息传入中枢，传出神经纤维把中枢发出的指令信息传给效应器，都是以神经冲动的形式传送的，而神经冲动就是一种称为动作电位的生物电变化，是神经兴奋的标志。

神经系统是机体内起主导作用的调节机构，全身各器官、系统在神经系统的统一控制和调节下，互相影响、互相协调，保证了机体的整体统一及其与外界环境的相对平衡。如人们在体育锻炼时，随着骨骼肌的剧烈活动，出现了与之相适应的呼吸、心跳频率加快等一系列变化，这就是神经系统统一调节的结果。再以心跳频率加快来分析，一方面是神经系统直接作用于心脏本身的结果；另一方面由于神经系统作用于内分泌腺的肾上腺，促进了肾上腺素的分泌，通过血液循环而影响心脏，使心跳加快。所以尽管神经系统作用于心脏，同时也存在着内分泌腺对心脏的调节，但是必须明确神经系统是人体内起主导调节作用的系统[1]。

二、神经系统的演化和发生

动物的神经系统是在动物进化过程中逐渐演变、发展起来的。动物为了生存，必须要对外界的各种刺激信号做出反应，这是动物的主要特征之一。单细胞动物（如草履虫等）没有神经组织，只能通过细胞膜形成的纤毛和细胞质传导刺激（如图6-3）。腔肠动物（如水螅等）具有了初级神经组织——网状神经系统。之后，网状神经系统进化为梯形（如涡虫等）、链状（如蚯蚓等）的神经系统（如图6-4），并最终进化到了最高级的中空管状神经系统（如脊椎动物的人等）。所以，

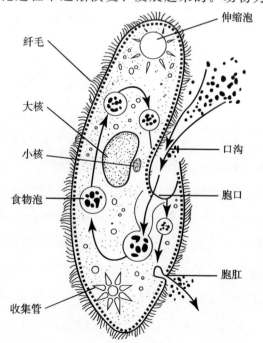

图6-3 单细胞动物——草履虫（无神经系统）

伸缩泡
纤毛
大核
小核
食物泡
收集管
口沟
胞口
胞肛

在漫长的物种进化历程中，动物的神经系统演化也经历了一个从无到有，从分散到集中，从简单到复杂的升级过程。

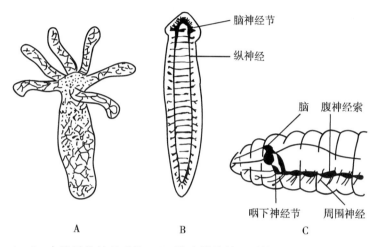

脑神经节

纵神经

脑 腹神经索

咽下神经节 周围神经

A B C

图 6 - 4 A. 水螅网状神经系统 B. 涡虫梯状神经系统 C. 蚯蚓链状神经系统

人体神经系统的中枢和周围部分都来源于胚胎背面外胚层的神经板（Neural Plate），神经板初见于胚胎的第二、第三周。由于神经板周边部分生长较快，向背面隆起形成一条纵沟，称为神经沟（Neural Groove）。胚胎发育至第四周时，神经沟不断加深，沟两侧的神经板向背侧中线包卷、融合，并脱离覆盖它的外胚层，形成中空的神经管（Neural Tube）（如图 6 - 5）。以后，神经管的后端发育为脊髓，前端发育为脑。胚胎第四周时，神经管的前端发育为 3 个膨大的脑泡，依次为前脑（Prosencephalon）、中脑（Mesencephalon）和菱脑（Rhombencephalon）。之后，出现两个向腹侧方向的弯曲，在中脑与菱脑之间的为头曲，菱脑与脊髓之间的为颈曲（如图 6 - 6 A）。胚胎发育至第六周之初或约 9 mm 长时，出现第 3 个凹向背侧的弯曲，称为桥曲，将菱脑分为后脑（Metencephalon）和末脑（Myelencephalon）（如图 6 - 6 B）。在长约 5 mm 的人胚胎中，前脑与中脑开始能明确分开，同时脑前壁在眼泡前方和上方向背侧隆起形成大脑半球雏形。此后原始前脑前部出现半球隆凸，增大为端脑（Telencephalon），后部为间脑（Diencephalon）。中脑则无明显变化。

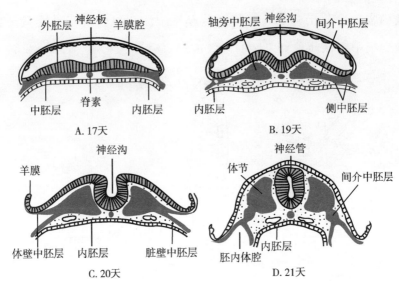

图 6-5　人胚胎外胚层发育为神经管的过程示意图

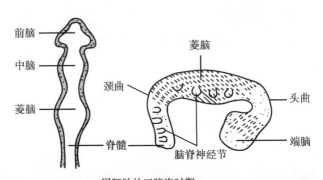

A. 4周胚胎的三脑泡时期

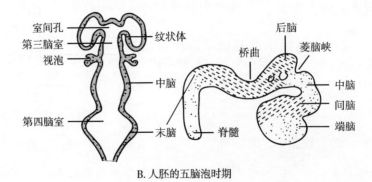

B. 人胚的五脑泡时期

图 6-6　脑泡和脑室发生示意图（一）[1]

原始后脑顶壁极薄，其下面的管腔底面为一菱形凹陷，称为菱形窝。将来形成脑桥和小脑，以下其余部分为延髓。这样使脑有了 5 个明确的部分，即端脑、间脑、中脑、后脑和末脑。以后人脑的各个部分都是从这些脑泡演变而来。但在发育过程中，端脑极度扩大，覆盖住了其余的脑部[1]（如图 6-7）。

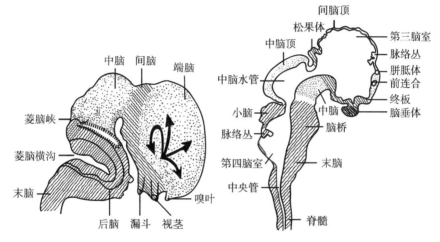

A. 8 mm 人胚侧面观，箭头示大脑半球增长方向　B. 12 周人胚脑矢状切面

图 6-7　脑泡和脑室发生示意图（二）[1]

三、反射及反射弧

在中枢神经系统参与下，机体对内、外界环境刺激作出规律性的反应称为反射（Reflex）。进行反射活动的基础结构称为反射弧（Reflex Arc）。反射弧通常由 5 部分构成：感受器、传入神经、中枢、传出神经、效应器[1]（如图 6-8、图 6-9）。

感受器指各种感觉器官。一般是神经组织末梢的特殊结构，能将身体内外的各种物理、化学、机械刺激（能量）转化为生物能

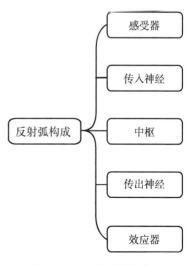

图 6-8　反射弧的构成

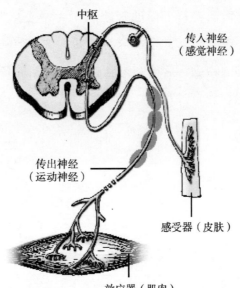

图 6-9　反射弧构成示意图

量（神经的兴奋活动变化）——神经冲动。所以感受器是一类换能器（信号转换装置）。

　　传入神经包括感觉神经元的传入神经和脊髓、脑干中的传入神经联系，能将感受器的神经冲动传入大脑皮层。

　　神经中枢指调节某一特定生理心理功能的神经元群（大脑皮层或脑干、脊髓）。其功能是将传入的神经冲动进行分析综合，并发出运动信息。

　　传出神经由大脑皮层（主要是中央前回）的神经细胞的轴突和其他下行神经元组成，把带有运动信息的神经冲动传到效应器。

　　效应器是肌肉和各种腺体等，它接受带有运动信息的神经冲动，做出运动反射。如：感受器→传入神经→神经中枢→传出神经→内分泌腺→激素在血液中转运→效应器。反射效应在内分泌腺的参与下，往往就变得比较缓慢、广泛而持久。例如，强烈的痛刺激可以反射性地通过交感神经引致肾上腺髓质分泌增多，从而产生广泛的反应。

　　反射弧的构成依神经系统活动的复杂性有简有繁。在最简单的反射弧中，传入神经元和传出神经元直接在中枢内相接触，这就是单突触反射，如我们熟知的膝跳反射。但通常的反射弧并非仅由两个传入（感觉）及传出（运动）神经元构成，而是传导路径更长、更复杂，即在传入神经元与传出神经元之间加入了多个中间神经元。一般来说，中间神经元越多，引起的反射活动就会越复杂。这意味着传入神经元将信息传给中枢后，可以通过传出神经元引起效应器马上反应，也可以通过许多中间神经元把信息储存起来，经过综合分析后再作出反应。人类大脑皮质的思维活动就是通过大量中间神经元产生的极为复杂的反射活动。

四、常用术语

神经节和神经核：功能相同的神经元的细胞体聚集在一起，位于周围部位的称为神经节；位于中枢部位的称为神经核。

神经和纤维束：位于中枢以外的神经纤维束称为神经；位于中枢以内的神经纤维束称为纤维束。

灰质与白质：灰质主要由神经元的细胞体构成，白质主要由神经元中被髓鞘包围的突起构成。它们是中枢神经系统的重要成分。灰质是神经中枢，起支配作用；而白质则主要起传导作用，如脊髓白质主要传导脑部和脊髓灰质的兴奋。

网状结构：由灰质与白质混杂而成，其中神经纤维交错成网，神经核团散在其中。

传导路：指传导神经冲动的通路。通过大脑皮质的反射弧比较复杂，其传入通路和传出通路分别称为感觉传导路和运动传导路[1]。

第二节　中枢神经系统

中枢神经系统（Central Nervous System）位居身体的中轴，在功能上具有调节整个机体的作用。中枢神经系统包括脊髓和脑两部分。脊椎动物的脑位于颅腔内，脊髓位于脊椎管内。脊椎动物的中枢神经系统从胚胎时身体背侧的神经管发育而成。神经管的头端演变成脑，尾端成为脊髓。

一、脊髓

脊髓（Medulla Spinalis）起源于神经管的后端，原始神经管的管腔形成脊髓中央管。

（一）脊髓的外形

人体脊髓是中枢神经系统的低级部位，位于椎管内，前端枕骨大孔与脑的延髓相接，外连周围神经，31 对脊神经分布于它的两侧，后端达盆骨中部。脊髓下端尖削，称脊髓圆锥；再向下即变为细丝，称为终丝（Film Terminate），终于尾骨，有稳定脊髓的作用（如图 6-10）。脊髓的长度，在成人约占椎管的 2/3，男性长 43～45 cm，女性稍短。

脊髓的全长有两个膨大部分，称为颈膨大与腰膨大。颈膨大位于第 4 颈椎到第 2 胸椎之间；腰膨大自第 10 胸椎处开始，以第 12 胸椎处最粗，往下逐渐缩小为脊髓圆锥。这两个膨大与四肢有关。前肢发达的动物（如猩猩、长臂猿等）颈膨大粗大；后肢发达的动物（如袋鼠等）腰膨大粗大。四肢退化的动物（如蛇类等）则无这两个膨大[1]。

脊髓的表面有几条平行的纵沟或裂将脊髓分为左、右对称的几个部分。前正中裂为前面正中较深的沟；后正中沟为后面正中较浅的沟；在脊髓两侧，前方有前外侧沟，后方有后外侧沟；在脊髓上部后正中沟与后外侧沟之间有后中间沟。

前根附着于前外侧沟，含有分布于躯干、四肢与内脏运动的传出神经纤维，其神经细胞体位于脊髓前灰柱与侧灰柱里面。后根附着于后外侧沟，在后根处有膨大的脊神经节，里面含有感觉性的假单极神经元。细胞大小和纤维粗细并不一致，它们是和躯干、四肢的普通感觉及内脏感觉有关。前根与后根在椎间孔处汇合成脊神经（如图 6-11）。

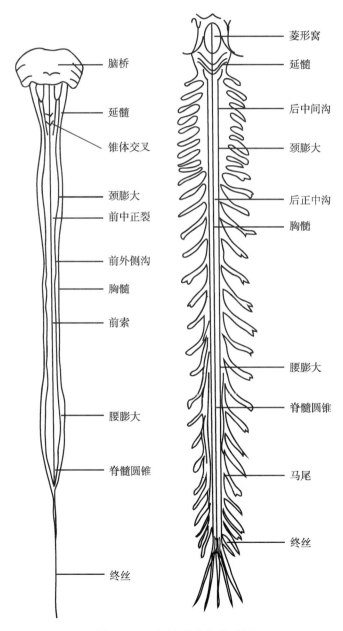

图 6-10　人体脊髓的外形图

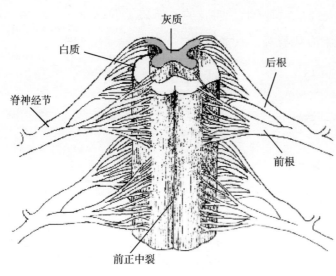

图 6-11　脊髓横切与脊神经根图

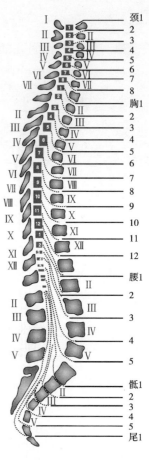

脊髓与椎骨相对应，脊髓本身借脊神经根也可为 5 个部分 31 个节段，即颈髓 8 节、胸髓 12 节、腰髓 5 节、骶髓 5 节与尾髓 1 节（如图 6-12）。

脊神经根在椎管内的排列方向，上下并不相同，上部各神经的排列大致呈水平方向，中部各神经渐向下倾斜，下部各神经则更向下倾斜。在

图 6-12　脊髓节段与椎骨对应关系

胚胎早期，脊髓几乎与脊柱等长。从胚胎第 4 个月起，由于脊髓生长速度低于脊柱，因此脊髓的下端逐渐相对上移，至出生时，脊髓下端平第 3 腰椎，成人则达第 1 腰椎下缘。由于脊髓相对升高，所以腰、骶、尾部的脊神经根在出椎间孔前，于椎管内几乎垂直下行。这些神经根在脊髓圆锥下方，围绕终丝，聚集成束而形成马尾（如图 6-12）。

（二）脊髓的内部结构

脊髓的内部结构包括灰质、白质和中央管 3 部分（如图 6-13）。

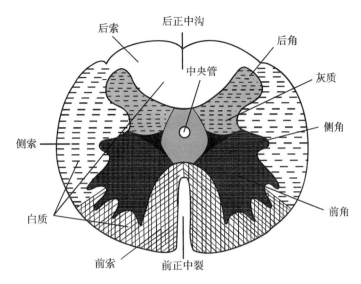

图 6-13 脊髓横切面灰质、白质及中央管示意图

1. 灰质（Substantia Grisea） 脊髓横切面中的灰质在内部，呈"H"形，或蝴蝶形。新鲜材料色泽灰暗，故名灰质。灰质为神经元细胞体集中的地方。灰质全长呈柱状，又称灰柱，灰柱为节段性结构。灰质的中央有中央管。灰质的前端向前方突出的部分为前角，内含运动神经元，其纤维构成脊神经前根。灰质的后端向后外突出的部分为后角，与脊神经的后根相连，内含中间神经元。在第 8 颈节段到第 3 腰节段，前后角之间有侧角，内含植物性神经元，是交感神经节前纤维胞体聚集部位。

2. 白质（Substantia Alba） 位于灰质的外围。主要为有髓鞘的神经纤维组成，因含髓磷脂较多，呈现白色，故名白质。白质在前正中裂和后正中沟部位，分为对称的左、右两半。每半边又以前外侧沟与后外侧沟分为前索、侧索和后索 3 个神经索。白质中的纵行纤维束构成脊髓与脑之间的上下通路。

3. 中央管 灰质的中央有一极细的管腔，称为中央管。中央管上通脑室，内含脑脊液。

（三）脊髓的功能

1. 传导功能 全身（除头外）深、浅部的感觉以及大部分内脏器官的感觉，都要通过脊髓白质才能传导到脑，产生感觉。而脑对躯干、四肢横纹肌的运动调节，以及对部分内脏器官的支配调节，也要通过脊髓白质的传导才能到达各部位（如图 6-14）。若脊髓受损伤时，其上传下达功能便发生障碍，将引起感觉障碍和瘫痪。

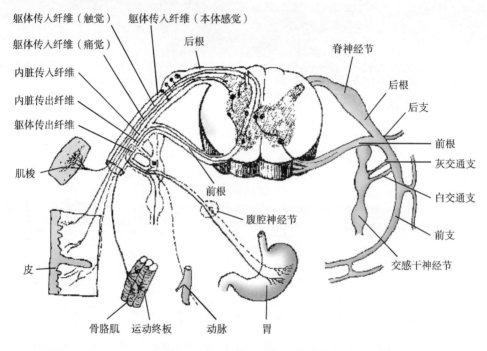

图 6-14　脊髓的功能示意图

2. 反射功能　包括躯体反射和内脏反射两类。脊髓灰质中有许多低级反射中枢，可完成某些基本的反射活动；如肌肉的牵张反射中枢，排尿排粪中枢、性功能活动的低级反射中枢、跖反射、膝跳反射和内脏反射等躯体反射。随着脑的发展，脊髓固有的反射功能已处于从属地位，即在正常情况下，脊髓的反射活动总是在脑的控制下进行的。

二、脑

脑（Encephalon/Brain）是人体中枢神经系统的主要部分，位于颅腔内。低等脊椎动物的脑较简单。人和哺乳动物的脑特别发达。人的脑由大脑、间脑、中脑、脑桥、小脑和延髓6部分组成（如图6-15）。通常把中脑、脑桥和延髓合称为脑干，也有把间脑并入脑干的（如图6-15、图6-16）。脑部分布着由很多神经细胞集中而成的神经核或神经中枢，并有大

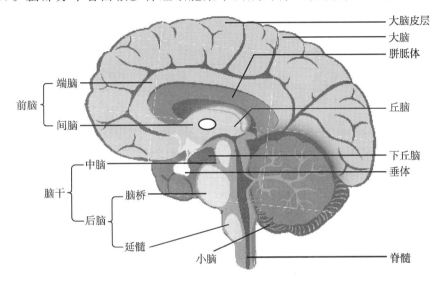

图 6-15　人脑的构造（一）

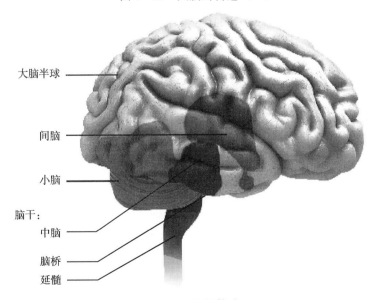

图 6-16　人脑的构造（二）

量上、下行的神经纤维束通过，在形态上和功能上把中枢神经各部分联系为一个整体。脑各部内的腔隙称脑室，充满脑脊液。

在种系发生中，脑是由神经管的前端进一步演化发展而成。三个原始脑泡的发展、演化与特殊感觉器官的发展紧密相关。在位听器的发展过程中，相应地发展了菱脑（以后分化为脑桥、延髓和小脑）；在视器的发展过程中，中脑获得了发展。前脑（大脑与间脑），尤其是大脑的发展，最初是与嗅器的发展相关联的（如图 6-17）。人脑除了上述因素外，在人类劳动、语言、社会等因素的影响下，大脑皮质获得了极度的发展[1]。

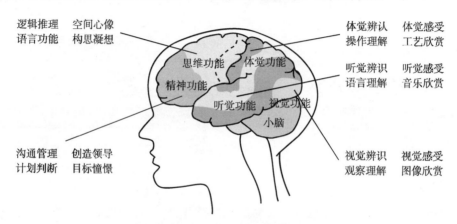

图 6-17 脑部的功能及进化示意图

人脑有神经细胞 140 亿～200 亿个，在出生时就是已经分化的细胞，不可能再进行分裂繁殖，其数量随年龄增加或种种有害因素只可能减少，不可能增加。大脑的神经细胞生命力很强，可以与人的寿命同时起步，同时终止。由于神经细胞寿命比较长，容易受到内、外环境各种有害因素不断积累所起的损害作用。虽然大脑的神经细胞是不能分裂繁殖的，但是脑内大量的胶质细胞是可以分裂繁殖的。胶质细胞的数量为神经细胞的 10 倍，约 2000 亿个，对维持神经细胞的良好外环境起着主要的作用。我国成年男性平均脑质量为 1375 g，女性为 1305 g，初生儿平均为 455 g，至一岁末时，质量几乎增加一倍，以后脑重增加并不显著，至 20～25 岁时可达最高质量。

（一）脑干（Brain Stem）

脑干是人脑的一部分，包括中脑、脑桥和延髓。上接间脑，下连脊髓，背面与小脑连接，并同位于颅后窝中。脑干的背侧与小脑之间有一空腔，为脊髓中央管的延伸，称第四脑室。脑干也由灰质和白质构成。脑干的灰质仅延髓下半部与脊髓相似，其他部位不形成连续的细胞柱，而是由机能相同的神经细胞集合成团块或短柱形神经核。神经核分两种，一种是与第3～第12对脑神经相连的脑神经核；另一种是主要与传导束有关的神经核。如网状结构核团。脑干中有许多重要神经中枢，如心血管运动中枢、呼吸中枢、吞咽中枢，以及视、听和平衡等反射中枢（如图6-18、图6-19）。

脑干中的延髓（Medulla Oblongata）形似脊髓。脑桥（Pons）位于延髓上方，有神经纤维束通向背面，与小脑相连。中脑（Mesencephalon）位于脑桥与间脑之间，背面有两对圆形隆起，称四叠体（如图6-19）；前上方一对称为上丘，为皮质下视反射中枢；后下方一对称为下丘，为皮质下听

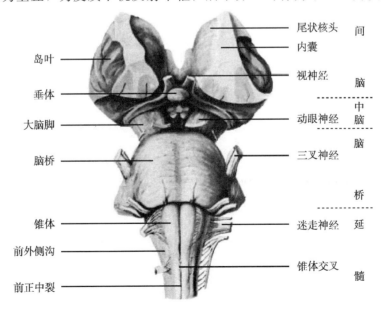

图6-18 脑干腹侧示意图

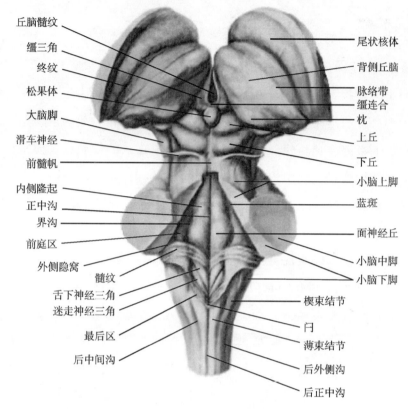

丘脑髓纹
缰三角
终纹
松果体
大脑脚
滑车神经
前髓帆
内侧隆起
正中沟
界沟
前庭区
外侧隐窝
髓纹
舌下神经三角
迷走神经三角
最后区
后中间沟

尾状核体
背侧丘脑
脉络带
缰连合
枕
上丘
下丘
小脑上脚
蓝斑
面神经丘
小脑中脚
小脑下脚
楔束结节
闩
薄束结节
后外侧沟
后正中沟

图 6-19　脑干背侧示意图

反射中枢。中脑腹侧有一对纵行的神经束，称大脑脚（如图 6-18）。

　　脑干的白质主要分布其腹侧部和中部，灰质多集中在脑干的背侧部，并分散成大小不等的灰质块，称神经核。脑神经核可分为 3 类。第一类是直接与第 3～第 12 对脑神经相连的脑神经核；主要有：①一般躯体感觉核，如三叉神经主核、三叉神经脊束核、三叉神经中脑核；②内脏感觉核，如孤束核；③躯体运动核，如动眼神经核、滑车神经核、展神经核、舌下神经核；④一般内脏运动核，如 EW 氏核、脑桥延髓泌涎核、迷走神经背核；⑤特殊内脏运动核，如三叉神经运动核、面神经核、疑核、副神经核；⑥特殊躯体感觉核，如前庭神经核、蜗神经核。第二类是网状结构核团。第三类是其他神经核团，如薄束核、楔束核、红核及黑质等。

（二）小脑（Cerebellum）

小脑呈扁圆形，位于颅后窝中，脑干的背侧。上面平坦，被大脑半球遮盖（如图 6 - 20）。小脑借三对巨大的纤维束（绳状体、脑桥臂及结合臂）与延髓、脑桥和中脑相连。小脑可分为中间的蚓部和两侧膨大的小脑半球。蚓部形体较小，卷曲如环，占小脑中间部分；小脑半球则在蚓部的两侧，形体膨大。小脑的灰质位于表层，称小脑皮质；白质位于内部，称为髓质。小脑与脑干之间有许多神经纤维相连，并通过脑干与大脑及脊髓联系。

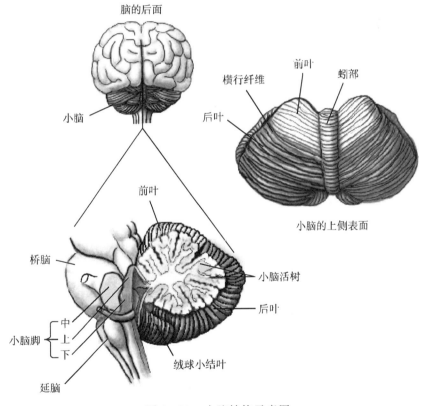

脑的后面

小脑

横行纤维　前叶　蚓部

后叶

小脑的上侧表面

前叶

桥脑

小脑脚｛中 上 下｝

延脑

小脑活树

后叶

绒球小结叶

图 6 - 20　小脑结构示意图

根据小脑的发生、功能和纤维联系，小脑可分为 3 叶。①绒球小结叶，包括蚓部的小结和半球上的绒球，两者以绒球脚相连。它接受前庭神经和前庭核来的纤维。绒球小结叶是小脑最古老的部分，称古小脑。②前叶，在小脑上面，包括首裂（小脑上面第一个较深的裂）前面部分，主要接受脊髓、小脑前后束来的纤维，传导深部感觉冲动。③后叶，包括首裂以后的部分，其中蚓锥体、蚓垂的纤维联系与前叶相同。这部分与前叶又合称为旧小脑。后叶其余部分是新发生的结构，称新小脑[1]。

小脑的神经核称为小脑中央核，包括四对核团，最大的为齿状核，其内侧有栓状核与球状核；位于第四脑室顶的上方有顶核。

小脑主要的功能是协调骨骼肌的运动，维持和调节肌肉的紧张，保持身体的平衡。另据生理学研究，小脑对内脏机能活动也有一定作用。一些其他的感觉冲动，如触、听、视也投射到小脑皮质，但其神经纤维的形态学联系有待进一步研究。

（三）间脑（Diencephalon）

间脑位于中脑上方，大部分被大脑遮盖（如图6-16）。间脑与大脑均自前脑发生。间脑分丘脑、丘脑上部、丘脑下部、丘脑后部与丘脑底部5部分（如图6-21、图6-22），其中丘脑最大。两侧间脑之间不规则扁腔即为第三脑室。第三脑室下连中脑水管，上接侧脑室。

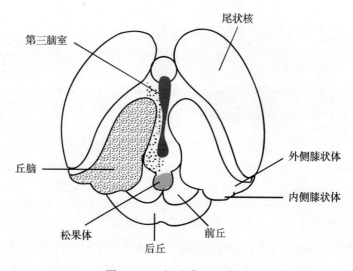

图6-21　间脑背面示意图

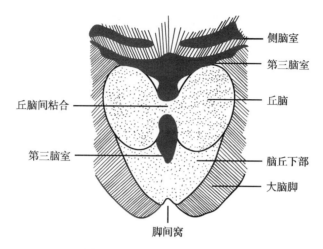

图 6-22 间脑前额面示意图

1. 丘脑（Thalamus） 又名视丘，位于间脑背侧，为成对卵圆形的灰质块，其内侧面构成第三脑室外侧壁的一部分，背面为侧脑室的底，外侧面与内囊相紧接，前端凸隆称丘脑前结节，后端露于大脑半球之外，称为枕[1]。丘脑内部的神经核有丘脑前核、丘脑内侧核、丘脑外侧核及其他核群（如中线核群、板内核群等）。

丘脑是机体传入冲动的转换站，来自全身的传导感觉的神经纤维（嗅觉除外）均在丘脑更换神经元，然后再发出神经纤维终止于大脑皮质。丘脑是产生意识的核心器官，丘脑中先天遗传有一种十分特殊的结构——丘觉，丘觉是自身蕴含意思并能发放意思，当丘觉发放意思时也就产生了意识。当身体各部分的感觉冲动传至丘脑时，丘脑中已具有了一定的分析和综合能力。

2. 丘脑上部（Epithalamus） 主要结构为松果体（如图 6-21）。

3. 丘脑后部（Metathalamus） 分居于间脑背侧两旁。包括内侧膝状体、外侧膝状体。内侧膝状体与下丘相连；外侧膝状体与上丘相连。它们分别是视、听的皮质下中枢。

4. 丘脑底部（Subthalamus） 只能在切面上看到，是中脑和间脑的过渡地区。

5. 丘脑下部（Hypothalamus） 位于丘脑的前下方，包括视交叉、视束、视交叉后面的灰结节，灰结节向下移行于漏斗，漏斗的下端与脑垂体相接（如图 6-15、图 6-18）。灰结节的后方有一对乳头体。

丘脑下部的神经核主要有视上核、室旁核、背内侧核、腹内侧核、乳头体核及后核。丘脑下部是大脑皮质以下调节植物性神经活动的较高级中枢，同时也是水、盐代谢，体温、食欲、情绪反应和昼夜周期性变化的调节中枢。此外，丘脑下部有些核具有分泌激素的功能，通过分泌激素来管理一系列复杂的代谢活动和内分泌活动。

（四）大脑（Cerebrum）

大脑是中枢神经系统中最大的结构，分为左、右两个半球，借由横行神经纤维构成的胼胝体相连。大脑的灰质特别发达，位于表层，称为大脑皮质，是中枢神经系统最高级的部分。在大脑半球表面，有许多深浅不同的沟和裂。沟、裂之间有隆起的脑回。胎儿生长发育至五月时，大脑表面发生沟、回，在出生后逐渐完成。沟、裂的产生是因为大脑皮质各部发育快慢不均所致。发育快的露在表面形成回，生长慢的被挤往深部形成沟、裂[1]。

大脑每个半球分为背外侧面、内外侧面和底面。大脑半球借三条大的沟裂分为5叶，即额叶、顶叶、枕叶、颞叶和脑岛（如图 6-23）。各叶负责着不同信息传递和反馈功效（如图 6-24）。

大脑半球内部结构中，表层为皮质（灰质），皮质的深部为白质。在白质内还埋有一些灰质块，为基底神经节核团（Ganglion Basilare），共有 4对，即尾状核、豆状核、屏状核和杏仁核。这些神经核团主要与肌肉运动有关。生理学研究证明，尾状核可以对各种感觉刺激（包括视、听、躯体、内脏）产生非特异性反应，刺激尾状核能影响感觉传入活动。在针麻原理研究中，我国学者证明了尾状核参与了针刺镇痛过程。临床上用埋藏电极刺激尾状核，可以解除晚期癌症患者的顽痛。

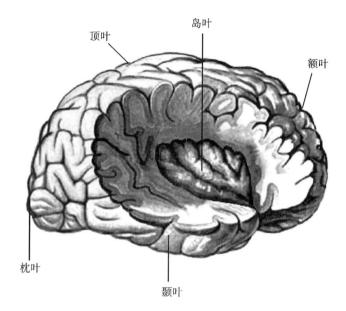

图 6-23　大脑左半球外形分叶示意图

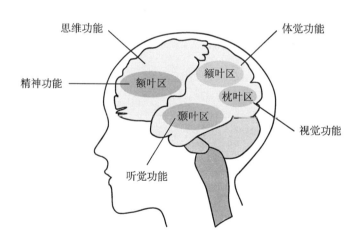

图 6-24　大脑各叶功能示意图

　　大脑半球内的白质可分为 3 系。①连合纤维，连合左右两大脑半球的纤维。如胼胝体，是大脑半球中最大的连合纤维，它在两半球中间形成一个弧形板，其纤维向四面投射到大脑皮质（如图 6-25）。②联合纤维，是同侧半球皮质间的联合纤维，纤维长短不一。③投射纤维，是进出大脑半球的神经纤维束，纤维有长短之分，短纤维如大脑与间脑之间的升降纤维。

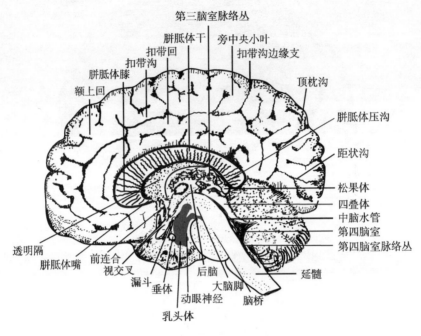

图 6-25　大脑内侧面图[1]

大脑皮质中约有 100 亿个神经细胞，是统一机体的最高神经中枢。机体的各种功能在皮质的各个部位有着不同的分工。各种功能在皮质上具有定位关系，如运动区、感觉区等，并且这种定位管理是对侧性的。一些学者根据大脑皮质的结构特点及功能，将大脑皮质分为 52 区[1]。但是这种分法也是相对的，而不是绝对的。因为这些中枢只是执行特定功能的核心部位，皮质的其他区域也分散有类似功能。如：中央前回主要管理全身骨骼肌的运动，称为运动中枢，但也接受部分的感觉冲动。中央后回主管全身感觉，但也可接受刺激产生少量运动。大脑皮质上的重要中枢主要有：运动中枢、感觉中枢、视觉中枢、听觉中枢、嗅觉中枢、运动性语言中枢、听性语言中枢、视运动性语言中枢、视性语言中枢等（如图 6-26）。

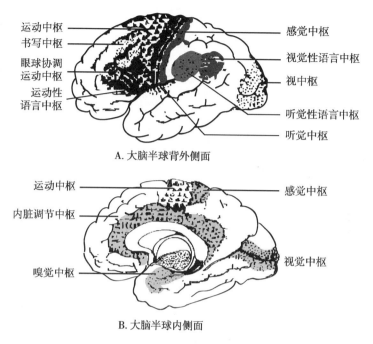

运动中枢
书写中枢
眼球协调运动中枢
运动性语言中枢
感觉中枢
视觉性语言中枢
视中枢
听觉性语言中枢
听觉中枢

A. 大脑半球背外侧面

运动中枢
内脏调节中枢
嗅觉中枢
感觉中枢
视觉中枢

B. 大脑半球内侧面

图 6-26　大脑皮质重要中枢[1]

（五）脑的血液供应

脑的质量占体重的 2%～3%，但其所需要的血流量则占血输出量的 15%～20%。脑血流量是指每 100 g 脑组织在单位时间内通过的血流量。正常人安静状态下的脑血流量因测定方法不同有所差异。在安静情况下，一个一般身材的年轻人每分钟的全脑血流量为 700～770 mL，合每分钟 50～55 mL/100 g。当平均半球血流量减少到每分钟 25～30 mL/100 g 时，可发生精神错乱，甚至意识丧失。神经功能衰减的临界血流量大约是每分钟 18 mL/100 g。

大脑血液通过两侧颈内动脉及椎动脉供应，前者约占全脑血流量的 4/5，后者占 1/5。颈动脉到达大脑中动脉的压力差与椎动脉到达颅底动脉环的压力差基本相等。因此，正常人脑血液循环虽有左、右半球及颈动脉系统、椎动脉系统血流量和循环时间的差异，但并不发生血液分流或逆流现象。

脑的血液循环不仅在量上丰富，而且供应速度也很快，血液由动脉进入颅腔，到达静脉窦所需的时间仅为 $4\sim8$ s，椎基底动脉系统的血液流速度要比颈内动脉系统低些。

脑组织几乎没有氧和葡萄糖的储备。脑部血液供应的障碍造成缺氧和葡萄糖不足，迅速引起脑功能紊乱和脑组织的破坏。脑血液供应停止 $6\sim8$ s后，脑灰质组织内即无任何氧分子，并迅即在 $10\sim20$ s 之间出现脑电图异常。血供停止 $10\sim12$ s 即可出现神志障碍；30 s 后脑电图即呈"平线"；一分钟后神经元功能的恢复就缓慢；$3\sim4$ min 后脑组织内游离葡萄糖均消耗殆尽，脑神经元细胞功能难以完全恢复正常；停止 $4\sim5$ min 后脑神经元细胞开始坏死。脑组织蛋白质在缺血、缺氧时的瓦解速度远较其他组织为快，比心肌蛋白质要快 25 倍，比骨骼肌蛋白质要快 80 倍。

脑是人体极其重要的器官，尽管脑的血液供应有令人惊异的自动调节能力，但一旦血液供应受到障碍，其后果是非常严重的，脑组织对付缺血、缺氧缺乏回旋余地。实验证明，在脑细胞外液间隙置入敏感微电极记录，可见钾离子（K^+）的浓度明显上升，而钠（Na^+）和钙（Ca^{2+}）的浓度下降，同时线粒体和内质网可释放 Ca^{2+}，致使细胞内钠和游离钙的浓度明显增加。另外，脑缺血后，缺血组织中葡萄糖出现无氧酵解，使组织中的能量储备（包括磷酸肌酸和腺苷酸能基）耗竭，产生过量的乳酸堆集，发生酸中毒。最后血脑屏障破坏。

（六）脑的功能特点

大脑有 3 个基本功能系统。①调节紧张度或觉醒状态的联合区；②接受、加工和保存来自外部信息的联合区；③制定程序，调节和控制心理活动的联合区。

神经系统在进化过程中，结构变得愈来愈复杂，对机体的生存显示出愈来愈重要的作用。人脑是高度发展的组织，接受和处理来自体内、外环境的信息，并根据这些信息通过调控保持内环境的稳定，并指导自身行动，达到适应环境和作出有利于机体自下而上的反应。神经系统控制的细胞呼吸疗法需要大脑对身体内部组织、细胞传入的各种信息必须进行综合处理。信息处理是大脑的主要功能。对于人体来说，人脑为了有效地处理信息，把加工任务集中到大脑皮层等，可以把不同类信息作综合处理。皮层化使人脑具有强大的信息处理能力。

脑的整体结构就是为了有效收集信息并作精巧的综合处理。各种感官，成为专门收集各类信息的机构。各种感官由感受器将反映不同类型环境信息的物理或化学信号，都转换成神经电脉冲信号。这种统一的电信号传入中枢，为进行信息的综合处理准备了条件。脑能较快形成信息处理能力与应付可能出现的新情况两方面的需要。因此，人脑是一个特殊的信息处理机器，它能在使用中不断提高其处理能力，并在部分受损坏时，用小的改动而保持一定的工作能力。

（七）脑的意识分析

人脑中的丘脑、大脑、小脑、下丘脑、基底核等，都是由一种物质——神经元构成。神经元中储存有信息，脑所要完成的工作就是整理、组织这些信息，使之有序化、条理化。脑的主要功能就是经过神经元一级一级的信息交换传递，获得一个有意义的信息集合，这个过程称为样本分析。神经元一级一级进行信息交换传递的过程称为分析，有意义的信息集合即为样本。脑的主要功能，包括大脑、小脑、下丘脑、基底核等，都是在进行样本分析。丘脑是一个十分特殊的器官，丘脑神经元中的遗传信息具有觉知特性，丘脑能够将各储存信息合成为一个特殊的信息集合，脑这个具有特殊性质的信息集合是对事物的觉知，称为丘觉。丘觉的合成发放活动，样本的分析产生活动，本质上就是反射活动。丘脑的唯一功能就是合成发放丘觉。丘脑由神经元构成，每个神经元中都有信息，丘脑的功能就是将数个神经元的信息合成为丘觉，并发放到大脑联络区，使大脑产生觉知，也就产生了意识。丘觉是想法、是念头、是意识的核心。脑包括的结构众多，不是所有的脑都能合成丘觉，丘觉只是丘脑的功能，只能是丘脑合成发放出来才能产生意识。

丘脑虽然能够合成发放丘觉产生意识，但丘脑不是意识活动的场所，意识也不在丘脑中存在。大脑联络区是丘觉的活动场所，丘觉能够使大脑产生对事物的觉知，产生对事物的"知道"、"明白"。丘脑通过联络纤维将丘觉发放到大脑联络区，在大脑联络区产生意识。在临床病例中，丘脑、大脑联络区、联络纤维发生了损伤或病变，产生的症状都是一样的，都将导致意识的缺损或丧失。

摄像头将摄取的景物（如一棵树）转换成信号，电脑的处理器经过处理，可以将这棵树显示在屏幕上，但电脑不知道这是一棵树，也不能产生"树"的意识。眼睛如同摄像头，可以将"树"转换成信息传递到大脑，大脑如同电脑的处理器，可以对视觉信息进行分析，在大脑联络区显示这棵树，但还不能产生"树"的意识，对"树"的意识是丘脑发放的，是丘脑告诉大脑的。丘脑合成"树"的丘觉并发放到大脑联络区，"告诉"大脑这是一棵树，大脑产生对"树"的觉知，于是便产生了对"树"的意识。

用眼睛看到的事物有很多，但眼睛不能将看到的各种事物区分开来。视神经将所有看到的事物全部转化为信息，传递到大脑枕叶，大脑枕叶对这些信号进行分析，将各个事物分离出来，每个事物用一个样本来表示。大脑、小脑、下丘脑、基底核等主要功能都是进行样本的分析产出，不同的脑分析产生不同类型的样本，大脑分析产生的样本与觉察、认识有关，下丘脑产出的样本与情绪有关，小脑、基底核产出的样本与运动指令有关。耳朵也是如此，如同拾音器，能够接收各种音频的信号，但不能将区分一段音频信号中的各个词句，每个词句是由大脑颞叶进行分析产出形成样本。大量的临床病例发现，如果大脑枕叶发生病变，患者就不能知道看到的是什么，甚至什么都看不到，如果大脑颞叶发生损伤或病变，患者就不能理解话语的含义。枕叶、颞叶的不同功能区发生损伤或病变，会导致不同的样本缺失或丧失，从而导致不同的失认、失读、失写、失听等症状，当然这些功能的缺失在一定程度上是可以弥补的。丘觉一般不会随意合成发放，特别是关于客观事物的丘觉，需要样本激活才能由丘脑合成，样本的分析产出是大脑（还有基底核、小脑、下丘脑、杏仁核等）的功能，大脑有着极其强悍的样本分析功能，通过对视、听、触等信息的分析，产出需要的样本到丘脑，激活丘脑的功能，合成一个相应的丘觉发放到大脑联络区产生意识。

大脑分析产出样本的目的就是激活丘觉进入意识，如果杂乱无章的信息激活丘觉，只能引起意识的昏乱，样本是具有一定意义的条理化信息，大脑经过舍弃无用信息、填补有用信息、放大主要信息、简化次要信息等多种形式的分析，获得一个有意义的完整信息，这个信息与传入信息相匹配，激活丘觉产生清晰意识。

大脑联络区是意识活动的场所，有两个，一个是大脑额叶联络区，一个是大脑后部联络区，这两个联络区都能产生意识。正常状态下，两个联络区的意识活动可以同时存在，并以大脑额叶联络区的意识为主导。大脑额叶联络区是各种意识汇集的场合，在清醒状态下一直处于活动状态，如果大脑额叶联络区不活动，人就一定处于睡眠状态。当大脑额叶联络区的活动被逐步抑制，人就逐步进入睡眠状态，如果大脑额叶联络区突然活动，人也就突然清醒。在大脑额叶联络区休眠时，如果大脑后部联络区单独活动，这时就表现为做梦，也是意识活动的一种形式。

大脑分析产出的样本是表示事物的信息，但样本只是表示事物的信息，相当于一些符号，进入意识还必须有丘觉的支持。丘脑、大脑、小脑、下丘脑、基底核的神经元，通过遗传获得的信息是有限的，能够分析产出的样本以及合成发放的丘觉都是有限的，因此人们的意识范围也是有限的，如人们不能看到暗物质、红外线、紫外线，不能听到超声波、次声波。有少数的人遗传有常人没有的遗传信息，分析产出的样本以及合成发放的丘觉超出了常人，能够看到常人无法看到的事物，听到常人无法听到的声音，人们将这种能力称为特异功能。神经系统控制的细胞呼吸疗法有可能在特定的环境、特定的时间点使人体产生特异功能。

由于能够进行样本分析产出的脑众多，大脑额叶、大脑后部、小脑、下丘脑、基底核等都是分析产出样本的结构，而且都是各自独立分析产出样本，常常会导致样本活动、丘觉活动失衡，严重者者会导致神经活动异常，产生各种精神病症，如痴迷、偏执狂、精神分裂症、强迫症以及网瘾、毒瘾、赌瘾、烟瘾、酒瘾等，这些精神病症有的看似生理性病症，实质上都是心理活动失衡造成的，是可以通过心理手段治愈的。

（八）脑对运动的控制

运动是人体维持生命、完成任务、改造客观世界的基础。各种生命运动、行为活动时时刻刻都在进行，一刻都没有停止过，但大脑并没有时时刻刻都在关注、指挥所有运动，而是在运动进行的同时，主要从事各种学习、思维活动，将正在进行的运动置于脑后，大脑不是具体控制运动的器官，控制、指挥运动的器官主要是纹状体。

丘脑、大脑额叶、纹状体、小脑都与运动有关，各自分工合作，共同完成运动的意向、计划、指挥、控制和执行。丘脑主要合成发放丘觉产生各种运动意识；大脑根据视听等传入信息分析产出样本，这个样本是关于人们应该进行什么样的运动，是完成任务、达到目的的运动意向；纹状体、小脑分析产出的样本是控制运动的程序、指令，纹状体、小脑是运动的具体控制、指挥者。运动的执行是由肢体（如头、手、脚）或效应器来完成的。

丘脑是合成发放丘觉的器官，是"我"的本体器官，大脑联络区是丘觉的活动场所，意识在大脑联络区得以实现。大脑、纹状体、小脑分析产出的运动样本激活丘脑，丘脑根据运动样本合成觉，并发放到大脑联络区，使大脑产生对运动的觉知，也就产生了运动意向，运动意向是意识的一种。运动意识分为 3 类，一类是来自大脑的运动意向，一类是来自纹状体、小脑的运动前感觉，一类是来自感觉神经元的运动后感觉。

大脑的主要功能就是分析产出样本，大脑额叶是最为高级和重要的器官，包括联络区、运动前区和运动区，大脑额叶、顶枕颞联络区是意识活动的主要区域，可以根据外界环境的需要产生运动意向，明确运动的方向或行为方式，大脑不是运动的具体控制、指挥者，不对运动的程序、指令进行分析，而是交给纹状体、小脑完成，使人们能够集中精力进行各种思维活动。大脑额叶运动区掌管着运动指令、程序的最后发放，运动区将运动程序、指令发放出去即产生运动，运动区服从于联络区，服从于意识，意识可以随时中止运动程序、指令的发放，从而停止运动。

纹状体是运动控制、指挥的主要器官，是运动的具体控制、指挥者。纹状体分析产出的运动样本是控制、指挥运动的程序、指令，运动样本的分析产出服从于运动意向，当大脑联络区产生运动意向后，纹状体、小脑根据运动意向分析产出运动样本。小脑的功能是多方面的，可能参与了意识、感受、运动等多方面的活动，在运动过程中分析产出运动需要的参数，控制运动的细节，对于运动的准确度、精确度起作用。当与外界事物接触时，需要采取合适的行为活动去正确应对，大脑分析产出合乎实际需要的样本，产生运动意向和调动纹状体、小脑控制、指挥运动。大脑根据传入的视听信息分析产出样本，这个样本有两个传出路径，第一条路径是通过联络纤维激活丘脑背内侧核、丘脑枕，丘脑背内侧核、枕合成发放运动丘觉进入意识，是进行运动的意向；另一条路径是通过投射纤维激活纹状体、小脑，纹状体、小脑根据运动意向分析产出运动样本。

纹状体、小脑的主要功能是分析产出运动样本，这个运动样本的传出路径有 3 个步骤，通过 3 个步骤的接力，完成运动的控制、指挥和执行。第一步，纹状体、小脑有传出纤维到丘脑腹前核、腹外侧核，纹状体、小脑分析产出的运动样本通过传出纤维激活丘脑腹前核、腹外侧核的丘觉，再经过丘脑间的纤维联系进入丘脑背内侧核，通过丘脑背内侧核发放到大脑额叶联络区进入意识，大脑联络区是各种意识汇集的场所，这些运动样本在进入意识前还没有执行，只是告诉大脑即将进行的运动，在运动开始前使大脑知道即将进行的运动，大脑可以在运动开始之前随时中止运动，也可以根据形势发展、环境变化随时调整运动意向，使纹状体、小脑分析产出新的运动样本，从而达到调整运动的目的；第二步，丘脑腹前核、腹外侧核的传出纤维到大脑运动区、运动前区，丘脑腹前核、腹外侧核通过传出纤维将运动样本传递到大脑运动区、运动前区；第三步，大脑运动区通过锥体束联系低级运动神经元，运动样本通过锥体束发放到运动神经元，控制、指挥运动的进行，运动前区、运动区受额叶联络区的支配，运动样本的最后发放服从于额叶联络区的意识。

当运动产生后，通过感觉神经元，将运动产生的感觉传入大脑，大脑对运动的执行、完成情况做进一步的分析，形成一个完整的环路。大脑分析产出的样本与纹状体、小脑分析产出的运动样本是不同的，大脑分析产出的样本主要是激活丘觉产生运动意向，是大脑额叶、顶枕颞叶根据外界环境的变化、行为目的、需要完成的任务分析产出的，不能控制、指挥运动。控制、指挥运动的运动样本是纹状体、小脑分析产出的，一方面要激活丘脑腹前核、腹外侧核进入意识，另一方面又是控制、指挥运动的程序、指令。大脑中与运动有关的意识有 3 个，即运动意向、运动前感觉、运动后感觉。运动意向是需要进行的运动意识，是大脑根据外界环境分析产出的；运动前感觉是即将进行的运动意识，是纹状体、小脑分析产出的运动样本激活丘觉产生的；运动后感觉是运动的效果感觉，是感觉神经元激活丘觉产生的。

纹状体根据运动模型分析产出运动样本，运动模型是通过多次的运动学习、练习形成的。人出生后，没有任何运动技能，在与各种客观事物的不断接触中，在各种动作的不断试探、练习过程中，逐步形成固定的运动模式，建立运动模型，运动模型在本质上仍然是运动样本，只不过这个运动样本是存储在纹状体中。在运动的学习、动作的练习过程中，纹状体一边不断地分析产出运动样本，控制、指挥运动，一边不断地将运动样本存储起来，经过多次反复形成运动模型，是下一次分析运动样本的参照依据。当在纹状体中建立了运动模型，运动可以按照已有的模型自动进行，不需要大脑具体参与，能够脱离意识自动完成，人们常说的习惯以及各种操作技能都是如此。

第三节　周围神经系统

周围神经系统（Peripheral Nervous System，PNS）是由中枢神经以外的神经细胞和神经纤维组成；是由中枢神经系统发出，导向人体各部分的神经，又称为外周神经系统。周围神经系统一端同脑和脊髓相连，另一端通过各种末梢结构与身体其他器官、系统相连。周围神经包括脑神经、脊神经和自主性神经（图 6-27）。

一、脊神经

与脊髓相连的神经叫脊神经（Nerve Spinales）。脊神经可以调控躯干、四肢的感觉和运动。上部的脊神经分布在颈部、上肢和躯干上部；下部的脊神经分布在下肢和躯干下部；它在躯干、四肢的皮肤和肌肉里的分布是很有规律的。

脊神经数目因动物种类而异，人有 31 对，猪有 33 对，兔有 37 对。人体脊神经中颈神经 8 对，胸神经 12 对，腰神经 5 对，骶神经 5 对和尾神经 1 对。每对脊神经由前根和后根与脊髓相连。前根为传出神经，主管运动性；后根为传入神经，主管感觉性；各由许多根丝组成（如图 6-28）。后

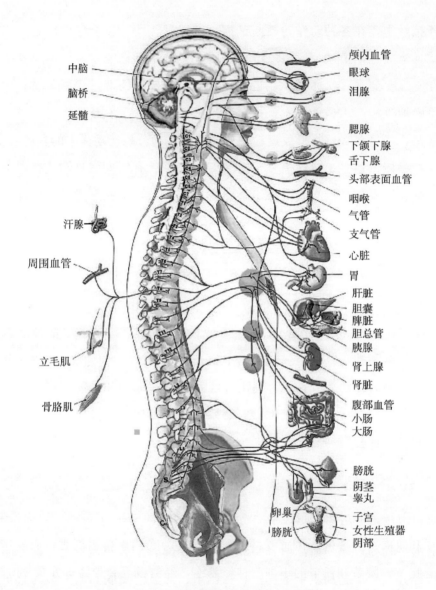

中脑
脑桥
延髓

汗腺

周围血管

立毛肌

骨胳肌

颅内血管
眼球
泪腺

腮腺
下颌下腺
舌下腺
头部表面血管
咽喉
气管
支气管
心脏
胃
肝脏
胆囊
脾脏
胆总管
胰腺
肾上腺
肾脏
腹部血管
小肠
大肠
膀胱
阴茎
睾丸
卵巢
膀胱
子宫
女性生殖器
阴部

图 6-27　周围神经系统示意图

根靠近脊髓处有一膨大的结节状结构，称为脊神经节，为感觉神经元的胞
体所在处。前后两根出椎孔前合并成一条脊神经，穿出椎孔后立即分为前
支、后支和交通支（脏支），三者均为混合神经。后支细小，支配背部皮肤
和肌肉的感觉与运动。前支粗大，支配胸、腹壁及四肢皮肤和肌肉的感觉

与运动。交通支分布到内脏器官[2]。

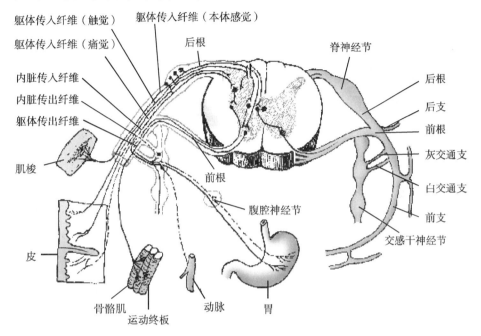

躯体传入纤维（触觉）　躯体传入纤维（本体感觉）

躯体传入纤维（痛觉）　　后根　　　　　　　脊神经节

内脏传入纤维　　　　　　　　　　　　　　　　　后根

内脏传出纤维　　　　　　　　　　　　　　　　　后支

躯体传出纤维　　　　　　　　　　　　　　　　　前根

　　　　　　　　　　　　　　　　　　　　　　灰交通支

肌梭　　　　　　　　　　　前根　　　　　　　白交通支

　　　　　　　　　　腹腔神经节　　　　　　　前支

　　　　　　　　　　　　　　　　　　交感干神经节

皮

骨骼肌　　　动脉　　胃
运动终板

图 6-28　脊神经组成及功能示意图

（一）脊神经的成分

脊神经是混合神经，典型的脊神经有 4 种纤维成分。①躯体传出神经，由脊髓前角运动神经元发出的纤维，经前根入脊神经，分布于骨骼肌，执行躯体运动功能。②躯体传入神经，来自脊神经节内的假单极神经元，自后根入脊髓，内含分布于皮肤、肌肉和关节的感受器，可将皮肤的外感受冲动和肌肉、关节的本体感受冲动传入脊髓。③内脏传出纤维，起始于脊髓的胸节、腰节和骶节的小细胞神经纤维，经前根至脊神经，分布于内脏、血管的平滑肌和腺体。④内脏传入纤维，来自脊神经节内的假单极神经元，自后根入脊髓，分布于内脏、心血管内的感受器。

（二）脊神经的走向和分布规律

脊神经的走向和分布规律为：①脊神经是按体节排列的。在胚胎时期，每一对体节（肌节和皮节）上有一对相应的脊神经，这种分节和神经支配的状况在胸部最为明显。四肢脊神经分节的现象同样存在，不过成人四肢从外表上看已失去明显的节段性。②大神经干多有相应的血管伴行，组成血管神经束。神经与血管的分布规律相似，但也有不伴行的，如坐骨神经。③脊神经分肌支、皮支和关节支，分布于相应的肌肉、皮肤和关节。④脊神经穿出椎孔后分为前支、后支和交通支（脏支）。后支细小，分布于颈、背、腰骶部深层肌和皮肤。前支粗大，组成颈丛、臂丛、腰丛、骶丛和尾丛，分布于躯干前外侧、四肢肌和皮肤。交通支分布到内脏器官（如图6-29）。

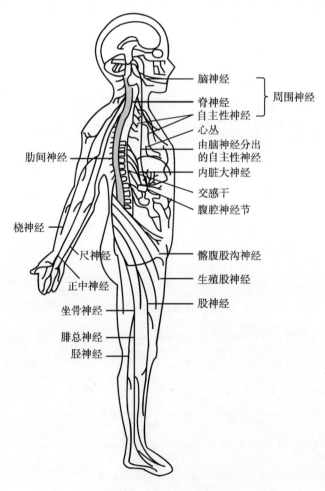

图6-29　人体脊神经的分布[1]

（三）脊神经丛

1. 颈丛 由颈神经 1～4 的前支组成，此丛较小，位于胸锁乳突肌上部深面，由丛发出肌支和皮支。颈丛的皮支分布于枕部、耳郭及其周围、颈前部、锁骨上窝及肩峰等处的皮肤[1]（如图 6-30）。膈神经为混合神经，是颈丛中最主要的神经。自颈丛发出在颈部垂直下降，经胸廓入胸腔，在肺根前方下降至膈。膈神经的运动纤维支配膈肌运动，感觉纤维分布于胸膜、心包、部分腹膜和胆道。膈神经损伤，会导致膈肌瘫痪，造成呼吸困难或窒息。

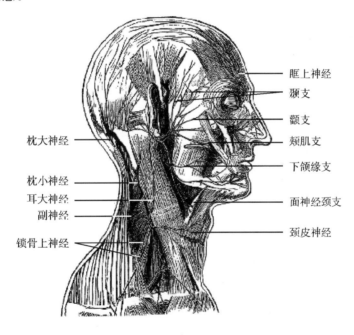

图 6-30 颈丛模式图[1]

2. 臂丛 由颈神经 5～8 和胸神经 1 的前支组成。在锁骨后方进入腋窝，形成三个束，从内、后、外侧包绕腋动脉，分别称为内侧束、后束和外侧束（如图 6-31）。臂丛神经主要分布于上肢与胸背部的皮肤和肌肉。臂丛的主要分支为：①正中神经；②尺神经；③桡神经（如图 6-32、图 6-33）。另外，臂丛还发出腋神经，起自后束，主要支配三角肌，影响肩

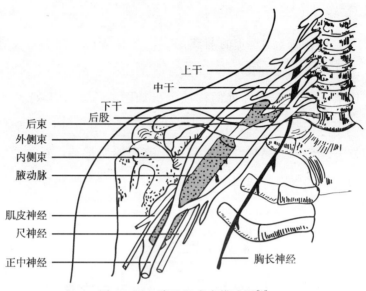

上干
中干
下干
后股
后束
外侧束
内侧束
腋动脉
肌皮神经
尺神经
正中神经
胸长神经

图 6-31　臂丛组成半模式图[1]

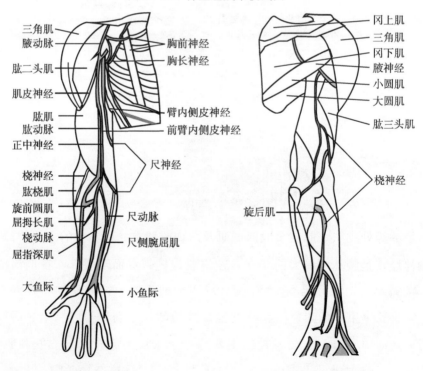

三角肌
腋动脉
肱二头肌
肌皮神经
肱肌
肱动脉
正中神经
桡神经
肱桡肌
旋前圆肌
屈拇长肌
桡动脉
屈指深肌
大鱼际

胸前神经
胸长神经
臂内侧皮神经
前臂内侧皮神经
尺神经
尺动脉
尺侧腕屈肌
小鱼际

冈上肌
三角肌
冈下肌
腋神经
小圆肌
大圆肌
肱三头肌
桡神经
旋后肌

A. 上肢前面的神经　　　　　　　B. 上肢后面的神经

图 6-32　上肢神经[1]

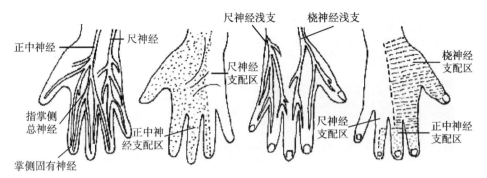

图 6 - 33　手皮肤神经的分布

关节运动。肌皮神经，发自外侧束，在肱二头肌和肱肌之间下降，主要支配肱二头肌和肱肌，是屈前臂的主要神经。

3. 胸神经前支　胸神经前支共 12 对，除第 1 对胸神经前支有分支加入臂丛外，其余的胸神经前支不构成丛，都单独行于相应的肋间隙中，沿肋骨下缘与肋间血管伴行，称为肋间神经（如图 6 - 34）。肋间神经的肌支支配相应的肋间内肌、肋间外肌和相应的前外侧群腹肌（腹内斜肌、腹外斜肌、腹横肌和腹直肌等）；皮支依相应的节段分布至胸腹部前面和侧面的皮肤。

4. 腰丛　由第 12 胸神经前支一部分、第 1～第 3 腰神经前支和第 4 腰神经前支的一部分组成。第 4 腰神经前支的其余部分和第 5 腰神经组成腰骶干，加入骶丛（如图 6 - 35）。发自腰丛的皮神经至腹壁下部、大腿、小腿及足部等处皮肤。肌支至股前群肌及股内收肌群。腰丛中的主要神经有：①股神经，是腰丛中最大的一支，经腹股沟韧带深面至股部，在股前面分数支，其中最长的一支为隐神经，随大隐静脉下行至足内侧缘（如图 6 - 36A）。股神经的肌支主要支配股肌前群，使髋关节屈曲，漆关节伸直。皮支分布于股前面、小腿内侧和足内侧皮肤。②闭孔神经，出现于腰大肌内侧缘，与闭孔血管共同穿闭孔膜至股部。肌支分布于大腿内收肌群。皮支分布于大腿内侧皮肤[1]。

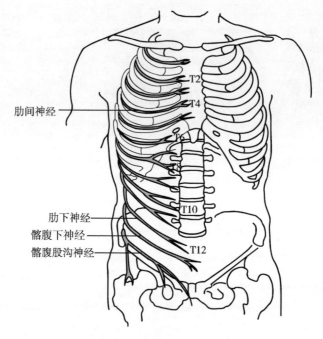

肋间神经

T2
T4

T10
肋下神经
髂腹下神经
髂腹股沟神经
T12

图 6 - 34　胸神经前支分布示意图

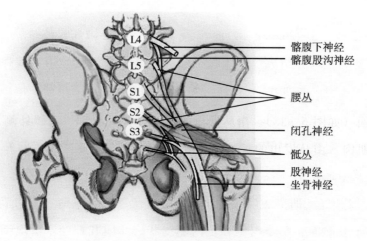

L4
L5
S1
S2
S3

髂腹下神经
髂腹股沟神经

腰丛

闭孔神经

骶丛

股神经
坐骨神经

图 6 - 35　腰骶丛组成半模式图[1]

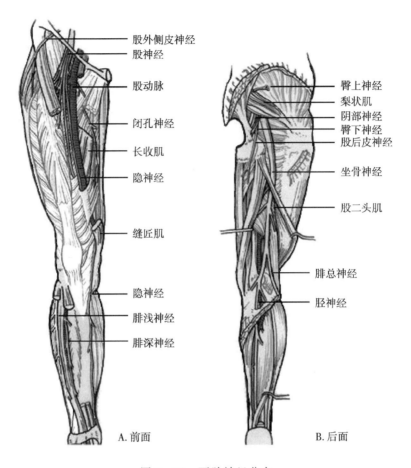

股外侧皮神经
股神经
股动脉
闭孔神经
长收肌
隐神经
缝匠肌
隐神经
腓浅神经
腓深神经

臀上神经
梨状肌
阴部神经
臀下神经
股后皮神经
坐骨神经
股二头肌
腓总神经
胫神经

A. 前面　　　　　　　　　　　B. 后面

图 6-36　下肢神经分布

5. 骶丛　由腰骶干、全部骶神经及尾神经的前支构成。骶丛位于骨盆后壁前面（如图 6-35）。由丛发出的短神经支配臀部、大腿外侧、肛门及会阴部肌肉。由丛发出的长神经主要为坐骨神经。坐骨神经为全身最粗大神经，也是骶丛的主要神经，直径可达 1 cm，其总干和终支延伸在整个下肢背侧。总干位于臀大肌深面，分支至大腿背侧肌群。坐骨神经在腘窝分为内侧的胫神经和外侧的腓总神经（如图 6-36 B）。胫神经自腘窝分出后下降至小腿后面，肌支支配小腿后肌群，皮支支配小腿后面和足背外侧的皮肤。腓总神经在腘窝处分出后斜向外下，分为两支至小腿，肌支支配小腿前外侧肌群和前肌群，皮支至小腿外侧、足背和趾背的皮肤。

二、脑神经

脑神经（Nervi Cerebrales）发自脑部的腹面，从颅骨中的一些孔道传出，分布于头面部的器官和胸、腹腔中的器官。脑神经共 12 对，其排列顺序通常用罗马数字表示。依次为Ⅰ嗅神经、Ⅱ视神经、Ⅲ动眼神经、Ⅳ滑车神经、Ⅴ三叉神经、Ⅵ展神经、Ⅶ面神经、Ⅷ位听神经、Ⅸ舌咽神经、Ⅹ迷走神经、Ⅺ副神经和Ⅻ舌下神经，其中三叉神经分别由眼神经、上颌神经和下颌神经组成（如图 6-37、图 6-38）。

（一）脑神经的类别和成分

不同的脑神经所含的纤维成分不同。依其主要纤维的成分和功能的不同，可把脑神经分为 3 类。①感觉神经，包括嗅、视和位听神经。②运动神经，包括动眼、滑车、展、副和舌下神经。③混合神经，包括三叉、面、舌咽和迷走神经。研究证明，在一些感觉性神经内，含有传出纤维。许多运动性神经内，含有传入纤维。脑神经的运动纤维，由脑干内运动神经核

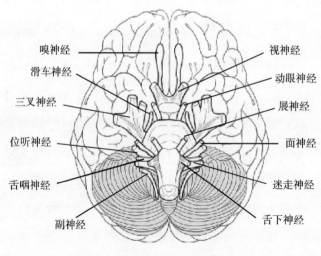

图 6-37　脑神经分布概观图

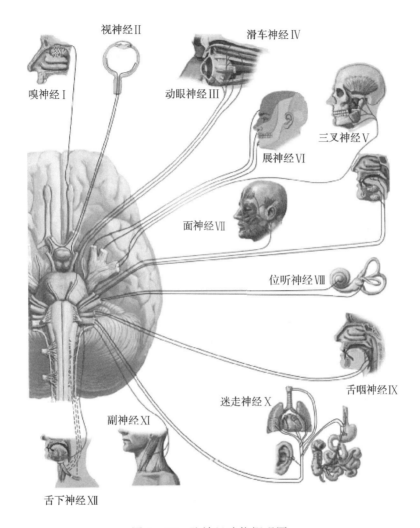

视神经Ⅱ

滑车神经Ⅳ

嗅神经Ⅰ

动眼神经Ⅲ

展神经Ⅵ

三叉神经Ⅴ

面神经Ⅶ

位听神经Ⅷ

舌咽神经Ⅸ

迷走神经Ⅹ

副神经Ⅺ

舌下神经Ⅻ

图 6-38 脑神经功能概观图

发出的轴突构成；感觉纤维是由脑神经节内的感觉神经元的周围突构成，其中枢突与脑干内的感觉神经元形成突触。

脑干中的神经核有六类。脑神经可以细分为 7 种成分，其纤维与脑干中的六类神经核相关。①躯体传出纤维，支配由头颈部肌节发生的骨骼肌。②特殊内脏传出纤维，支配由鳃弓衍发的骨骼肌，如表情肌、咀嚼肌、咽喉肌和胸锁乳突肌等。③一般内脏传出纤维，支配平滑肌、心肌和腺体。

④特殊内脏传入纤维，分布于味蕾和嗅器。⑤一般内脏传入纤维，分布于由内胚层发生的一般内脏感受器。⑥一般躯体传入纤维，分布于由外胚层发生的一般皮肤、黏膜感受器，传导痛、温、触和本体感觉冲动。⑦特殊躯体传入纤维，分布于由外胚层形成的特殊感受器，即视器和位听器。

（二）脑神经的性质、分布和生理功能

人的脑神经位于头部颅骨围成的颅腔内，因此又称颅神经。脑神经共12对。

1. 嗅神经　为感觉神经，主要负责鼻子的嗅觉。

2. 视神经　属感觉神经，主管眼睛的视物功能。

3. 动眼神经　大部分是支配眼肌的运动神经，部分为一般内脏传出纤维。主管眼球向上、向下、向内等方向的运动和上睑上提及瞳孔的缩小等。

4. 滑车神经　主要是运动神经。主管眼球向外下方的运动。

5. 三叉神经　为混合神经，有运动和感觉两个根。较大的感觉根负责面部的痛、温、触等感觉；较小的运动根主管吃东西时的咀嚼动作。三叉神经共分为3支：第一支叫做眼支，称为眼神经，最细，属于感觉神经。主要负责眼裂以上之皮肤、黏膜的感觉，如额部皮肤、睑结膜、角膜等处的感觉。第二支叫做上颌支，称上颌神经，全部为感觉纤维。主管眼、口之间的皮肤、黏膜之感觉，如颊部、上颌部皮肤、鼻腔黏膜、口腔黏膜上部及上牙的感觉。第三支叫做下颌支，称下颌神经，最大，为混合神经。主管口以下的皮肤、黏膜之感觉，如下颌部皮肤、口腔黏膜下部及下牙的感觉。

6. 展神经　为运动神经，主管眼球向外方向的运动。

7. 面神经　属于混合神经，包括运动、感觉和副交感3种神经纤维。主管面部表情肌的运动，此外还主管一部分唾液腺的分泌以及舌前2/3的味觉感觉等。

8. 位听神经　为躯体传入神经。由两部分组成，一部分叫做听神经，主管耳对声音的感受；另一部分叫做前庭神经，其主要作用是保持人体的平衡。

9. 舌咽神经　属于混合神经，起自延髓，分布于舌及咽部。主管咽喉部黏膜的感觉，一部分唾液腺的分泌和舌后 1/3 的味觉，亦与第 10 对迷走神经一起主管咽喉部肌肉的运动。

10. 迷走神经　为混合神经，是脑神经中行程最长，分布最广的神经。除与第 9 对舌咽神经一起主管咽喉部肌肉的运动外，还负责心脏、血管、胃肠道平滑肌的运动。

11. 副神经　主要为运动神经，负责转颈、耸肩等运动。

12. 舌下神经　属于运动神经，主管舌肌运动。

人体十二对脑神经的性质、分布和主要生理功能等见表 6-1。当任何一个脑神经受到损伤时，就会表现出该神经支配区域的感觉或运动功能障碍，并表现出相应的临床症状。此外，十二对脑神经都是在人体最高司令部——大脑的统一指挥下进行工作的，从而保证了它们的工作能各尽其能而又有条不紊。

表 6-1　　　脑神经的性质、分布和主要生理功能等简表[1,2]

名　称	性　质	起　源	分　布	功　能	中　枢
Ⅰ嗅神经	感觉	大脑嗅球	鼻腔上部黏膜	传导嗅觉	嗅球
Ⅱ视神经	感觉	间脑	视网膜	传导视觉	外侧膝状体
Ⅲ动眼神经	运动、副交感	中脑腹侧	眼肌、睫状肌	运动眼球，提上睑，缩小瞳孔	动眼神经核、缩瞳核（EW核）
Ⅳ滑车神经	运动	中脑背侧	眼肌	使眼球转向外下	滑车神经运动核
Ⅴ三叉神经	感觉、运动	脑桥中部腹外侧	眼球、眼睑、鼻、口、舌、牙、上下颌等	司面部感觉和咀嚼肌运动	三叉神经脊束核、主核及运动核
Ⅵ展神经	运动	脑桥与延髓锥体间	眼肌	使眼球向外转	展神经核

续表

名 称	性 质	起 源	分 布	功 能	中 枢
Ⅶ面神经	运动、感觉、副交感	脑桥与延髓交界处的腹侧	颜面肌肉、舌、唾液腺等	司表情肌的活动、味觉及唾液腺分泌	面神经核、孤束核、脑桥泌延核
Ⅷ位听神经	感觉	脑桥与延髓的腹外侧	内耳的耳蜗和前庭	传导听觉和位觉	前庭神经核、蜗神经核
Ⅸ舌咽神经	感觉、运动、副交感	延髓上部外侧	舌、咽黏膜及肌肉	司味觉、咽黏膜感觉与肌肉运动	疑核、延髓泌延核、孤束核、三叉神经脊束核
Ⅹ迷走神经	感觉、运动	延髓外侧、舌咽神经下方	外耳、咽、喉、气管及内脏器官	司咽喉感觉、咽肌及大部分内脏的运动和腺体分泌	疑核、迷走神经背核、孤束核、三叉神经脊束核
Ⅺ副神经	运动	延髓外侧	肩部肌肉	司肩部肌肉运动	副神经核
Ⅻ舌下神经	运动	延髓腹外侧	舌肌	司舌肌运动	舌下神经核

三、自主性神经

自主性神经（Autonomic Nerve）是指支配内脏、心血管及腺体运动的神经。自主性神经掌握着性命攸关的生理功能，如心脏搏动、呼吸、消化、血压、新陈代谢等。自主性神经和躯体神经一样，都受脑的各级中枢控制，特别是在大脑皮质的控制下统一调节内脏的活动，以维持机体内环境的相对平衡。但自主性神经通常不受意志的支配，因此又称植物性神经（Vegetative Nerve）。对于未受训练的人，无法靠意识控制该部分神经的活动。对于熟练掌握了神经系统控制细胞呼吸疗法、印度瑜伽或生物反馈技术的人，可用意识调节自身自主神经系统的功能。

（一）自主性神经和躯体运动神经的差异

自主性神经和躯体运动神经的差异为：①躯体运动神经支配骨骼肌，受意志支配；自主性神经支配平滑肌、心肌和腺体，通常不受意志的控制。

②躯体运动神经元的轴突自中枢发出后可直达所支配的器官；自主性神经自中枢发出后，需要在周围部的自主性神经节内更换神经元，才能到达所支配的器官。自主性神经第一个神经元（节前神经元）的细胞体在脑干和脊髓，它们发出的纤维叫节前纤维。自主性神经第二个神经元（节后神经元）的细胞体在周围的神经节内，它们发出的纤维叫节后纤维。一个节前神经元可以和多个节后神经元发生突触（如图 6-39、图 6-27）。③躯体运动神经纤维是较粗的有髓纤维。自主性神经则相对较细，一般节前纤维

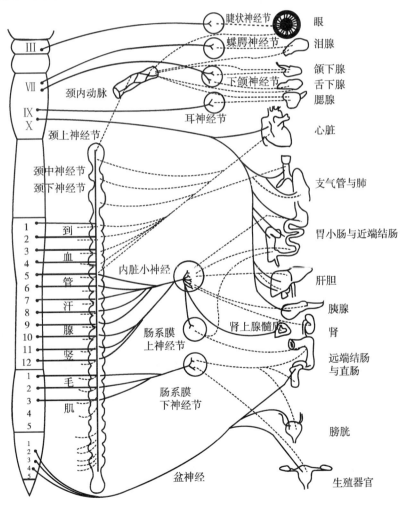

图 6-39　自主性神经系统示意图

是较细的有髓纤维，节后纤维则是细的无髓纤维。④躯体运动神经元的细胞体在脑干和脊髓全长的灰质前角中。自主性节前神经元的细胞体在脑干和脊髓的胸腰段和骶段[1]。

（二）自主性神经的类别

依据形态和功能的不同，自主性神经可分为交感神经、副交感神经和肠神经系统。

1. 交感神经（Sympathetic Nerve） 交感神经分为中枢部、交感干、神经节、神经和神经丛。中枢部指交感神经的低级中枢，位于脊髓胸段全长及腰髓1～3节段的灰质侧角。交感干成对，位于脊柱两侧，呈链锁状，由交感干神经节及节间支连接而成。交感干与脊神经通过交通支相连（如图6-40、图6-41）。交感神经是自主神经系统的重要组成部分，可概括为

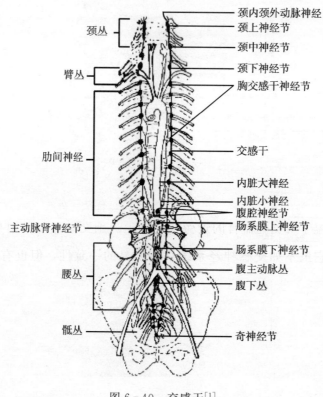

图 6-40 交感干[1]

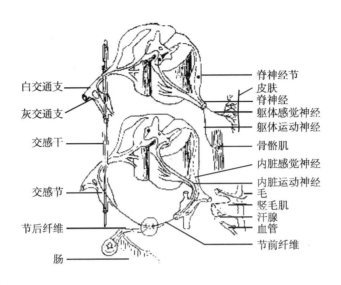

脊神经节
皮肤
脊神经
躯体感觉神经
躯体运动神经
骨骼肌
内脏感觉神经
内脏运动神经
毛
竖毛肌
汗腺
血管
节前纤维

白交通支
灰交通支
交感干
交感节
节后纤维
肠

图 6-41　交感神经纤维走行模式图[1]

产生应激作用，由脊髓发出的神经纤维到交感神经节，再由此发出纤维分布到内脏、心血管和腺体。交感神经的主要功能使瞳孔散大，心跳加快，皮肤及内脏血管收缩，冠状动脉扩张，血压上升，小支气管舒张，胃肠蠕动减弱，膀胱壁肌肉松弛，唾液分泌减少，汗腺分泌汗液、竖毛肌收缩等。当机体处于紧张活动状态时，交感神经活动起着主要作用。

2. 副交感神经（Parasympathetic Nerve）　副交感神经的中枢部位于脑干的副交感神经核（EW核、脑桥泌涎核、迷走神经背核）和骶髓 2～4 节段。神经节位于所支配器官的近旁或脏壁上。副交感神经作用与交感神经作用相反，它虽不如交感神经系统具有明显的一致性，但也有相当关系。它的纤维不分布于四肢，而肾上腺、甲状腺、子宫等具有副交感神经分布处。副交感神经系统主要维持安静时的生理需要，多数扮演休养生息的角色。其作用有 3 个方面：①瞳孔缩小以减少刺激，促进肝糖原的生成，以储蓄能源。②引起心跳减慢，血压降低，支气管缩小，以节省不必要的消耗。③消化腺分泌增加、增进胃肠的活动，促进大小便的排出，保持身体的能量。协助生殖活动，如使生殖血管扩张，膀胱收缩等反应，性器官分泌液增加[3]。

3. 肠神经系统　肠神经系统相比交感神经和副交感神经，受中枢调节不多，比较独立。

（三）自主性神经的区别与比较

自主性神经主要由交感神经、副交感神经组成。两者虽然都是内脏运动神经，但两者的起源、分布和功能均有不同。

1. 中枢部位不同　交感神经中枢位于脊髓胸 1～腰 3 节段灰质侧角；副交感神经中枢位于脑干和脊髓骶 2～4 节段。

2. 周围神经节的部位不同　交感神经节位于椎旁和椎前，副交感神经节位于所支配的器官附近和器官壁内。因此，副交感神经节前纤维长，节后纤维短。而交感神经节前纤维短，节后纤维长。

3. 神经元的作用范围不同　一个交感神经节前神经元的轴突可与许多节后神经元形成突触；而一个副交感神经节前神经元轴突则与较少节后神经元形成突触。故交感神经作用范围广泛，而副交感神经则较局限。

4. 神经的分布范围不同　交感神经在周围的分布范围较广，除至胸、腹腔脏器外，遍及头、颈各器官、全身血管、皮肤汗腺和竖毛肌等。副交感神经在周围的分布则不如交感神经广泛，通常认为大部分血管、汗腺、竖毛肌和肾上腺髓质均无副交感神经支配。

5. 对同一器官的作用不同　大多数内脏器官都受交感和副交感神经的双重支配，但两者作用的性质是拮抗的。二者既互相对抗，又互相统一，在大脑皮质的统一支配下共同协调各器官的活动[1]。

（四）自主性神经功能作用比较

大多数内脏器官都受交感和副交感神经的双重支配，两种自主性神经对器官等的作用及功能见表 6 - 2。

表 6-2　　　　　　交感神经和副交感神经对器官的作用功效表[1]

器　官		交感神经	副交感神经
心脏		心跳加快、加强	心跳减弱、减慢
血管	冠状动脉	舒张	收缩
	大部分血管	收缩	无
支气管		舒张	收缩
消化管	腺体	唾液腺分泌黏稠唾液，抑制肝、胰分泌	唾液腺分泌稀薄唾液，促进肝、胰分泌
	平滑肌	降低平滑肌紧张度，抑制胃肠蠕动	升高平滑肌紧张度，增强胃肠蠕动
膀胱		储尿（尿道内括约肌收缩，膀胱平滑肌松弛）	排尿（尿道内括约肌松弛，膀胱平滑肌收缩）
眼　球		瞳孔开大	瞳孔缩小
皮　肤		汗腺分泌 竖毛肌收缩	无 无

从上表可见，交感神经和副交感神经的作用功效是对立统一的，相互拮抗的。它们是在大脑皮质和脑的各级自主性神经中枢统一协调下使机体保持正常功能。因为：①脑干中有许多重要的内脏反射中枢，如呼吸、心血管、排尿和呕吐等中枢，这些中枢主要分布于脑干的网状结构内；②丘脑下部有许多核，上与大脑皮质联系，下与脑干网状结构、副交感神经核及脊髓自主性神经节前神经元联系，丘脑下部是大脑皮质控制内脏活动的高级中枢；③大脑半球内侧面的边缘皮质（如扣带回、海马体等）与杏仁核等均与丘脑下部有联系，共同调节内脏活动[1]。

第四节　传导路

神经系统的基本活动形式是反射。低级的反射只含有两个神经元，传入神经元（司感觉）和传出神经元（司运动）。复杂的反射则有多个神经元参与，在传入神经元和传出神经元间还含有中间神经元。中间神经元位于中枢神经内，其轴突有的形成长距离的纤维束。复杂的反射传导路径长，有传入、传出之分，多半涉及最高神经中枢——大脑皮质，我们把这样的神经传导通路简称为传导路。传导路一般分为感觉传导路和运动传导路两种。感觉传导路为感受器→周围神经→脊髓→脑干→间脑→大脑皮质。运动传导路为大脑皮质→脑干→脊髓→周围神经→效应器。

一、感觉传导路

感觉传导路又称上行传导路。一般由 3 级神经元组成。第一级神经元的胞体位于脑、脊神经节，其树突连于感受器，轴突进入中枢与第二级神经元形成突触联系。第二级神经元的胞体位于脊髓或脑干，其纤维多至对侧上行到第三级神经元。第三级神经元的胞体均在丘脑，它发出的纤维组成丘脑皮质束，投射到大脑[1]。感觉传导路可分为 5 种。

（一）本体感觉传导路

本体感觉也称为深部感觉，传导来自肌肉、肌腱、关节等处感受器的冲动，将神经冲动传向小脑和大脑。

1. 躯干和四肢的本体感觉传导路 此传导路第一级神经元的胞体在脊神经节内，树突位于躯干和四肢的肌、腱、关节等处深感受器和浅感觉的精细触觉感受器（触觉小体），轴突经后根至脊髓后索，形成薄束（下肢纤维）和楔束（上肢纤维）上行到延髓的薄束核和楔束核。第二级神经元为薄束核和楔束核，其轴突于中央管腹侧对侧交叉（丘系交叉）后上行至丘脑外侧核。第三级神经元为丘脑外侧核，其轴突组成丘脑皮质束上行至大脑中央后回中上部、旁中央小叶和中央前回（如图 6-42、图 6-43）。

2. 反射性深部感觉传导路 传导非意识性的深部感觉，为传入小脑的深部感觉。由两级神经元构成。第一级神经元胞体位于脊神经节内，其树突连于肌、腱、关节等处深部感受器，轴突经后根入脊髓到达脊髓后角的中间内侧核或背核。第二级神经元为脊髓后角的中间内侧核或背核，其轴突

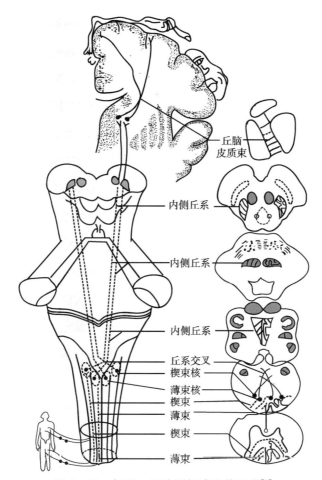

图 6-42　躯干、四肢深部感觉传导路[1]

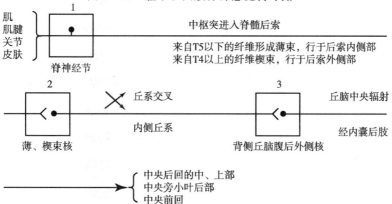

图 6-43　躯干、四肢深部感觉传导路径简图

组成脊髓小脑后束和脊髓小脑前束，在脊髓中上行至小脑（如图6-44）。

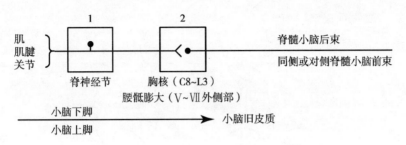

图6-44　躯干、四肢深部非意识性感觉传导路径简图

（二）浅感觉传导路

1. 躯干、四肢的痛觉和温度觉传导路　第一级神经元的胞体在脊神经节内，其树突至躯干、四肢的皮肤感受器（游离神经末梢，感觉终球等），轴突自脊髓后根外侧部入脊髓，上升1～3个节段后止于后角。第二级神经元为后角固有核。第三级神经元为丘脑腹后外侧核，其轴突组成丘脑皮质束，投射到大脑中央后回中、上部和旁中央小叶后部（如图6-45）。

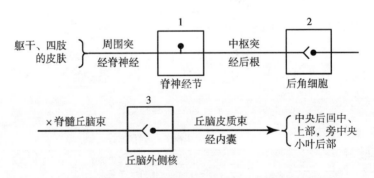

图6-45　躯干、四肢浅感觉传导路径简图

2. 躯干、四肢的轻微、模糊的触觉传导路　第一级神经元的胞体在脊神经节内，其树突至躯干、四肢的皮肤感受器（触觉小体，环层小体等），轴突自脊髓后根外侧部入脊髓，上升1～2个节段后止于后角。第二级神经元和第三级神经元与躯干、四肢的痛觉和温度觉传导路中的相同（如图6-45）。

3. 头面部浅感觉传导路　第一级神经元的胞体在三叉神经半月神经节

内，其树突组成三叉神经感觉支至头面部皮肤和黏膜感受器，轴突组成三叉神经的感觉根入脑，止于三叉神经主核和三叉神经脊束核。第二级神经元为三叉神经主核和三叉神经脊束核，其轴突越至对侧组成三叉丘系，上升至丘脑外侧核。第三级神经元为丘脑外侧核，其轴突组成丘脑皮质束，投射到大脑中央后回的下部。传导头面部痛觉、温度觉及触觉（如图 6-46）。

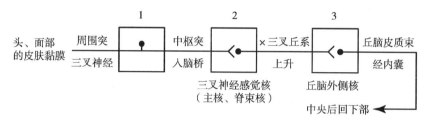

图 6-46　头面部浅感觉传导路径简图[1]

（三）视觉传导路

第一级神经元为视网膜的视锥细胞和视杆细胞。第二级神经元为视网膜的双极细胞。第三级神经元为视网膜的节细胞，其轴突合成视神经，形成视交叉后，延为视束。第四级神经元为外侧膝状体，其轴突组成视辐射止于大脑距状裂周围的皮质（如图 6-47、图 6-48）。

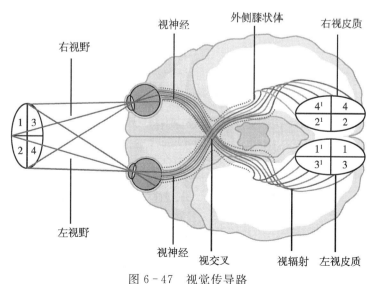

图 6-47　视觉传导路

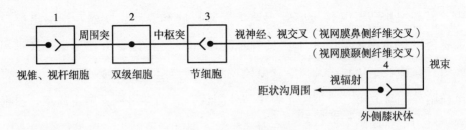

图 6-48　视觉传导路径简图[1]

(四)听觉传导路

第一级神经元为耳蜗螺旋神经节的双极细胞,其树突至内耳的螺旋器,轴突构成蜗神经,止于蜗前核和蜗后核。第二级神经元为蜗前核和蜗后核,该核发出的神经纤维一部分交叉形成斜方体,至对侧上升,另一部分不交叉沿同侧上升,两部分纤维合成外侧丘系。第三级神经元为内侧膝状体,其轴突组成听辐射,经内囊枕部至颞横回[1](如图 6-49、图 6-50)。

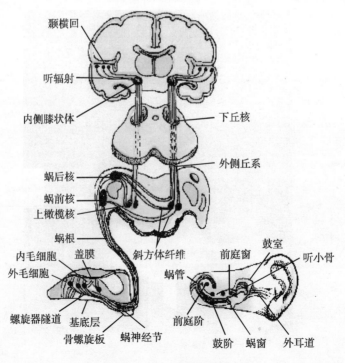

图 6-49　听觉传导路

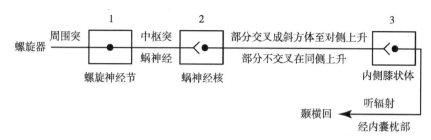

图 6-50 听觉传导路径简图[1]

外侧丘系小部分纤维止于下丘，由下丘发出纤维参加组成顶盖延髓束和顶盖脊髓束，止于脑干运动神经核和脊髓前角运动神经元，完成听反射。

（五）平衡觉传导路

第一级神经元是前庭神经节的双极细胞，其树突至半规管的壶腹嵴和球囊、椭圆囊的位觉斑，轴突组成前庭神经，止于前庭神经核。第二级神经元是前庭核，自前庭神经核发出四支纤维。第一支组成内侧纵束向上止于动眼神经核、滑车神经核和展神经核，向下止于颈髓前角运动神经元及副神经核，完成眼肌及颈部反射活动。第二支下行组成前庭脊髓束，止于脊髓前角运动神经元，完成躯干、四肢姿势的反射调节。第三支经绳状体入小脑，再自小脑经锥体外系至脊髓完成平衡调节。第四支至网状结构和脑神经的内脏运动核（迷走神经核、泌延核等）。平衡觉传导路受损时，可引起头晕、恶心等症状（如图 6-51）。

二、运动传导路

运动传导路也称下行传导路，分为锥体系和锥体外系两部分。

（一）锥体系

锥体系是支配人体骨骼肌随意运动的主要传导路，在人类特别发达。锥体系由上、下两级神经元构成。上运动神经元胞体位于大脑皮质内，其轴突构成锥体束，终止于脑神经运动核的纤维称为皮质延髓束（皮质脑干

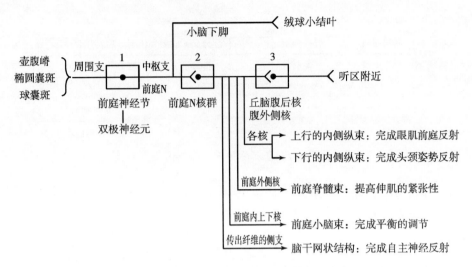

图 6-51 平衡觉传导路径简图

束），终止于脊髓前角运动神经元的纤维称为皮质脊髓束。下运动神经元胞体位于脑干的脑神经运动核或脊髓内的前角运动神经元，其轴突分别组成脑神经和脊神经的躯体运动纤维，止于骨骼肌。锥体系包括皮质脊髓束和皮质延髓束（皮质脑干束，或皮质核束）。

1. 皮质脊髓束 ①上运动神经元：胞体位于中央前回，其纤维组成皮质脊髓束，经内囊后脚下行至延髓形成锥体，大部分纤维交叉后形成皮质脊髓侧束，少部分未交叉纤维形成皮质脊髓前束。②下运动神经元：位于脊髓的前角运动神经元，其纤维参与组成脊神经，支配骨骼肌（如图 6-52）。正常反射活动中，上运动神经元对下运动神经元有抑制作用。上运动神经元损伤时，肢体出现功能亢进，呈痉挛性瘫痪，俗称硬瘫。下运动神经元损伤时，肢体呈弛缓性瘫痪，肌肉张力下降，俗称软瘫。

2. 皮质延髓束 ①上运动神经元：胞体位于中央前回，其纤维组成皮质核束下行至脑干。②下运动神经元：胞体位于脑干的躯体运动性脑神经核，其纤维组成脑神经（如图 6-53）。

锥体系传导路径简图如图 6-54。

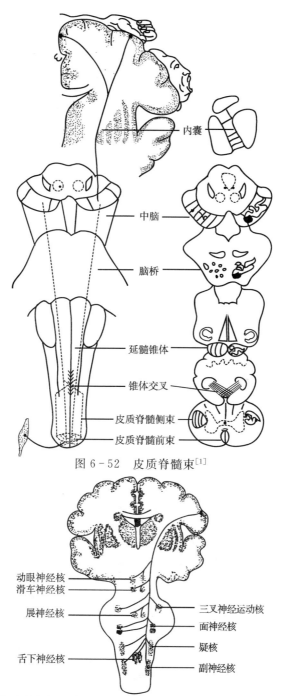

内囊

中脑

脑桥

延髓锥体

锥体交叉

皮质脊髓侧束

皮质脊髓前束

图 6-52 皮质脊髓束[1]

动眼神经核
滑车神经核

展神经核

舌下神经核

三叉神经运动核

面神经核

疑核

副神经核

图 6-53 皮质延髓束与脑神经运动核联系示意图, 图中数字为相应脑神经核[1]

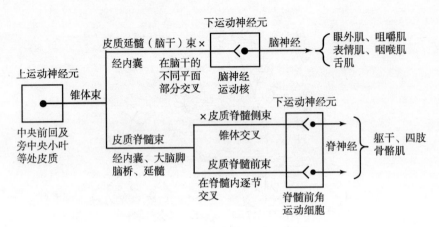

图 6-54 锥体系传导路径简图

（二）锥体外系

锥体外系主要是指锥体系以外的、控制骨骼肌运动的下行纤维束。主要功能是协调肌群运动，维持肌张力，协助锥体系完成精细的随意运动。种系发生上，锥体外系出现较早，鸟类以下的脊椎动物纹状体是最重要的运动中枢，大部分本能性活动，如运动、防御、寻食、求偶等是靠纹状体来调整的。哺乳动物由于大脑皮质的发达和锥体系的出现，锥体外系已处于从属和辅助地位。大脑皮质通过锥体系和锥体外系共同管理肢体的运动。只有锥体外系对肢体保持稳定，并给予适宜的肌张力和协调，锥体系才能执行精细的随意活动[1]。

结构上，锥体外系包括大脑皮质、丘脑、苍白球、纹状体（尾状核和壳）、黑质、红核、脑桥核、前庭核、小脑、脑干的某些网状核及它们之间联络纤维等，共同组成复杂的多级传导链。

1. 纹状体-苍白球系 由大脑皮质、尾状核和壳、苍白球、背侧丘脑、红核、黑质、网状结构等组成（如图 6-55）。

2. 皮质-脑桥-小脑系 由大脑皮质额叶、枕叶、颞叶，脑桥核，新小脑皮质，齿状核，红核，脊髓前角运动神经元等组成（如图 6-56）。

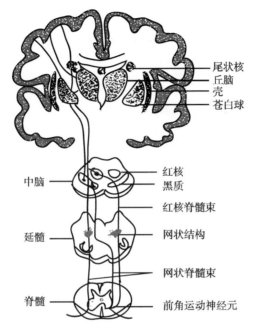

尾状核
丘脑
壳
苍白球

红核
黑质
中脑
红核脊髓束

网状结构
延髓

网状脊髓束

脊髓
前角运动神经元

图 6-55 锥体外系（纹状体-苍白球系）[1]

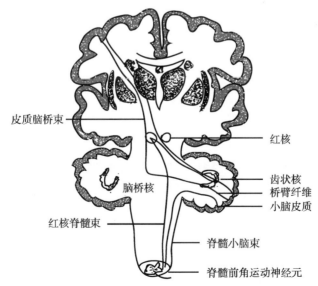

皮质脑桥束

红核

齿状核
桥臂纤维
小脑皮质
脑桥核

红核脊髓束

脊髓小脑束
脊髓前角运动神经元

图 6-56 锥体外系（皮质-脑桥-小脑系）[1]

第五节　神经冲动的传导

一、冲动在神经纤维的传导

神经元（神经细胞）接受刺激后便会引起兴奋，这种兴奋会沿神经元上的突触——神经纤维进行传导。通常我们把沿神经纤维传导的兴奋称之为神经冲动。神经纤维的功能就是传导神经冲动。

目前已经清楚，神经冲动在神经系统中的传输本质为生物电变化及其传播[2]。神经冲动传导时会发生一系列的电位变化。神经纤维未受到刺激时，细胞膜内外两侧存在着电位差，称为静息电位（Resting Potential）。表现为外正内负，而且，都会稳定在某一固定数值水平（哺乳动物神经细胞静息电位为$-70\sim-90$ mV），此时的神经细胞处于极化状态。当神经细胞接受刺激发生兴奋时，该部位细胞膜的通透性会发生改变，产生一次短暂（$0.5\sim1$ ms）的电位变化，此时神经细胞内迅速由负电位转变为正电位，称之为除极化或倒极化，这种电位波动称为动作电位（Action Potential）。之后细胞膜的通透性会发生再次改变，恢复到外正内负的极化状态。动作电位可沿神经细胞膜向周围扩散，使整个细胞膜都经历一次同样的电位波动。

神经受到刺激时，细胞膜的通透性发生急剧变化。用同位素标记的离子做试验证明，神经纤维在受到刺激（如电刺激）时，Na^+的流入量比未受刺激时增加 20 倍，同时 K^+ 的流出量也增加 9 倍，所以神经冲动是伴随着 Na^+ 大量流入和 K^+ 的大量流出而发生的。在前面章节，我们已经知道细胞膜上存在着由亲水的蛋白分子构成的物质出入细胞的通道。有些通道是经常张开的。但很多通道是经常关闭的，只有在接受了一定的刺激时才张开，这类通道可说是有门的通道。对神经传导来说，最重要的离子通道

是 Na^+、K^+、Cl^-、Ca^{2+} 等通道。神经纤维静息时。也就是说，在神经纤维处于极化状态时（电位差为 -70 mV），Na^+ 通道大多关闭。膜内外的 Na^+ 梯度是靠 $Na^+ - K^+$ 泵维持的。神经纤维受到刺激时，膜上接受刺激的地点失去极性，透性发生变化，一些 Na^+ 通道张开，膜外大量的 Na^+ 顺浓度梯度从 Na^+ 通道流入膜内。这就进一步使膜失去极性，使更多的 Na^+ 通道张开，结果更多的 Na^+ 流入。这一过程使膜内外的 Na^+ 达到平衡，膜的电位从静息时的 -70 mV 转变到 0，并继续转变到 $+35$ mV（动作电位）。也就是说，原来是负电性的膜内暂时地转变为正电性，原来是正电性的膜外反而变成负电性了。此时膜内阳离子多了，Na^+ 通道逐渐关闭起来。由于此时膜的极性并未恢复到原来的静息电位，Na^+ 通道在遇到刺激时不能重新张开，所以这时的 Na^+ 通道是处于失活状态的。只有等到膜恢复到原来的静息电位时，关闭的 Na^+ 通道遇到刺激才能再张开而使 Na^+ 从外面流入。Na^+ 通道这一短暂的失活时期相当于神经传导的不应期。Na^+ 流入神经纤维后，膜内正离子多了，此时 K^+ 通道的门打开，膜对 K^+ 的透性提高，于是 K^+ 顺浓度梯度从膜内流出。由于 K^+ 的流出，膜内恢复原来的负电性，膜外也恢复原来的正电性，这样就出现了膜的再极化，即膜恢复原来的静息电位。动作电位的出现非常快，每　次动作电位大约只有 1 ms 的时间，并且是"全或无"的。也就是说，刺激不够强时，不发生动作电位，也就没有神经冲动；刺激一旦达到最低有效强度，动作电位就会发生并从刺激点向两边蔓延，这就是神经冲动；增加刺激强度不会使神经冲动的强度和传导速度增加。

神经冲动传导是指动作电位沿神经纤维的顺序发生。解释神经冲动传导的机制主要是局部电流学说（如图 6-57）。该学说认为无髓鞘的神经纤维某一点受到刺激，如果这个刺激的强度是足够的，该处的膜将由静息时的内负外正暂时变成内正外负，但和该段神经相邻的神经段则仍处于静息时的内负外正的极化状态。膜两侧溶液有导电性，在兴奋的神经段和与它

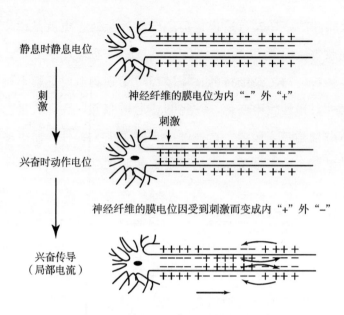

静息时静息电位

刺激

神经纤维的膜电位为内"–"外"+"

刺激

兴奋时动作电位

神经纤维的膜电位因受到刺激而变成内"+"外"–"

兴奋传导
（局部电流）

图 6 – 57　神经冲动传导的局部电流学说

相邻的未兴奋段之间，将由于电位差的存在而有电荷移动，这就是局部电流。它的流动方向是：膜外的正电荷从未兴奋段流向兴奋段，胞内的正电荷由兴奋段流向未兴奋段，这个电流方向会使未兴奋段纤维膜去极化。当这个电流足够强，使该段膜去极化达到阈值后，就会产生新的神经冲动。这样，神经冲动就是通过这种电位变化依靠局部电流一段一段地沿着神经纤维向前传导。由于纤维膜兴奋后有一个相当长的不应期，所以神经冲动的传导始终是沿着神经纤维的兴奋段向未兴奋段单向传导。此外，在神经纤维彼此接头的地方，神经冲动只能是单向传导，来自相反方向的冲动不能通过，因而神经冲动也只能朝一个方向运行。

由于动作电位产生时，电位变化的斜率和幅值都很大，而且膜两侧溶液都有良好的导电性，因此局部电流的强度，常可超过引起相邻部分产生兴奋的阈值强度数倍；即兴奋一经产生，它在同一细胞内传导有很大的"安全系数"，不易中断。

有髓鞘神经纤维外面包有一层几乎不导电的髓鞘，髓鞘只在朗飞结处中断，轴突膜和细胞外液直接接触，允许离子的跨膜移动，因此有髓鞘纤维在受到刺激时，动作电位仅在朗飞结处发生。神经冲动传导时，局部电流也只能在朗飞结处流入或流出纤维，在纤维内正电荷由兴奋的朗飞结通过节间纤维流向相邻的未兴奋的朗飞结，而在胞外液体中，正电荷由未兴奋的朗飞结沿着节间纤维流向兴奋的朗飞结。这个电流方向使未兴奋朗飞结膜去极化，和无髓鞘纤维一样，当这个电流足够大时，就引起未兴奋的朗飞结产生动作电位。由于神经冲动仅在相邻的朗飞结上先后产生，所以有髓鞘纤维的神经冲动的传导是跳跃式的，叫做跳跃传导，在其他条件类似的情况下，有髓鞘纤维的传导速度显然比无髓鞘纤维快，几个微米粗细的青蛙有髓鞘神经纤维的传导速度，相当枪乌贼直径将近 1 mm 的无髓鞘纤维的传导速度。神经髓鞘的出现加快了神经传导速度、节约了能量，是生物体以同样的体积与材料来处理大大增长的信息量的一种适应。

神经冲动的传导过程可概括为：①刺激引起神经纤维膜透性发生变化，Na^+大量从膜外流入，从而引起膜电位的逆转，从原来的外正内负变为外负内正，这就是动作电位，动作电位的顺序传播即是神经冲动的传导。②纤维内的 K^+ 继续向外渗出，从而使膜恢复了极化状态。③Na^+-K^+泵的主动运输使膜内的 Na^+ 流出，使膜外的 K^+ 流入，由于 Na^+：K^+ 的主动运输量是 3：2，即流出的 Na^+ 多，流入的 K^+ 少，也由于膜内存在着不能渗出的有机物负离子，使膜的外正内负的静息电位和 Na^+、K^+ 的正常分布得到恢复。

二、刺激信号在细胞间的传递

上面了解了神经元（神经细胞）接受刺激后引起的兴奋在神经细胞内的传导方式。我们将神经元内神经纤维上传导的兴奋称之为神经冲动。这种神经冲动主要是通过局部电流学说的机制进行传导的。当兴奋的动作电位传播超出了神经元细胞范围［如神经元与另一神经元的接触部位（突触），或者神经元与效应器细胞间〕时，信号的传递较神经冲动的传导更为复杂，涉及特殊化学递质的参与。在突触传导过程中先由电信号转换为化学信号，再由化学信号转换为电信号，所以刺激信号在细胞间比在神经纤维上的传递速度要慢。

一个神经元的轴突末梢与另一神经元的胞体或树突相接触的部位，我们称之为突触（如图 6-58）。轴突部分的突触末端膨大成球状，称为突触小体。电子显微镜下观察突触，由突触前膜、突触间隙和突触后膜构成。在靠近突触前膜的胞浆里，分布着许多内含化学递质（如乙酰胆碱、多巴胺及单胺类等神经递质）的小囊泡，称为突触小泡。神经递质的作用效果有两种：促进兴奋或抑制兴奋。神经递质通过胞吐作用被释放到突触间隙中。在突触后膜上存在各种特异性的蛋白质受体。当神经冲动传到轴突末梢时，使突触前膜产生动作电位和离子转移，Ca^{2+} 由膜外进入膜内，促使突触小泡黏附于突触前膜上，并通过胞吐作用将化学递质释放到突触间隙中（电信号转换为化学信号）。神经递质之后作用于突触后膜上的受体，改变了突触后膜对离子的通透性，使膜电位发生变化（化学信号又转换为电信号），这种电位变化称为突触后电位。通过突触后电位的作用，使突触后的神经元发生兴奋或抑制变化。

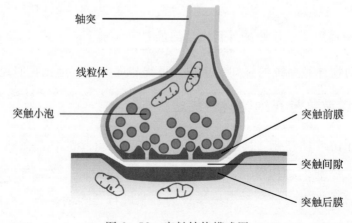

图 6-58 突触结构模式图

　　刺激信号在细胞间传递时，神经递质的移动方向为：突触小泡→突触前膜（释放递质）→突触间隙→突触后膜（如图 6 - 59）。突触间隙中的神经递质被迅速分解，或被重吸收到突触小体，或扩散离开突触间隙，为下一次兴奋做好准备。突触后膜上受体的化学本质为糖蛋白。神经递质的释放过程体现了生物膜流动性结构的特点。

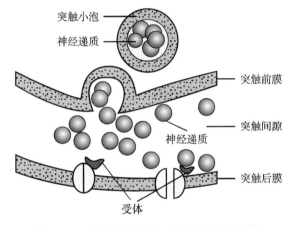

图 6 - 59　刺激信号在细胞间传递的模式图

第六节　神经系统的感知灵敏性及反应性

　　由上，我们对人体神经系统的组成、结构和功能，神经信号的传导通路，神经冲动及信号的传递机制等有了一定的了解。实际上，人类及比人类低级的动物神经系统的感知、意识、思维与反应性，远比我们现在掌握、了解的要复杂得多、精细得多、灵敏得多。对于人类神经系统的潜能、特异功能，动物的超级嗅觉、听觉、味觉及感知等能力，我们知晓的还不是很多，他（它）们神经系统的这种感知灵敏性和反应性还有待科学家进行深入的了解、分析和研究。

　　2015 年 4 月，尼泊尔 8.1 级大地震发生时，在距离震中约 100 km 的加德满都，当人还没有感觉出来时，白鸽、乌鸦及其他鸟类却已冲天而起，趴在地上的牛突然狂奔。1976 年 7 月，中国唐山发生了里氏 7.8 级大地震，有报道称地震发生的前几天，许多动物便表现出反常现象，如鸡不回笼，金鱼跳出缸外，池塘的鱼成群跳跃，大批的鸟在天空盘旋不肯降落，骡马挣断缰绳大声怪叫在大路上撒蹄狂奔，等等。这些现象无不表明，许多动物的神经系统拥有人类所缺乏的某种特别感知能力。目前，科学家认为这些动物可能具有人类所没有的专门用于探查地面振动的感觉器官。它们灵敏的感知能力能探测到精密震动监测仪都无法测出的地震前震。研究人员认为通过地表的振动进行信息交流时，速度更快、更远。例如，当大象吼叫或者跺脚的时候，它们能将信号通过地面传送至 50 km 远的地方。许多昆虫、蜘蛛、蝎子、两栖动物、爬行类动物和啮齿类动物，以及大型的哺乳动物等，都会利用这种灵敏的感应能力来保卫领地、寻找配偶、发现食物、逃避灾难和危险等。

某些动物的神经系统具备超级的嗅觉、听觉、味觉及感知灵敏性和反应性。犬科动物（如狗等）的嗅觉、听觉功能十分灵敏；鸟类（如鹰、隼等）的视觉，鼠的听觉、嗅觉，兔的听觉及蛇的听觉、触觉、嗅觉、热感应功能也异常敏锐。分布于东南亚、中国南部、马来群岛的昆虫鳞翅目天蚕蛾科属下的雄性皇蛾，能在顺风时根据嗅觉找到与其相距 11 km 远的未交配过的雌性同类，而此时雌性皇蛾身上发出的气味仅相当于 1/10000 mg 烈酒的气味，这种嗅觉的灵敏性真是令人难以置信。老鼠的嗅觉也十分灵敏，据称比犬的嗅觉强至少 10 倍，而犬对酸性物质的嗅觉灵敏度要高出人类几万倍。由此可见人类想要消灭老鼠难度不小，因为老鼠具有的超级敏锐神经感觉系统使其能够轻易探知周围环境的危险性。蛇由于长期适应洞穴生活，视觉退化，然却具有超灵敏的嗅觉感知系统，其具有一对位于口腔顶部腭骨中线前两侧的锄鼻器和口腔内细长分叉的舌头，蛇通过不停地反复吞吐舌头，便可以搜集到空气中各种动物或异性散发出来的少量化学气味分子，然后通过锄鼻器、嗅神经与脑神经的分析，就能辨别出这些气体分子是代表异性、猎物或天敌，并迅速作出准确的反应。据称蛇的嗅觉及反应灵敏性远远超过狗的搜寻和追踪能力。蛇发达的嗅觉器官，使其易于搜寻那些隐藏在各个角落中的动物，以及那些被咬伤后挣扎逃跑，后来又在某个隐蔽角落毒发身亡的动物。此外，部分蛇，如蝮亚科的五步蛇、蝮蛇、竹叶青、烙铁头及蟒科的蟒蛇等，在头两侧的鼻孔与眼睛之间有一个凹陷的、前宽后窄呈三角形的区域，称为"颊窝"。蛇颊窝的薄膜上布满神经末梢，对红外线特别敏感，能感受外界环境的气温变化，因此颊窝又被称为"热感应器"或"热测位器"。研究发现蛇的颊窝能测出小至0.003 ℃的温度变化。当颊窝薄膜感受到不同的温度时，会立即在膜上产生温差电动势，并迅速传入蛇的中枢神经，使蛇能准确无误地辨别出猎物的位置，并在 1/10 s 内采取攻击行动。人类的嗅觉虽然远不及上述动物，却依然能分辨出 2000 余种不同的气味[4]。受过专业训练的人，能极大调动嗅觉感知的灵敏性，如香水调剂品味师的嗅觉能力便会超过常人许多倍，可品味出约 2 万种不同的香味[5]。实际上，人类目前对复杂嗅觉形成的原理和过程的研究还处在探索阶段。现已发现嗅觉信号的传导是通过嗅觉受体（Odorant Receptor，ORs）的介导来完成的。嗅觉受体是一类跨膜结构蛋白，在气味的识别过程，可与气味分子结合，从而可能激活 G 蛋白偶联受体信号路径，通过第二信使实现嗅觉信号的转导[6]。科学家发现编码人类气味受体蛋白的是一个大型基因组群，其中约有 1000 个不同的基因，因此产生的气味受体蛋白也有约 1000 种，再通过不同的组合，便形成了大量的气味模式，这或许就是人们能够辨别和记忆约 1 万种不同气味的基础[5]。当人类进行嗅觉感知时，气味分子与嗅觉受体细胞上的嗅觉受体蛋白结合，由此激活嗅觉受体细胞产生电信号，嗅觉受体细胞将此电信号传递给大脑嗅球中的"嗅小球"，嗅小球随后又激活被称为僧帽细胞的神经细胞，之后僧帽细胞将信息传输到大脑，使大脑最终感知到特定的气味（如图 6 - 60）。

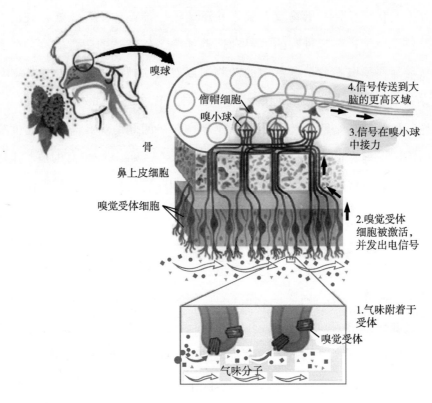

图 6-60 人体嗅觉感知形成的原理和过程模式图[5]

对于气体的感觉是通过嗅觉，而对于液体的感觉则是通过味觉来完成的。我们对味道的分辨通常用酸、甜、苦、辣、咸来形容，实际上，人类对味觉的感知远不止这几种，比如"涩"味、"鲜"味等。科学家发现人类的味觉有男女之分，并且女人的味觉比男人更敏锐，女性对于任何味道的溶液都能在浓度更低时感知到；而且男女都是越年轻，对味道越敏感。人和动物对味觉的感知结构通常称为味蕾，人和高等动物的味蕾位于舌头上，生活在水中的鱼类则身体表面从头到尾布满味蕾，而昆虫中的蝇类和蝴蝶等主要通过它们胸足的末节来感知溶液的味道。通常来讲，味蕾数目的多少决定着动物对味觉的敏感性。现在已知人类有大约 3000 个味蕾，猪有 5500 个，兔子有 17000 个，牛有 35000 个，羚羊的味蕾数可达 55000 个；

而部分动物（如海洋中的鲸鱼）的味蕾数很少或没有。所以，人类的味觉在动物界只属于中等水平，许多动物的味觉比人类灵敏得多。此外，研究者们还发现部分动物如牛蛙、鸟、鼠及人类能尝出钙的味道，出现钙舔现象，就像一些动物会产生盐舔现象一样。2005年，科学家在小鼠的舌头上发现了能感觉长链脂肪酸的结构，2012年，在人类的舌头也发现存在这样的结构，如此表明，动物对食物中脂肪的感受不仅可以通过触觉和压力等的质地变化来感知，而且能直接品尝出脂肪的味道。因此，动物对味觉感知的灵敏性要远比我们以前所设想的复杂、敏锐得多。

人类的耳朵担负着听觉功能，人耳能听到声音频率的正常范围为 $2\sim5$ kHz。频率小于 20 Hz 或大于 20 kHz 的声音，人耳一般便无法听到，称为"超声波"。2014 年《自然》杂志报道，美国神经外科教授 Itzhak Fried 和同事的研究证实，人类大脑中的单个听觉神经元对于非常窄的范围的声音频率变化，如一个音阶的 1/10，都能作出惊人的分辨性；即使没有接受过音乐训练的人的听觉神经元也能检测到极其微小的频率差异变化。神经细胞鉴别最轻微声音频率差异的能力要超过听觉神经灵敏度的 30 倍。目前已知，动物界具有最敏锐听觉能力的是大蜡螟飞蛾，这种昆虫能够感知高达 300 kHz 的声音频率，为动物界能感知声音频率的最高纪录；这也意味着它的听力要比人类的耳朵敏感 150 倍。其次是蝙蝠，蝙蝠的听觉范围最大可达 212 kHz；此外，大部分种类的蝙蝠还具有敏锐的听觉定向系统或回声定向系统，即它们可以通过发送超声波信号，并根据超声波遇到障碍物以及附近生物反弹回来的声波变化来感知、判断是躲避还是捕食等。它们的听觉及回声定向系统是如此精确以至于蝙蝠能通过每一个声波信号来辨别物体的位置、大小、方向甚或是物体的物理性质。由于蝙蝠发出的声波频率大约只及大蜡螟听觉频率的 2/3，因此，大蜡螟能轻易感知周围蝙蝠存在的危险，从而躲避蝙蝠对它的捕食。海豚的听觉也十分灵敏，能听到 130 kHz 的声音，一滴水滴落都能引起它的注意，而且海豚也具备通过发送超声波信号来感知天敌存在或进行捕食等的精确定位系统，即我们所称的声纳系统。狗能听到 15 Hz～120 kHz 的声音，据称狗可分辨极为细小和高频率的声音，而且对声源的判断能力也很强，即使睡觉也保持着高度的警觉性，对半径 1 km 以内的声音都能分辨清楚。狗对于声音方向的辨别能力是人类的 2 倍，能分辨来自 32 个方向的声音。猫头鹰出色的听觉能力在于其听觉器官的构造和功能有不少特点。首先，猫头鹰耳孔周围长着一圈特殊羽毛，形如一个测音喇叭，大大增强了接收到的声音。猫头鹰耳中的鼓膜面积约有 50 mm²，比鸡的耳膜大 1 倍。而且猫头鹰的鼓膜是隆起的，这样又使面积增加了 15%。同其他鸟类相比，猫头鹰的声音传导系统更复杂，耳蜗更长，耳蜗里的听觉神经细胞更多，而且听觉神经中枢也非常发达。如猫头鹰的前庭器中含有 16000～22000 个神经元，鸽子仅有3000 个。其次，猫头鹰在感受声音时，两只耳朵能分辨极其微小的音量差异，从而使猫头鹰能迅速确定声源位置。最后，猫头鹰的听觉对 3～7 kHz的声波频率最敏感，刚好覆盖了老鼠及其他啮齿类动物的叫声频率范围。驼鹿敏锐的听觉不仅来自于它的耳朵，更与它头上的鹿角"助听"有关。驼鹿的耳朵不仅比一般鹿科动物的耳朵大，而且还能转动自如，几乎可以听到任何方向的声音。科学研究发现，驼鹿听觉敏锐其实还与鹿角有关，而且，雄性驼鹿听觉比雌性驼鹿好，长有较大鹿角的雄鹿比鹿角脱落的同类能听到更远范围的声音。实验证明，鹿角可以提高音量 10% 以上，从而使驼鹿能听到最远 3.2 km 外的声音。

　　人类的本体感觉是指我们对自己身体上的各种感觉，包括对疼痛、温度，以及对机械运动等的种种反应。对于不同的人来说，神经系统中的本体感觉灵敏性和反应性是不同的。笔者一位患尿毒症的亲人就明确表示，能感受到口腔中时常有着一股浓浓的氨味。据报道，我国有患严重钙沉积症的患者其神经系统能感觉到钙盐微粒能像沙子般的在体内移动，并且越来越多、越来越粗。他感受到，细小的结石微粒移动时可直接与细胞间隙通道上的神经细胞摩擦，从而产生很强的感知信号，大量结石在体内流动时，感觉如同一条长不见首尾的粗糙巨蛇在体内移动；神经系统甚至能感觉出结石颗粒的不规则尖锐棱角。但是，到医院用 CT 扫描和磁共振仪检查时，却查不出任何病症。他认为，神经细胞感知的灵敏度、智能性及神经细胞结构的复杂性可能远超现代仪器。

　　通常来讲，普通人通过自己的眼、耳、鼻、舌、身产生视觉、听觉、嗅觉、味觉和触觉 5 种感觉，即我们熟知的"五感"来感知外部世界。但到了 20 世纪 90 年代末，大量来自解剖学、生理学和心理学等方面的科学研究表明，人类还存在着"第六感"（超感官知觉，ESP），第六感能透过人体已知正常感觉器官及其他的渠道接收信息，并可能预知将要发生的事情。科学家将这种第六感觉又称之为"心觉"、"机体觉"或"机体模糊知觉"；第六感不会时刻存在及影响我们的日常生活，而是以一种非常规的方式存在和表现。虽然某些精神训练，可以使人的第六感增强，但大部分人则是表现为随机的状态，时有时无。目前，科学家对人类第六感的研究还不深入。古希腊科学家、哲学家亚里士多德曾经认为人类的触觉其实还应该细分为多种感受类型；俄罗斯科学家认为第六感是人类的一种独立肌肉运动感觉，当人的情感思维发生变化时，人体具有的生物电流、生物磁场强弱也会随之改变，由此产生的生物电变化会向外辐射，传递生物信息。第六感可以通过人类已知及未知的感觉器官接受外界或身体内部的各种刺激，反应给大脑并呈现出一种预知推断的感觉意识。由此可见，我们人体神经系统潜在的感知灵敏性和反应性已远远超过现代的精密分析仪器和检测技术。虽然，人体的感觉潜能因人而异，并且会随着年龄的增长出现衰退；但是，通过锻炼、训练及对身体不适部位等的长期关注，可以明显提高我们自身特定部位感觉功能的灵敏性和反应性。有研究报道[7]，通过对 18 名太极推手练习者进行为期 4 个月的实地实验研究，发现太极推手对人的神经系统有改善作用，能明显提高中老年人手眼配合、触觉、内部感觉等方面的灵敏性和稳定性。测试结果显示，练习太极推手的中老年人总阅读数、错误率、遗漏率、皮肤的触知觉及单脚站立平衡能力与练习前对比有显著性差异（$P<0.05$）（见表6-3）。表明，长期进行太极推手运动锻炼可以改善大脑的神经系统，使通过视觉进行信息处理的能力得到增强；此外，该锻炼可以改善自身局部皮肤的敏感性，增强皮肤对于外界的触知觉能力，并可使练习者更长时间地保持单脚站立平衡。

表6-3　　太极推手锻炼对提高人体神经系统灵敏性和稳定性实验数据表[7]

实验项目	实验前	实验后	显著性差异值
总阅数 N	364.51	521.54	$P<0.05$
错误率%	14.66	10.82	$P<0.05$
遗漏率%	14.16	9.20	$P<0.05$
触知觉两点阈 cm	4.4	3.4	$P<0.05$
闭目单脚平衡 S	43.77	62.18	$P<0.01$

参考文献

[1] 张善庆，王平. 人体组织解剖学 [M]. 北京：人民教育出版社，1981：194-262.

[2] 张銮光. 普通生物学 [M]. 高等教育出版社，1986：173-177.

[3] 孙苓，韩永吉，王蕾. 女性与内分泌失调 [J]. 中国社区医师：医学专业，2010（32）：8-8.

[4] 王贞虎. 嗅觉之谜 [J]. 发明与创新（综合科技），2010（7）：49.

[5] 陈颖丽. 医学奖气味受体与嗅觉组织阐明人类嗅觉系统工作方式 [J]. 国外科技动态，2004（11）：22-24.

［6］杨承远. 家蚕嗅觉受体基因的结构、表达与功能初探［D］. 重庆：西南大学硕士学位论文，2010.

［7］吉骞. 太极推手对于改善中老年感知觉能力的研究［D］. 上海：上海师范大学硕士学位论文，2007.

第七章　神经系统控制的细胞呼吸与肿瘤

通过前面几章的学习，相信我们对人体组织细胞的结构、功能及肿瘤细胞的结构与特性等有了一个基本的了解和认识。对肿瘤组织细胞不再因为无知而产生莫名的害怕和恐惧。当然，我们也应该清楚现阶段所面临的状况，即肿瘤相对于其他疾病，影响因子多，成因更复杂，对付它需要考虑到的各种因素及要解决的问题也更多；前面所述其具有的致密性、善变性及转移性，可以说是招招致人于死地。要想治愈它，除了检测、医治的技术、药品与设备的研发等需与时俱进外，认识及治疗它的理论也需要有更大的提高和突破。

本章将依据生物学等方面的有关理论阐述神经系统控制的细胞呼吸与肿瘤治疗之间的关系，并依据笔者多年探索及实验神经系统控制的细胞呼吸的实际经验，结合研究时机体各方面的感受，论述神经系统控制的细胞呼吸疗法的作用及对抗肿瘤致密性、善变性及其他不适性病变等的相关机制。

第一节　神经系统控制细胞呼吸的概念与作用

一、什么是神经系统控制的细胞呼吸

神经系统控制的细胞呼吸及疗法与中国中医的气功类似，但又不同。神经系统控制的细胞呼吸理论及疗法是以现代细胞学、生理学、遗传学、

生物化学、微循环学及分子生物学等的理论知识为基础，阐述、解释利用人体神经系统感知病变部位，调控机体呼吸系统，进而支配身体其他系统、组织和细胞对病变部位进行治疗的机制，以及要达到这种目的所采取的方法和技术步骤。神经系统控制的细胞呼吸疗法具体就是指通过人的神经系统，有意识地调控人体的呼吸系统，进而调控不适病变部位（如肿瘤）的微循环体系，改善病变细胞的通透性和膜电位性，排出毒素，输入新鲜氧气，产生大量能量及生物场等，并通过神经体系感知不适部位（如肿瘤组织细胞等）形成的刺激源，诱导周围正常细胞及病变细胞产生大量特异性拮抗因子或抗体，与机体的免疫体系一起，治疗器官、组织和细胞的病变性，破坏肿瘤组织的致密性、善变性和转移性。从而起到医治肿瘤的功效。笔者将神经系统控制的细胞呼吸英译为：Cell Respiration Controlled by Nervous System，CRCNS。

　　神经系统控制的细胞呼吸疗法实际上就是通过我们的大脑中枢神经体系调控机体的呼吸系统等对人体器官、组织、微循环体系中各关键位点进行"开关"，让组织、微循环的流动性，细胞的通透性能被定向控制，从而疏通、缓解肿瘤组织的致密性，排出病变细胞内的毒素；通过定向调控细胞呼吸，改善病变部位的输氧性，让组织细胞制造大量的生物能量（ATP），如本书第五章第四节及图5-34、图5-35所指出的那样；同时，产生生物场，关于生物场本章后面还将详细论述。此外，神经系统控制的细胞呼吸疗法还可通过神经系统的"聚焦"作用，随时感知、放大肿瘤组织细胞产生的不适性，根据从不适病变部位获得的刺激性，诱导周围正常细胞及病变细胞产生特异性拮抗因子或抗体，再通过控制细胞呼吸的方法将所形成的特异性拮抗因子或免疫抗体定向输入到病变细胞，从而达到实时感知，及实时修复、破坏肿瘤细胞的善变性和转移性等。根据这一理论，患者的神经系统对呼吸系统只要还能进行控制，就能实施该种疗法。患者只有丧失意识后，才会失去进行该疗法的可能性；而意识越强，精神越能集中的患者，治疗效果将会越好，病变组织细胞也会痊愈得越快、越彻底。具有悠久历史的我国中医气功在发功治病时，情况也正是如此。

　　神经系统控制的细胞呼吸疗法为什么要采用气体？而不是液体（比如：水），笔者认为这主要是由我们人体的生理构造所决定的。因为：①气体对于我们的机体结构而言，可以被我们随意地吸入及呼出；因为我们人体都是靠肺来进行呼吸的，气体进入、呼出的量和节奏能被人的神经系统随意控制，也就是说气体的进入与呼出能很随意地根据我们的需要来控制，这点液体无法做到。②气体进入人体后的流向、对组织细胞及微循环体系的压力可通过人的神经意识、呼气与吸气、肢体肌肉的配合运动进行定向输导、调节。使用液体则难以按人的意识进行输导调控。③气体中活性氧、二氧化碳等浓度的容量比液体更大。④当呼吸时，气体中氧、二氧化碳等含量的变化将直接影响陆生动物组织细胞状态的变化，如细胞膜的通透性、细胞的生存与死亡、机体所需各种新陈代谢的生物化学反应（如生物能量的生成），等等。有时这些因素的反应速度与力度是极快的和强大的。我们都知道以肺呼吸的动物溺水、往其血管中注射空气或被绞杀时均能造成动物短时间毙命，某些药物如鱼藤酮（Rotenone）、氰化物等仅需很少的量便可造成动物的迅速死亡，就是这些因素导致机体细胞窒息缺氧、细胞呼吸电子传递链被抑制所产生的结果。因此，千万不要小看了神经系统控制的细胞呼吸疗法所产生的能量和速度。综上所述，采用气体来进行神经系统控制的细胞呼吸疗法是由于我们自身的生理结构及生化反应所决定的。神经系统控制的细胞呼吸疗法所需气体以新鲜、纯净、富含负离子的空气为最好。

二、神经系统控制的细胞呼吸疗法的作用

　　笔者经过多年利用神经系统控制机体细胞呼吸的实验、探索、思考及结合自己在开展这一疗法时的亲身感受与体会，认为神经系统控制的细胞

呼吸疗法具有如下作用。

1. 为组织细胞提供活性氧　人体组织细胞中的线粒体及其他细胞器存在大量的酶系统，均需要通过细胞呼吸及大量氧分子的参与，才能共同完成一系列的生物化学反应，由于肿瘤组织的致密性阻塞了机体微循环体系通路，破坏了正常氧气的供应，会使组织细胞缺氧病变，细胞间的信号传导出现失调，破坏正常的酶反应链，阻碍正常组织细胞合成肿瘤抗体因子，也阻碍异常组织细胞的自我修复。此外，肿瘤组织细胞的异常旺盛增殖也会与周围正常组织细胞争夺大量的活性氧；有研究报道在肿瘤组织部位能检测到缺氧的现象[1,2,3]。现已发现缺氧能诱导肿瘤细胞生成缺氧诱导因子HIF，活化促血管生成因子VEGF等的转录与表达，促进肿瘤组织血管的生成及肿瘤细胞产生多药耐药性（Multiple Drug Resistance，MDR)[4]。神经系统控制的细胞呼吸疗法通过吸气及神经系统的调控，可将大量新鲜氧缓缓输送到被阻塞的微循环部位，为组织细胞提供新鲜的活性氧[5]。

2. 通过细胞有氧呼吸，让不适部位的组织细胞合成大量能量，如腺苷三磷酸ATP等　关于这一点，笔者在后面将详述。

3. 产生局部的缺氧环境　由于肿瘤是一种细胞分化的紊乱性疾病，细胞的繁殖速度惊人，因此它比人体正常的组织细胞更活跃、代谢更旺盛，也需要争夺更多的氧。但一般来讲，肿瘤细胞比正常细胞敏感、不耐周围环境的变化，可能对活性氧更敏感；否则，肿瘤组织细胞在生长与转移等过程中不会迫不及待地诱导新生血管的生成。有报道称，当组织内氧浓度<1%（PO_2<7 mmHg）时，能抑制细胞增殖、促进其分化并诱导细胞发生坏死和凋亡[4]。通过神经系统控制的细胞呼吸疗法对肿瘤部位微循环体系实施闭气，暂停该部位的气体交换（呼吸），可造成病变部位的致密性组织细胞缺氧，使得较敏感的肿瘤细胞被窒息、破坏、凋亡甚至坏死，或造成肿瘤组织细胞及病变组织细胞代谢紊乱向细胞外排放大量有害物质（CO_2、毒素因子等）进入微循环体系（细胞间隙、组织间隙、组织液、淋

巴液、毛细血管）中。有报道称肿瘤患者的体质偏酸[6]，患者病变部位有酸痛感，表明在变异的肿瘤致密性组织细胞中确有大量的 CO_2、乳酸等酸性物质存在。

4. 提供压力疏通微循环通路　神经系统控制的细胞呼吸疗法通过机体的吸气及运气，用神经系统控制的肌肉运动可为致密性的肿瘤组织细胞部位的微循环体系通路提供持续、可变化的压力，疏通这些部位的微循环通路，使肿瘤的致密性被缓慢破解。

5. 改变呼吸频率，控制物质通透细胞　通过神经系统的控制，变化病变部位吸气、呼气的频率，能感受到组织结构松动（如小气泡冒出、排气），手心及肢体有热量和光波等的发射。微循环体系中的神经末梢能感知不适部位有物质排出感，口中生出津液，身体排汗等反应，这些迹象表明：作用部位有物质通透细胞进入了微循环体系，从而导致我们人体出现了上述反应。

6. 排出毒素　肿瘤致密性组织细胞结构及身体的疼痛、不适部位由于病变会产生大量的有害物质（毒素），但因这些部位的微循环体系受阻或被破坏，致使细胞代谢毒素大量积累，无法排出。神经系统控制的细胞呼吸疗法，可使致密、不适性部位的微循环体系通路逐渐顺畅，并通过生成的生物能量、"生物场"及气压的变化开启细胞膜上的通道将组织细胞中的代谢毒素排至细胞外、组织细胞间隙中。最后，再通过神经系统的引导，将这些进入到微循环体系中的毒素随气体（呼气、放屁）、唾液（口中生出的津液）、痰液（如黄绿色浓痰）、汗液（出汗）、尿液（排尿）、粪便（排便）、热量（发热）、可见与不可见光波的发射等排出体外，通过如此反复循环，肿瘤细胞组织的致密性结构中积聚的各种有害物质得以陆续排出、释放，组织细胞各功能得以逐步被修复，微循环体系得以改善。

7. 帮助药物及肿瘤抗体因子到达变异部位的核心　前面我们已阐明，肿瘤细胞组织产生的致密性，使其犹如一个坚固的堡垒，药物很难到达其内部核心区域，破解肿瘤的致密性是攻治肿瘤的重要条件之一。神经系统控制的细胞呼吸疗法能疏通致密性部位的微循环体系通路，通过改变压力等方式控制物质进入组织细胞。实施这种疗法的时候，我们的神经系统会有感知，虽然不能感觉具体的药物及抗体因子，但能明显感受到在致密性组织部位中存在的循环感，另外，完成这种疗法入睡后，药物及身体在睡眠中合成的免疫抗体（如干扰素、细胞因子等），能通过改善的微循环通路，到达致密性部位的核心，对变异的组织细胞治疗、修复，我们的神经系统有可能第二天便感知到这种身体好转的变化，这种微细的实时变化可能用最精密的仪器在目前还难以检出。

8．促进睡眠、改善睡眠质量　神经系统控制的细胞呼吸疗法能使不适部位的细胞组织的微循环体系通路逐步通畅，微循环体系中的神经、毛细血管、淋巴管等部分以前所遭受的压迫被减轻，疼痛感得以缓解，使我们能更快地进入睡眠，睡眠质量显著提升。良好的睡眠质量反过来又能促进机体合成更多的免疫抗体因子，加速患者身体的康复。

9．产生"生物场"破坏致密性，修复受损的组织细胞　作者在进行神经系统控制的细胞呼吸疗法时，在被作用的部位能感受到有较强的"场"感或气感，该"场"感能使身体发热、发麻；并能从被作用部位及身体（如掌心）向外辐射。作者认为，这里的"生物场"应该就是人体产生的可见光与不可见光的辐射场与神经细胞、组织细胞膜电位变化所产生的电磁场相互叠加后所产生的一种复合场效应。神经系统控制的细胞呼吸能通过神经系统的"聚焦"将不适部位各细胞发散的生物场汇集成较强的具有电磁等效应的生物场，促进特异性抗体的诱导和生成，促进某些代谢反应中电子键的断裂、结合和转移，破坏病变组织细胞的结构，阻遏或改变毒素因子生成的代谢途径。

10．合成"诱导性阻遏型舒适性因子"　神经系统控制的细胞呼吸疗法还有一个重要的作用，即通过神经系统的"聚焦"作用，随时感知、放大肿瘤组织细胞产生的不适性，根据从不适病变部位获得的刺激性，诱导正常细胞及病变细胞产生免疫抗体因子来特异性地破坏肿瘤的致密性、善变性及转移性等，促使变异细胞凋亡，消除组织细胞的不适性。这种"诱导性阻遏型舒适性因子"不是特定的，它会随病变部位的刺激性及诱导性因子的不同而变化。

11. 降低不适部位的压迫及疼痛感等 神经系统控制的细胞呼吸疗法能有效降低、舒缓不适部位的紧张感和焦灼感；抑制、减缓不适部位致密性结构的形成。

第二节　神经系统控制的细胞呼吸与生物能量的合成

生物体所有的生命活动，如生长、运动、生理生化物质的新陈代谢、与疾病的免疫应答反应，等等，都离不开生物能量的获得及参与。我们吃的食物（如碳水化合物、脂肪及蛋白质等）进入体内后，经过一系列的生物化学代谢反应，最终会将能量传递给机体细胞内生物能量的重要携带者——ATP。1 mol 分子 ATP 水解时，可产生约 7300 cal 的能量[7]。当 ATP 在生物酶的作用下分解时，就会把储存在高能磷酸键中的能量释放出来，用于生物体上述的各项生命活动等。生物能量 ATP 的合成有许多途径，其中最重要的途径则是通过细胞呼吸（Cell Respiration）来完成的。

细胞呼吸通常是指细胞的有氧呼吸，它是指生物体细胞在氧气的参与下，把有机物（如碳水化合物、蛋白质及脂肪等）氧化分解，最终生成二氧化碳或其他产物，并且释放出能量（ATP）的过程。细胞的有氧呼吸又被称之为细胞的氧化磷酸化作用。就我们直观地讲，人体吸入氧气，呼出二氧化碳生成生物能量的过程便是细胞呼吸的宏观体现。细胞呼吸可用简式表示如下：

细胞内有机物质（碳水化合物、蛋白质及脂肪等）＋ O_2 →CO_2＋ 水＋

能量（ATP）

　　细胞呼吸合成生物能量 ATP 的过程主要依赖于细胞膜或线粒体膜上的电子传递呼吸链的氧化磷酸化作用来完成（如图 7-1）。呼吸链上的氧化磷酸化全过程可用方程式表示为[7]：

$$NADH + H^+ + 3ADP + 3Pi + 1/2O_2 \rightarrow NAD^+ + 4H_2O + 3ATP$$

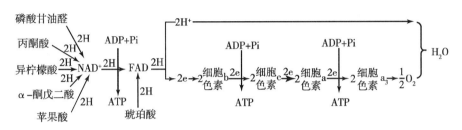

图 7-1　细胞呼吸电子传递链氧化磷酸化过程图

　　目前已知，原核细胞（如细菌）的细胞膜的内侧和外侧存在呼吸酶系统，其细胞膜上的电子传递体系具有电子传递和氧化磷酸化的功能。而在真核生物（如人类）细胞中，细胞呼吸产生能量的主要场所是在细胞中的细胞器（线粒体）膜上进行的，电子传递呼吸链的酶系分布于线粒体的内膜上（如图 7-2）。

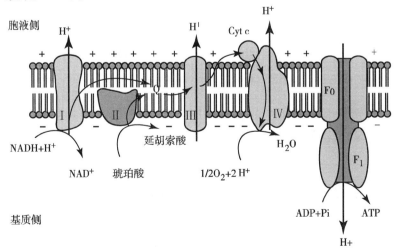

Q—辅酶 Q，Cyt—细胞色素，F—脱氢酶辅酶

图 7-2　真核生物细胞中线粒体膜上电子传递呼吸链生成 ATP 示意图

在第五章我们就已经论述，当细胞癌变时，细胞的膜系统（包括线粒体、高尔基体膜及内质网）结构和功能都发生明显改变。线粒体的数量、大小及其膜上的电子呼吸链出现异常。例如，研究发现人类原发性肝癌细胞中线粒体嵴的数目会显著减少。细胞线粒体形态变形或缺损；会导致细胞有氧呼吸受到抑制，无氧呼吸糖酵解增强。又如，大部分的肿瘤患者都会出现明显的四肢无力、感觉很累的现象，表明肿瘤组织细胞的线粒体受损后，肿瘤组织细胞必然会从周围正常组织细胞争夺大量的生物能量来维持它的恶性增殖；由于正常组织细胞生成的生物能被肿瘤组织细胞掠夺，可能导致了患者出现体力不支的现象。当然，肿瘤的致密性结构破坏病变部位的微循环通路，造成气瘀、血瘀，破坏机体正常氧气的供应，使得细胞有氧呼吸生成生物能量的过程受阻，也是使患者出现体力匮乏等现象的重要原因。正常组织细胞缺乏生物能量的最终后果，就是：不能合成对抗肿瘤细胞所需的各种免疫因子，丧失修复肿瘤细胞的免疫功能，无法完成一系列的免疫应答反应，等等。

神经系统控制的细胞呼吸疗法通过吸气、呼气、人体大脑中枢神经系统的调控及肢体肌肉的运动，可定向将大量的新鲜氧气缓缓输送到病变组织部位，疏通该部位的微循环通道，破解肿瘤组织的致密性结构，为正常及病变的组织细胞提供新鲜的活性氧，恢复组织细胞中氧化磷酸化电子传递呼吸链上氧气的供给，降低无氧呼吸糖酵解，让组织细胞得以合成大量、必需的生物能量——ATP，同时降低了无氧糖酵解中酸性物质（如乳酸）的生成，改善病变部位微循环体系的酸性环境。例如，我们都知道长期进行定向气功锻炼的人，可通过运气瞬间获得极大的爆发力，劈砖断石，说明神经系统控制的细胞呼吸能够在短时间内导致大量生物能量的产生。此外，有研究数据显示，长期进行气功锻炼的人，练功后红细胞数平均增加 26.7 万/mm^3，血红蛋白增加 $0.5 \sim 2.5 \, g$，动脉血氧分压升高，血氧饱和度增加。对血中 ATP 含量测定，练功半小时后，ATP 含量显著上升，平均升高 60 nmol/mL；而人体基础代谢率却降低 19％，氧耗率比清醒状态低 16％，比熟睡状态低 6％[5]。表明神经系统控制的细胞呼吸疗法能使机体的有氧代谢显著增强，机体处于蓄能状态。

第三节　神经系统控制的细胞呼吸与生物场

根据目前的解释，人体生物场是指存在于人体组织内部的电磁场等，是人体生命科学中尚未被研究透彻的生理指征之一。1939 年有人测出细胞膜两侧的电位差为 10～100 mV，可兴奋的细胞（神经与肌肉）膜两侧的电位差为 60～100 mV，相当于 107 V/m 的强电场，如此大的场足以使很多无机材料被击穿。在人体的新陈代谢过程中物质的运输（如离子等跨膜运输）、能量转换（呼吸链中的电子转移传递）和信息传递（动作电位，钙位）等都是电子转移和离子电流，还有心电、脑电和肌电等生物电在人体中的变化，又会产生磁场，所以在人体中肯定存在着各种电场、磁场和生物电，它们的综合作用就会形成人体所具有的一种特殊场——生物场。只不过人体组织细胞的生物场在一般情况下比较弱小、杂乱，用普通的仪器设备不容易检测出来罢了。"场"原本是物理学的范畴。现代物理学把物质的形成归结为两种，即实物与场。可以说每一种实物都同时存在着它的场，两者是共存的。人体的场因与人体状态，包括人的神经意识状态有密切关系，因此不能将它归于简单的物理场，而应称之为人体生物场。中国中医理论中尚未被完全解释清楚的经络系统很可能就与人体生物场的相互作用有关[8]。构成生命体的基本单位——细胞所具备的电磁场有可能是生物体最基本的生物场。此外，对于人体来说，除了组织、细胞可以产生生物场外，一切具备电子、离子携带者的物体与物质按理均有可能产生生物场，如血液、淋巴液、组织液及呼吸过程中的 O_2 与 CO_2 等[9]。

刘天君[5]在《中医气功学》一书中指出，人体练功时必然会造成体内物质和能量的变化，这些变化的物理形式可能涉及声、光、电、磁等各个领域。采用特殊的仪器设备进行测试，可发现人体作功时会产生：①红外效应；②声波效应；③磁效应，采用指南针、磁强计等可发现练功者能使指南针发生旋转，转角大于 $180°$，磁强度为 $1.25 \times 10^{-4} \sim 1.67 \times 10^{-4}$ T，磁性生命单元从无序排列到有序排列；④光效应；⑤辐射场效应；等等。那么人体生物场与肿瘤组织细胞会发生什么样的作用？目前这样的研究不是太多。不过已有学者开始着手研究磁场及电磁辐射对肿瘤和机体免疫的影响和作用效果了。杨逢瑜等[10]用磁场对小鼠荷瘤和人体的离体癌细胞进行试验时，发现外磁场能够选择性作用于癌细胞，干扰其正常生长；扰乱肿瘤的供血、供氧；磁疗组小鼠谷丙转氨酶（SGPT）低于化疗组的平均值（$P < 0.001$）（表 7-1），肝、心肌细胞无损伤；白细胞（WBC）高于化疗组的平均值（$P < 0.02$），免疫功能提高；血红蛋白（Hb）低于化疗组的平均值（$P < 0.05$），局部缺氧，引起癌细胞片状坏死，部分癌组织呈孤岛状（如图 7-3）；磁疗组的小鼠脾脏及胸腺较大（如表 7-2），似能说明其免疫功能的提高；经磁场处理的小鼠的肿瘤包膜明显增厚，形态变为球形或椭球形；磁通密度及磁场梯度的差异会明显影响抑癌率。还有研究表明，肉瘤细胞经磁场作用后，有丝分裂相减少，而且细胞核中 DNA 倍性降低，磁场作用损伤了肉瘤细胞 DNA 的复制和抑制了肿瘤细胞的有丝分裂[11]。强永乾、张沪生等[12、13]用恒定均匀磁场处理荷瘤大鼠，发现肿瘤组织坏死边缘有肉芽组织充填，肿瘤细胞少见，有大量凋亡小体，表明磁场可诱导肿瘤细胞凋亡。另外，现还发现磁场能使人体免疫细胞内酶活性增高，白细胞介素 IL1、IL8 基因活化，转录为 mRNA，合成大量 IL1、IL8，对免疫细胞（如 T、B、K、NK、LAK 等）活性起增强作用，从而发挥抗肿瘤效应[14]。高昱等[15]发现磁场具有增强肿瘤坏死因子（TNF）的活性以及促进膜 TNFR 表达的作用，促使瘤细胞自溶。付文祥等[16、17、18]认为，磁场抑制肿瘤的可能机制之一是磁场可能与某些电子键的断裂、结合、转移

有关；而细胞内的自由基、蛋白质、酶等大分子活性又与电子键变化有关，因此磁场作用的生物效应基础可能是通过使这些大分子的电子键发生变化，从而影响这些大分子的结构和活性。

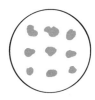

图 7 - 3 磁疗组小鼠癌组织坏死呈孤岛状照片[10]

表 7 - 1 磁疗组、化疗组谷丙转氨酶、白细胞、血色素对照表[10]

编号	磁疗组			化疗组		
	谷丙转氨酶（SGPT）（Unit）	白细胞（WBC）	血色素（Hb）（g）	谷丙转氨酶（SGPT）（Unit）	白细胞（WBC）	血色素（Hb）（g）
1	260	7000	14.0	300	9400	16.0
2	360	9800	9.0	485	8200	14.5
3	275	7800	14.0	450	9300	17.0
4	285	6900	15.5	485	5800	15.0
5	50	8600	11.5	310	6700	14.0
6	200	8400	15.0	275	8100	14.5
7	210	7900	15.0	250	6400	15.0
8	60	9800	14.5	200	4400	15.5
9	200	8177	15.0	185	5700	15.0
平均值	204	8264	13.7	327	7111	15.1

表 7 - 2 磁疗组、化疗组脾脏、胸腺重量对照表[10]

编号	磁疗组		化疗组	
	脾脏（mg）	胸腺（mg）	脾脏（mg）	胸腺（mg）
1	75	18	80	12
2	120	30	65	12
3	75	25	95	14
4	80	20	45	8

续表

编号	磁疗组		化疗组	
	脾脏（mg）	胸腺（mg）	脾脏（mg）	胸腺（mg）
5	68	10	74	10
6	95	25	60	12
7	65	30	84	11
8	80	11	85	12
9	130	15	55	16
平均值	87.8	20.4	71.4	11.8

另外，郭鹞报道[19]，调幅 94 GHz、HF、VHF 电磁波可影响动物的抗体形成，依调节幅度对抗体形成可形成正向或负向反应。不论连续或脉冲式微波，在低特别吸收率（Specific Absorption Rate，SAR）时，均可导致免疫系统变化。雄性小鼠暴露于脉冲式微波下（3.105 GHz，515 pps，1 μs 间隔，功率密度为 1.5 mW/cm^2）14 d，发现在照射中小鼠抗体量上升。电磁波对大鼠免疫功能的影响，用 2.45 GHz，10 μs 脉冲波，800 pps 的方形波，调到 8 Hz，SAR 为 0.15～0.4 W/kg，可使脾淋巴细胞对细胞因子反应增强，被照大鼠的脾 B 淋巴细胞及 T 淋巴细胞绝对数增加，抗体滴度及空斑形成细胞 PFC（Plaque Forming Cell）计数增长。脉冲式微波在 10 mW/cm^2 功率密度可使小鼠肺炎球菌免疫抗体滴度上升，而在 1 mW/cm^2 时不上升。田鼠用微波辐照（先用 SRBC 免疫，后照 2.45 GHz，10 mW/cm^2，4 h/d，照射 4 d）可见其 PFC 增高，比对照高 3 倍。用脉冲式非调频微波可使血中 IgM 增高，而且脉冲复合调频则可出现双峰相，出现尖锐波形免疫力改变。脉冲电磁场（Pulsing Electromagnetic Field，PEMF）75 Hz 可激活培养中的淋巴细胞（DNA 合成及分裂指数均增加），不同电压可使淋巴细胞对 PHA 反应不一，在低电压时增高淋巴细胞对 PHA 反应，高电压时抑制淋巴细胞对 PHA 的反应。PHA 为植物血凝素（Phytohaemagglutinin），淋巴细胞增殖剂。PHA 可刺激 T 淋巴细胞增殖分

化产生大量效应 T 细胞和细胞毒 T 细胞，效应 T 细胞分泌产生大量细胞因子（如干扰素等）杀伤病毒及特异性抗原；刺激 B 细胞转化为浆母细胞后增殖分化为浆细胞，浆细胞产生大量非特异性抗体来中和病毒等。

作者在进行神经系统控制的细胞呼吸疗法时，在被作用的部位能感受到有较强的"场"感或气感，该"场"感能使身体发热、发麻；并能从被作用部位及身体（如掌心）向外辐射。作者认为，这里的"生物场"应该就是人体产生的可见光与不可见光的辐射场与神经细胞、组织细胞膜电位变化所产生的电磁场相互叠加后所产生的一种复合场效应。根据细胞生物学、人体生理学等知识，细胞及亚细胞结构的膜两侧存在着电位差，由于微循环体系中活性氧及 CO_2 等物质浓度的变化，导致了膜结构两侧的电位差及渗透压变化，产生具有电磁效应的"生物场"。当"生物场"所产生的电磁效应强度达到一定的阈值时，便有可能改变细胞膜脂质及膜上蛋白质等分子的电磁性和结构性，改变膜通道，或影响膜结构两侧物质的通透性，直接或间接改变细胞内物质的代谢途径，如基因的表达与调控，各种诱导反应，特异性蛋白质及酶类的合成与降解，等等。我们前面所提到的动物窒息死亡就是由于其细胞膜上的电子传递呼吸链因缺氧造成电子流的传递断裂，引起了一系列致死性生物化学反应。另外，人体神经信号的传递其实也是神经细胞膜电位变化的传递。此外，人体中的心电、肌电活动也都会产生相应的电场与磁场活动。所以，神经系统控制的细胞呼吸疗法通过改变微循环体系中活性氧、CO_2 及其他物质浓度及压力的变化，会引起被作用部位"生物场"的变化；之后，通过我们神经系统的定向"聚焦"及"放大"，调控呼吸并配合周围肌肉组织细胞的运动，使该"生物场"的强度达到足够的阈值，再与上述神经系统控制的细胞呼吸疗法所产生的生物能量等一起直接作用，或诱导我们的机体合成各种特异性免疫因子，逐步对肿瘤组织细胞的致密性、善变性和转移性进行破坏，对病变的微循环体系和组织细胞进行修正。

第四节　神经系统控制的细胞呼吸
与特异性抗体因子的诱导产生

　　根据笔者多年实践、感知及分析思考，神经系统控制的细胞呼吸除了调控不适病变部位的微循环体系，改善病变细胞的通透性和膜电位性，排出毒素，输入新鲜氧气，产生大量能量及生物场等外，很可能还通过神经体系不断感知不适部位（如肿瘤组织细胞等）的刺激信号，诱导周围正常细胞及病变细胞产生了特异性的免疫拮抗因子或抗体。恰恰就是这些特异性的抗体因子与机体的免疫体系一起，在治疗病变部位的不适性、破坏肿瘤组织的致密性、善变性和转移性过程中，发挥着独到、重要的医治功效。根据实施神经系统控制的细胞呼吸疗法时的实际体验感觉，笔者将这种特异性的免疫拮抗因子或抗体也称之为"诱导性阻遏型舒适性因子"，意指这类因子是通过刺激源信号诱导产生的，具有阻遏病变部位的不适性功效，疗程中产生舒适、愉悦的轻松感，做完后能使身体感到放松、顺畅的抗体物质。这类因子也许是至今尚未被我们发现或重视的某些生化分子。这种"诱导性阻遏型舒适性因子"有可能不是某种特定的生物分子，而是某一类生化物质，它会随诱导性的不同而变化。"诱导性阻遏型舒适性因子"能特异性地破坏肿瘤组织的致密性、善变性和转移性，促使变异细胞凋亡，消除组织细胞的不适性。

一、生物体内的特异诱导性反应

　　生物体内存在着许多诱导性的特异生化反应，这种特异性的诱导反应在生物界中普遍存在，是生物种群在长期的进化历程中，为了适应自然界的复杂环境条件和变化所发展起来的一种特殊生存功能。例如，地衣芽孢杆菌利用葡萄糖作为碳源生长，当环境中没有葡萄糖而只有淀粉时，它便能以淀粉作为诱导源（又称之为底物）合成淀粉酶，然后用合成的淀粉酶分解淀粉生成葡萄糖继续生长，这里淀粉作为诱导剂诱导地衣芽孢杆菌产生了能够分解利用淀粉的淀粉酶。绿色木霉利用葡萄糖作为碳源生长，当环境中没有葡萄糖而只有纤维素时，它能以纤维素作为刺激源（底物）诱导产生纤维素酶，然后用合成的纤维素酶分解纤维素生成葡萄糖继续生长，这里纤维素作为诱导物诱导绿色木霉产生了能降解利用纤维素的纤维素酶。又如，乙型肝炎病毒侵入人体后，能刺激人体的淋巴细胞产生特异性的乙型肝炎病毒抗体，该抗体能特异性地作用于乙型肝炎病毒（专业术语称之为抗原），使之不再具有致病性，这便是我们通常所说的特异性抗原抗体免疫应答反应，显然，乙型肝炎病毒作为刺激源（抗原）诱导机体组织细胞生成了乙型肝炎病毒抗体；保护了机体免受病毒的侵害，如此等等。

现代生物工程生产的许多酶类都是通过诱导性反应所获得，我们称之为诱导酶。诱导酶需要有作用底物（诱导物）或底物的类似物存在时才能生成，无底物时，不生成或生成速率极慢[20]。表 7-3 是部分酶生成时所需的诱导物。诱导作用的强弱因诱导物而异，也随诱导物浓度的提高增强。

表 7-3　　　　现代生物工程部分酶生成时所需的诱导物[20]

酶	诱导物	酶	诱导物
α-淀粉酶	淀粉或麦芽糊精	乳糖酶	乳糖
葡萄糖淀粉酶	淀粉或麦芽糖	脂肪酶	脂肪或脂肪酸
过氧化氢酶	过氧化氢、氧	果胶酶	果胶
纤维素酶	纤维素、纤维二糖、槐糖	普鲁蓝糖酶	聚麦芽三糖或麦芽糖
葡萄糖氧化酶	葡萄糖、蔗糖	葡萄糖异构酶	木二糖、木聚糖、木糖
蔗糖酶	蔗糖		

我们再看看人体的特异性抗原抗体免疫应答反应是怎么起作用的。经过长期的进化，人体的免疫防卫体系已发展到了相当复杂和完善的程度。人体的免疫体系主要由三部分组成，第一部分是由皮肤和黏膜构成的，它

们不仅能够阻挡病原体侵入人体，而且它们的分泌物（如乳酸、脂肪酸、胃酸和酶等）还有杀菌的作用；第二部分是体液中的杀菌物质和吞噬细胞；这两部分是人类在长期进化过程中逐渐建立起来的天然防御屏障，特点是人人生来就有，不针对某一种特定的病原体，对多种病原体都有防御作用，因此称之为非特异性免疫（又称先天性免疫）。第三部分主要由免疫器官（胸腺、淋巴结和脾脏等）和免疫细胞（淋巴细胞）组成，它们是人体在出生以后逐渐建立起来的后天防御功能，特点是出生后才产生的，只针对某一特定的病原体或异物起作用，因而被称之为特异性免疫（又称后天性免疫）。人体的特异性抗原抗体免疫应答反应主要就是由淋巴细胞体系来完成的。这里，抗原就是指能够诱导、刺激机体产生特异性免疫应答的物质。抗原可分外源性抗原和内源性抗原两类，前者如细菌、病毒、花粉、各种毒素等；后者主要为机体细胞从未接触过的物质或构象发生改变的自身成分，如变性的 IgG 重链、肿瘤细胞或肿瘤细胞分泌的毒素因子等。目前认为人类的淋巴细胞主要分为 T 淋巴细胞与 B 淋巴细胞两大类[6]。T 淋巴细胞在胸腺（Thymus Gland）产生，故称之为 T 淋巴细胞（如图 7-4）。T 淋巴细胞寿命长，可存活几个月至几年，其细胞膜上有特殊受体，在其他细胞的协助下，能"识别"和排斥抗原物质，行使细胞免疫功能。B 淋巴细胞由骨髓（Bone Marrow）或肠道淋巴组织产生，故称之为 B 淋巴细胞（如图 7-5）。大多数 B 淋巴细胞的寿命较短，只能生存几天或几个星期，对抗原有"记忆"能力时则可生存几年。B 淋巴细胞在抗原的诱导、刺激下，转变为浆细胞，产生及分泌各种类型的免疫球蛋白（Immunoglobulin，Ig），如 IgG、IgA、IgM、IgE 和 IgD 等。这些抗体物质分布于体液中，行使体液免疫功能，与入侵抗原进行特异性的免疫应答反应，中和、调理抗原（病菌、病毒或毒素因子），从而保护了机体的器官、组织和细胞。

当病原体进入人体后，首先被吞噬细胞吞噬，然后将病原体上的抗原物质呈递给 B 细胞和 T 细胞，诱导它们进行免疫应答反应。B 细胞受抗原

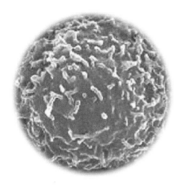

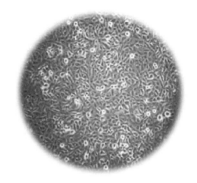

图 7-4　T 淋巴细胞　　　　　图 7-5　B 淋巴细胞

诱导、刺激，分化出浆细胞和记忆 B 细胞；浆细胞产生特异性的抗体，抗体与抗原结合，行使体液免疫功能，使其再不具有致病性，然后被吞噬细胞吞噬分解；记忆 B 细胞在相同抗原再次入侵时，能快速分化出大量浆细胞，产生大量抗体物质。T 细胞受抗原诱导与刺激，分化出效应 T 细胞，辅助 T 细胞和记忆 T 细胞，效应 T 细胞能与靶细胞结合，破坏其细胞膜，使其裂解死亡，行使细胞免疫功能；辅助 T 细胞能产生淋巴因子，增强免疫细胞的作用；记忆 T 细胞在相同抗原再次入侵时，能快速分化出大量效应 T 细胞，有效杀伤靶细胞（如图 7-6）。人体有许多物质可以作为特异

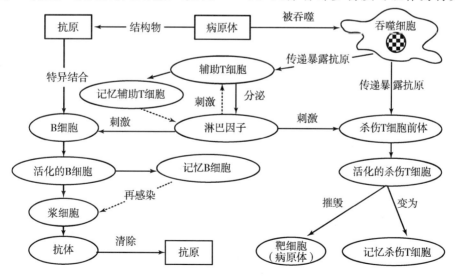

图 7-6　人体特异性抗原抗体免疫应答反应示意图

性抗原，包括肿瘤组织细胞及其代谢产生的毒素因子、转移因子等，均可以诱导、激活机体的免疫系统而发生免疫应答反应，免疫应答反应几乎可以发生在全身各个系统。

二、与肿瘤组织细胞有关的特异诱导性反应

肿瘤其实就是一种诱导性疾病，正如前面我们所述：肿瘤是人体细胞分化紊乱及代谢障碍性疾病，发病率与人的体质及所生存的环境因素有着密切的联系。人体内的正常细胞在众多内因（遗传、内分泌失调等）（约占30％）和外因（物理、化学、生物性及营养不良等因素）（约占70％）的长期作用下发生了质的改变，导致细胞代谢紊乱，过度增殖，便形成了致密性的肿瘤组织。所以肿瘤的发生因自身遗传的仅占30％左右，由外部因素（如物理、化学、生物性及营养不良等因素）诱导发生的占70％多。能够诱导机体组织细胞突变生成肿瘤的物质，我们称之为诱变剂或致癌物。物理方面的诱变剂有：放射物（可产生 α 射线、β 射线、γ 射线、中子和质子的物质），紫外线，微波和电磁辐射，等等；一般来讲，物理诱变剂所含的能量越高（如 X 射线等），可使细胞内的自由基、蛋白质、酶等大分子电子键变化也越强，诱导致癌的可能性也越大[21]。化学方面的诱变剂有：秋水仙碱，芥子气，某些杀虫剂，亚硝胺和放线菌素 D，等等；而且随着科学和工业化的不断发展，化学诱变剂的种类还在不断增加。生物方面的诱变剂主要分布在某些微生物和动植物，如病毒、黄曲霉、秋水仙，等等。通过对比不难发现，在第四章肿瘤的治疗方法中，所介绍的现代放疗法和化疗法中的大部分物质与药物原本就是细胞的诱变剂！这也是为什么抗肿瘤药物一般都存在较大毒副作用的原因，因为这些疗法和药物如果使用不当，不仅不能治癌，很有可能会诱导周围正常组织细胞突变为肿瘤。

所有组织细胞的生存环境都离不开机体的微循环体系，人体微循环体系环境的变化，如酸碱性、O_2 及 CO_2 等浓度及压力、细胞代谢产物的通透

性、细胞代谢所需能量及物质的供应，以及其他病变细胞代谢因子的诱导等，都可能对组织细胞产生特异性的诱导反应，对肿瘤组织细胞的致密性、善变性和转移性产生影响。有研究报道[1、22、23]肿瘤组织细胞的缺氧能诱导肿瘤细胞生成缺氧诱导因子 HIF，因此调节多种与肿瘤血管生成以及细胞能量代谢有关的基因表达，促进肿瘤的发生发展。另外，肿瘤组织缺氧与肿瘤干细胞（CSCs）的调控也存在着某些密切的联系，缺氧是肿瘤干细胞形成的必需条件之一，并上调多种与 CSCs 相关的信号通路分子的表达。调控 CSCs 自我更新的信号通路主要有 Notch、Wnt 以及 Sonic Hedgehog（SHH）等[24]。目前认为，缺氧上调了 Notch 的下游分子，进而维持胶质瘤干细胞的未分化状态[25]。研究表明，缺氧诱导肿瘤细胞生成的缺氧诱导因子 HIF 能活化促血管生成因子 VEGF 等的转录与表达。江从庆[26]研究大肠腺瘤和腺癌组织中 HIF-1α 的表达及其与血管内皮生长因子（Vascular Endothelial Growth Factor，VEGF）、微血管密度（Microvessel Density，MVD）的关系时，采用原位杂交技术检测 HIF-1α mRNA，应用免疫组织化学方法检测 VEGF 蛋白的表达，用 CD34 单克隆抗体标记血管内皮细胞并计数 MVD；发现大肠腺癌组织 HIF-1α mRNA 阳性表达率为 67.8%（42 / 62），腺瘤组织为 44.4%（8 / 18）。腺癌组织从 Dukes' A 期到 Dukes' C + D 期，HIF-1α mRNA 表达阳性率不断增加（$P<0.05$）。HIF-1α mRNA 表达平均阳性率为：腺瘤 44.4%；腺癌 Dukes' A 期 41.2%，Dukes' B 期 72.2%，Dukes' C+D 期 81.5%。腺癌组 VEGF 阳性表达率高于腺瘤组（59.7% vs 33.3%，$P<0.05$）。HIF-1α 表达与 VEGF 呈正相关（$r_s=0.768$，$P<0.01$），与 MVD 呈正相关（$r_s=0.683$，$P<0.05$）。表明 HIF-1α 及其靶基因 VEGF 的过度表达与肿瘤新生血管的形成呈正相关。此外，缺氧诱导因子 HIF 还能促进肿瘤细胞产生多药耐药性[4]。

人体微循环体系环境的恶化可以诱导肿瘤的发生与发展。反过来，机体中的肿瘤组织细胞由于其细胞膜上的抗原特异性及不断向周围排放毒素

（如酸性物质、CO_2 和 NO 等）及毒素因子（特异性蛋白质、酶类等）等，侵蚀、浸润和损伤周围的正常组织细胞，又会刺激并诱导人体正常的组织细胞和机体免疫细胞产生特异性的抗肿瘤应答反应。人类目前已经想到了这些，并已对此开始进行大量的研究，这就是目前比较新颖的肿瘤免疫治疗法，作者已在第四章作了介绍。肿瘤免疫治疗法属于肿瘤的生物学治疗方法，目的是通过采用各种因素的诱导刺激，激发或调动人体的免疫系统，增强肿瘤部位微环境抗肿瘤免疫力，从而控制和杀伤肿瘤细胞。肿瘤免疫治疗法理论上对所有肿瘤均有效，毒副作用低，是理想状态的肿瘤治疗与防治技术。目前的肿瘤免疫疗法主要分为主动免疫疗法和被动免疫疗法两大类。

主动免疫疗法是指给人体输入具有抗原性的肿瘤疫苗，诱导、刺激机体产生特异性的抗肿瘤免疫反应，从而达到治疗肿瘤、预防肿瘤转移和复发的目的。主动免疫疗法可分为两类。①非特异性主动免疫疗法，指应用一些免疫调节剂通过非特异性地增强机体的免疫功能，诱导、激活机体的抗肿瘤免疫应答反应，以达到治疗肿瘤的目的。在非特异性主动免疫治疗中，常用各种细菌菌苗，包括卡介苗（BCG）、短小棒状杆菌菌苗等；还有免疫因子，如转移因子、免疫核糖核酸等。②特异性主动免疫疗法，指通过采用"瘤苗"给患者接种的方法，诱导人体免疫系统产生特异性的抗肿瘤免疫反应，调动宿主自身的抗肿瘤免疫机制发挥作用。目前，主动免疫疗法中常见的肿瘤疫苗有：①肿瘤细胞疫苗，该类疫苗就是将自身或异体同种肿瘤细胞，经过物理因素（如照射、高温等）、化学因素（如酶解等）以及生物因素（如病毒感染、基因转移等）的处理，改变或消除其致瘤性，保留其免疫原性。②肿瘤抗原疫苗，该类疫苗包括 TAA/TSA 疫苗、MHC 抗原多肽复合疫苗、热休克蛋白 HSP 肽复合体疫苗，以及人工合成肿瘤肽疫苗等。此外，正在研究的该类疫苗还有黑色素瘤相关抗原（MAGE），HPV16E7 抗原，以及 p21（K-ras）、p53 蛋白中特定序列多肽等。③病毒疫苗，病毒疫苗不仅可以预防病毒性疾病，更重要的是可以预防或治疗人类许多与病毒感染密切相关的肿瘤。这类疫苗有乙型肝炎病毒疫苗、重组痘苗病毒等。④抗独特性疫苗，该类疫苗可作为抗原的内影像，模拟抗原的结构并代替肿瘤抗原，诱导、刺激机体产生特异性抗肿瘤免疫应答反应。这类疫苗制备简便，只需以肿瘤特异性单克隆抗体作为免疫原，制备抗体并筛选具有内影像作用的抗独特型抗体，不需要分离或鉴别肿瘤抗原。⑤DNA疫苗，该类疫苗指人工克隆一段编码肿瘤特异性抗原的DNA，并通过质粒等方式注入机体，使其在体内细胞中有效表达蛋白而成为肿瘤特异性抗原。这种抗原模仿了病毒蛋白等内源性抗原的递呈方式，解除了免疫耐受，诱导机体产生特异性抗肿瘤免疫应答。

被动免疫疗法是指给机体输注外源的免疫效应物质，由这些外源的效应物质在机体发挥治疗肿瘤的作用。目前，常见的被动免疫疗法有：①抗体导向疗法，该疗法利用高度特异性的抗体作为载体，将细胞毒性物质靶向性地携至肿瘤病灶局部，可以比较特异地杀伤肿瘤。不过，目前制备的单抗多针对肿瘤相关抗原（TAA），且多为鼠源单抗，应用于人体后会产生抗鼠源单抗的抗体，影响其疗效的发挥，并可能发生超敏反应。今后，随着基因工程抗体的研制成功，特异性高、免疫原性低，穿透力强的抗体会不断问世，将使单抗的导向治疗更加有效，并降低其副作用。②过继免疫疗法（Adoptive Immuno-Therapy，AIT），指将对肿瘤组织细胞有免疫力的、具有抗肿瘤活性的细胞输给患者。该法通过取患者自身的免疫细胞在体外活化、增殖后再转输入患者体内，或将自身或异体的抗肿瘤效应细胞的前体细胞，在体外用IL-2、抗CD3单抗，特异性多肽等激活剂进行诱导、激活和扩增，然后转输给肿瘤患者，使其在患者体内发挥抗肿瘤的作用。过继免疫疗法的效应细胞常见有CTL、NK细胞、巨噬细胞、淋巴因子激活的杀伤细胞（Lymphokine-Activated Killer Cells，LAK）和肿瘤浸润淋巴细胞（Tumor-Infiltrating Lymphocytes，TIL）等，它们都能在杀伤肿瘤细胞中起作用。LAK 细胞是采用患者自体或正常供者的外周血淋巴细胞，在体外经过 IL-2 诱导培养后产生的一类新型杀伤细胞，其杀伤肿瘤细胞不需抗原致敏，且无 MHC 限制性。TIL 是从实体肿瘤组织或癌性胸腹水中分离出来的淋巴细胞，经体外 IL-2 诱导培养后可成为比 LAK 细胞具有更强杀伤活性的细胞。CTL 是 TIL 细胞的主要成分，可利用特异性多肽抗原，在体外诱导 CTL 的克隆。③细胞因子疗法，利用某些细胞因子注射体内后调节、诱导及增强一种或多种免疫细胞的功能，以便使它们发挥更强的抗肿瘤免疫功能。目前，该法中临床上常用的细胞因子有 IL-2、TNF、IFN 及 CSF 等。④基因疗法，指将可用于肿瘤治疗的目的基因在体外转染受体细胞，然后回输体内，或直接将目的基因进行体内注射，使其在体内有效表达，从而增强体内抗肿瘤作用，或增强肿瘤组织微环境抗肿瘤能力的治疗方法。目前常用的抗肿瘤目的基因有：细胞因子基因（如编码 IL-2～IL-12、IFN、TNF、CSF 等细胞因子基因），肿瘤抗原基因（如编码 MAGE、CEA 等的基因），MHC 基因，协同刺激分子基因（如编码 B7、CD54、LFA-3 等的基因），肿瘤自杀基因（如 TK、CD 基因等），肿瘤抑癌基因（如 RB 基因、p53 基因等）。常采用的转染受体细胞有：体外培养细胞，如淋巴细胞（以 T 淋巴细胞为主）、LAK、TIL 细胞、巨噬细胞、造血干细胞、成纤维细胞和肿瘤细胞等；及体内细胞。

三、神经系统控制的细胞呼吸疗法引导抗肿瘤免疫体系的建立

神经系统控制的细胞呼吸疗法破坏肿瘤组织细胞可能涉及一系列重要的生理生化连锁反应，该疗法与我们机体活性氧的提供、微循环体系的疏通、细胞代谢物质的进出、生物能量的合成、场效应的汇聚及体内"阻遏型舒适性因子"的诱导合成等多种生理生化活动均有重要关联。该疗法对肿瘤组织细胞作用时，每一步都很重要、很关键。笔者认为在涉及抗肿瘤

免疫体系的建立时，尤以生物能量合成、生物场的汇聚和"诱导性阻遏型舒适性因子"的生成最为关键。

神经系统控制的细胞呼吸疗法引导机体建立抗肿瘤免疫体系的机制可能为：①在神经系统的引导下，通过控制身体局部不适部位的吸气、闭气和呼气等，调控了病变部位微循环体系组织细胞的呼吸，改变了组织细胞微环境中活性氧、pH 值、CO_2 及细胞周围代谢物质等的浓度及压力，导致了细胞膜结构两侧的电位差及渗透压变化，细胞膜上的物质流及信号通道开启或关闭发生变化；杂乱、弱小的细胞"生物场"被汇聚、定向。②通过神经系统感知病变部位致密性及其他不适性因素的刺激源，在有"生物场"电磁效应介导和细胞呼吸产生的生物能量及活性氧等的微环境中，促使细胞被诱导合成出某些阻遏致密性及不适性因素等的"舒适性因子"，我们将这种因子称为"诱导性阻遏型舒适性因子"，这类因子也许是尚未发现或重视的某些特异性抗体分子。这种"诱导性阻遏型舒适性因子"应该不是特定的，它会随诱导源的不同而变化。"诱导性阻遏型舒适性因子"能实时产生、实时或延时特异性地破坏肿瘤组织细胞的致密性、善变性和转移性，促使变异细胞凋亡，消除病变细胞的不适性，并使机体即刻获得舒适、愉悦的轻松感。这种因子的产出可能微量，但针对性及应变性强。坚持进行神经系统控制的细胞呼吸疗法能使"诱导性阻遏型舒适性因子"的产出量不断积累，由少变多，从而达到显著的作用效果。而这种作用效果是目前传统疗法（手术法、放疗法及化疗法）根本达不到的，也是现代肿瘤免疫疗法努力要达到的境界。

"诱导性阻遏型舒适性因子"的产生需要 4 个条件：①要有生物能量ATP 的供应，因为"诱导性阻遏型舒适性因子"的合成、运输及靶点作用需要较多生物能量的参与。目前，ATP 作为药物在用于临床对癌症、心脏病、肝炎等病症的治疗或辅助治疗中，效果良好，直接表明对付肿瘤等疾病确实需要有大量的生物能量。②要有"生物场"介导，因为"诱导性阻遏型舒适性因子"的合成及转运会涉及电子键的变化，也涉及细胞内许多蛋白质、酶等大分子上电子键的变化，因此生物场及生物能量的作用有可能促进这些变化的发生，加速影响这些大分子的结构和活性。"生物场"感越强烈，电磁效应也会越强烈，影响也愈大。③要有病变细胞产生的不舒适性等刺激性因素存在，因为"诱导性阻遏型舒适性因子"都是诱导性因子，刺激源信号越强，诱导性因素也越强，阻遏性也越强，产生的阻遏性因子也愈多。有气功经验的人一般都有这样的感受，越是不适的部位，越易产生气感，产生的气感也越强烈，做功的效果也会越好，可能就是这个道理。④要有神经系统的参与，神经系统的作用很重要，a. 起"凸透镜"聚焦作用（如图 7-7）。通过神经系统对致密性、疼痛及不适性部位"聚焦"，将神经系统控制细胞呼吸产生的能量、生物场及其他一系列物质的作用聚焦至病变组织细胞，由此获得强大的效果，该聚焦作用可以集中各因素在特定部位的正常细胞和病变细胞中合成"诱导性阻遏型舒适性因子"，使不适部位相关大分子上的电子键发生变化，破坏不适部位变异细胞的代谢途径，使其发生凋亡，疏通微循环体系通道，排出各种毒素，等等。b. 起"承上启下"作用。承上，感知被作用部位的阻遏性、疼痛及不适性诱导因素；启下，控制微循环体系肌肉运动和组织细胞的呼吸，产生大量的生物能量 ATP 及活性氧等，在不适性因素的诱导下，启动组织细胞的"诱导性阻遏型舒适性因子"合成机制（如图 7-8），建立、修复人体的自身免疫体系。我们的神经系统虽然无法直接感觉到"诱导性阻遏型舒适性因子"的合成，目前的科学技术水平也还不能实时检测到这类物质，但神经系统控制的细胞呼吸疗法能使组织结构松动（如小气泡冒出、排气），口中生出津液（清水般的唾液），身体出汗、排尿、排便、发热、产生可见与不可见光波等事实，直接表明了有物质的新陈代谢。另外，我们更能感受到肿瘤致密性组织细胞及身体的疼痛、不适部位的缓解，甚至是消失所产生的舒适性，一般当时或第二天便能感受到情况的好转，持续几次疗法后，将会有明显的好转感，间接证明了神经系统控制的细胞呼吸疗法的确导致了某种物质的合成，而这种物质促使了病变部位疼痛及不适性的缓解，甚至是消失。这些变化不是意念上的变化，而是实实在在的变化，不会随该疗法的停止而消失。

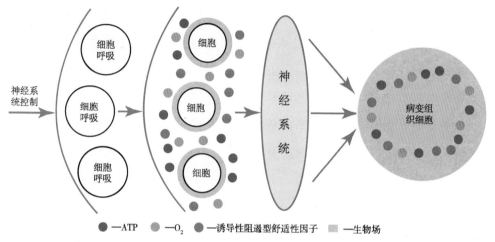

图 7 - 7　神经系统控制细胞呼吸起到"凸透镜"聚焦作用示意图

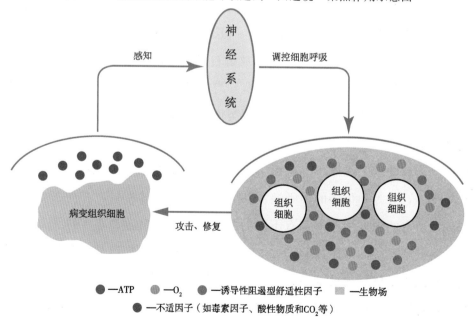

图 7 - 8　神经系统控制的细胞呼吸疗法引导抗肿瘤免疫体系建立概况图

从图 7-8 中还可以看出，神经系统控制的细胞呼吸疗法不仅对致密性的肿瘤组织细胞有效果，对许多其他不适性的病痛可能同样有效果，只要有能量、不适性的诱导因子、生物场和灵敏的神经系统这四个重要条件存在。

神经系统（Nervous System）控制的细胞呼吸疗法引导抗肿瘤免疫体系（Immune System）建立，涉及人体神经系统和免疫系统这两大系统是如何联系，如何配合，如何作用的。研究这两个系统的相互作用关系是一项庞大而艰巨的工作，因为神经系统与免疫系统间的关系极其复杂，而两者在结构上又是互相分开的。这里面免疫体系是如何将抗原刺激性传递给神经系统，神经系统又是如何感知这种刺激性并调控免疫体系作出应答反应的，等等，许多细节问题尚不清楚，有待于进一步的深入研究。此外，现代神经免疫调节学表明神经系统和免疫系统之间的相互作用，还涉及机体的内分泌系统（Endocrine System），它们三者间的相互作用对于机体在不同条件下稳态的维持具有决定性的作用。现在的研究认为，免疫系统不仅能接受刺激、诱导形成、分泌细胞因子，而且还是机体内的一个重要感受和调节系统[27]。这主要基于近年来采用放射自显影、放射受体分析法等，探明了在免疫细胞（淋巴细胞、巨噬细胞和自然杀伤细胞等）上有很多神经递质和内分泌激素的受体；它们包括：类固醇受体、儿茶酚胺受体、组织胺受体、阿片受体、胰岛素受体、胰高血糖素受体、血管活性肠肽受体、促甲状腺素释放因子受体、生长激素受体、催乳素受体、生长抑素受体和P物质受体，等等；很多的神经递质及内分泌激素受体都可以在免疫细胞上找到；所有的免疫细胞上都有不同的神经递质及内分泌激素受体。对于神经、内分泌系统的组织细胞来说，其细胞膜上也具有广泛分布的细胞因子受体和激素受体。现已证明：①免疫细胞受到抗原刺激、诱导后，可通过释放细胞因子（如肿瘤坏死因子 TNF、白细胞介素 IL-1）等来调节神经、内分泌系统的功能，并促进或抑制它们释放神经递质、神经肽和激素。免疫系统的活动可促进或抑制神经、内分泌系统的功能活动，并能影响神经、内分泌系统功能的正常发挥，甚至影响到人的精神状态、情绪和行为。例如，疾病炎症的折磨与恶化可以使人的精神、情绪低落，甚至崩溃。②神经纤维可通过突触或非典型突触方式对免疫器官、组织和细胞产生直接影响，也可通过分泌神经递质、神经肽的方式间接影响免疫器官、组织及其细胞的发育、分化和成熟，并对抗体生成和免疫应答起调节作用。此外，神经细胞也能产生许多细胞因子，如 IL-1、IL-3、IL-6、TNF、干扰素 IFN、粒细胞-巨噬细胞集落刺激因子 GM-CSF 等，作用于免疫系统和神经内分泌系统，这就表明，神经、内分泌系统可通过释放神经递质、神经肽、细胞因子和激素等反过来调节免疫体系作出应答反应。例如，中枢免疫器官胸腺受交感神经、副交感神经和膈神经的支配。交感神经在一定程度上能抑制 T 细胞的增殖、成熟和 T 细胞表面标志物的表达，而副交感神经的作用却相反，有增强免疫功能的作用。某些神经细胞如星形细胞、小胶质细胞等通过递呈抗原参与免疫应答反应。③神经、免疫和内分泌三个系统通过神经递质、细胞因子和激素及其受体等的相互作用实现自身及其交叉方面的调节。三大系统共享一定数量的信息分子和受体，既可独立作用，又可形成二重或三重重叠的相互作用，从而形成复杂的神经、免疫及内分泌调控网络系统（如图 7 - 9，图 7 - 10）。

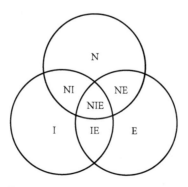

N. 神经系统　I. 免疫系统　E. 内分泌系统

图 7 - 9　神经、免疫和内分泌三个系统相互作用关系示意图

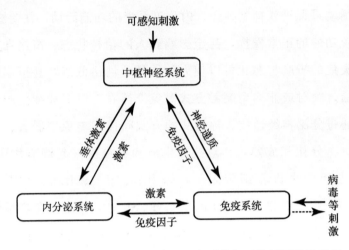

图 7-10　神经、免疫和内分泌三个系统相互作用网络示意图

　　目前，有关炎症反应（射）的作用正被逐渐阐明。炎症反应主要涉及神经系统和免疫系统之间的联系和相互作用。炎症反应能保护机体免受过多的伤害[28]。炎症反应中免疫系统和大脑中枢神经之间的交流途径有两种，神经通路和体液通路。当炎症发生时，免疫细胞受到刺激、诱导，释放出细胞因子（如 TNF、IL-1 等）。这些细胞因子：①通过体液通路将炎症信号传递给中枢神经——大脑，如 TNF、IL-1 可直接通过血脑屏障进入神经系统，也可通过没有血脑屏障的室周器（如松果体、后极区、正中隆起等）进入大脑；②通过神经通路将炎症信号传递给中枢神经系统，细胞因子可激活感觉神经纤维细胞，将信号长传到大脑孤束核的迷走神经突触。中枢神经系统在接受到这些信号后，可通过孤束核神经元直接或间接激活背侧迷走运动核中的迷走神经传出纤维，连续控制和调节外周炎症。因此，感觉性的迷走神经传入纤维和调节性的迷走神经传出纤维之间便共同形成了一个炎症反射弧，从而起到了感知炎症、控制炎症的作用效果。传统的抗炎机制强调通过体液通路来实现，反应速度慢；而神经通路的抗炎机制（如胆碱抗炎通路）则强调了神经系统在抗炎过程中的重要作用，与传统的机制相比更快速，且只作用于炎症部位，因此专属性更强[28]。

第五节　神经系统控制的细胞呼吸疗法作用效果例证

前面我们已经说过，神经系统控制的细胞呼吸疗法与中国中医学的气功类似。神经系统控制的细胞呼吸理论及疗法是指通过人的神经系统，有意识地调控人体的呼吸系统，进而调控、疏通不适病变部位的微循环体系，生成能量，排出毒素，并通过神经体系感知不适部位的刺激源，诱导组织细胞形成"阻遏型舒适性因子"或抗体等，与机体的免疫体系一起，治疗器官、组织和细胞的病变性，破坏肿瘤组织的致密性、善变性和转移性的机制与方法。中国中医学的气功虽然派系、功法众多，但实质都是一种以调心、调息、调身为操作内容，以开发人体潜能为目的的身心锻炼技能[5]。调心是指调控心理活动，调息是指调控呼吸运动，调身是指调控身体的姿势、动作，这些便是中医气功所指的三调。显而易见，神经系统控制的细胞呼吸疗法与中国中医学的气功基本相同。不过笔者认为，神经系统控制的细胞呼吸理论是用现代细胞学、生理学、遗传学、生物化学、微循环学及分子生物学等理论知识对中国中医气功本质的解释。除了笔者长期亲身实验感知和体会外，具有数千年历史的中国中医气功治病实例及采用现代科学方法对中医气功的研究数据均可借鉴为神经系统控制的细胞呼吸理论及疗法的实例和举证；而形成"诱导性阻遏型舒适性因子"及其诱导免疫体系建立的模式等则是笔者依据自身实验及感受推论所得，其细节和过程有待于今后科学研究、发展的进一步明证、补充和完善。

苗福盛等[29]以 30 名健康老年人为实验对象，研究进行易筋经气功锻炼对机体免疫力的影响。随机分为易筋经组和对照组各 15 人，经过 6 个月的健身气功易筋经锻炼，分别测定实验前后血清免疫球蛋白 IgG、IgM、IgA 含量（见表 7 - 4）及血清补体 C3、C4 含量（见表 7 - 5）。结果显示血清 IgG、C3、C4 含量与对照组相比增高，且具有显著性差异（$P < 0.05$ 或

$P<0.01$），而 IgM、IgA 含量与对照组相比无明显变化。表明长期坚持健身气功易筋经锻炼能提高老年人免疫球蛋白和补体含量，提高机体的抗病免疫功能。前面我们谈过，免疫球蛋白（Immunoglobulin，Ig）主要分布于体液中，行使体液免疫功能，能与入侵抗原进行特异性的免疫应答反应，中和、调理抗原（病菌、病毒或毒素因子），在特异性的抗病原免疫应答反应中发挥着至关重要的作用。而补体 C3、C4 等主要是由巨噬细胞、单核细胞、淋巴组织、骨髓、腹膜和肝脏等合成的球蛋白。补体约有三十多种，它们的作用主要是参与机体非特异性的免疫应答反应[30、31]（见表 7－6）。补体蛋白质可以被病原体激活，聚合在一起形成补体复合体，嵌入病原体的细胞膜，使外界的离子和水进入细胞，最后使病原体膨胀，破裂死亡。这些活化的补体分子，包括已经裂解的碎片，还能吸引巨噬细胞前来将其吞噬。

表 7－4   易筋经气功对人体血清免疫球蛋白含量的影响[29]

月份 (M)	IgG (mg/mL)		IgM (mg/mL)		IgA (mg/mL)	
	对照组	实验组	对照组	实验组	对照组	实验组
0	11.06 ±2.08	11.03 ±2.17	1.92 ±0.53	1.93 ±0.56	1.96 ±0.52	1.97 ±0.57
1	11.20 ±2.15	11.67 ±2.20	1.90 ±0.46	1.94 ±0.61	2.03 ±0.55	2.10 ±0.59
2	11.15 ±2.09	11.78 ±2.17	1.91 ±0.50	1.96 ±0.67	2.05 ±0.51	1.98 ±0.53
3	11.08 ±2.12	12.76 ±2.19*	1.95 ±0.57	1.99 ±0.69	1.98 ±0.60	2.06 ±0.60
4	11.23 ±2.20	12.71 ±2.58*	1.98 ±0.61	2.01 ±0.72	1.93 ±0.57	2.03 ±0.63
5	11.05 ±2.17	12.91 ±2.61**	1.96 ±0.59	1.98 ±0.65	2.01 ±0.49	1.98 ±0.68
6	11.16 ±2.08	12.98 ±2.63**	1.97 ±0.62	2.00 ±0.72	1.98 ±0.46	1.97 ±0.65

注：Ig—免疫球蛋白   *—差异显著   **—差异极显著

表7－5 易筋经气功对人体血清中补体含量的影响[29]

月份 （M）	C3 （μg/mL）		C4 （μg/mL）	
	对照组	实验组	对照组	实验组
0	926.3±96.3	924.9±91.9	312.8±53.2	314.2±55.6
1	918.6±93.2	862.6±80.3	315.0±55.9	291.5±41.6
2	921.5±90.6	853.0±75.6	311.5±53.7	283.9±38.0
3	923.8±89.6	916.2±77.6	314.2±53.7	297.5±46.7
4	918.8±90.2	962.3±93.8	316.1±54.2	328.6±57.9
5	924.0±87.6	973.6±94.0*	312.0±52.9	357.0±59.6*
6	928.3±92.7	973.2±93.2*	313.7±53.8	356.7±58.6*

注：C—补体 *—差异显著

表7－6 部分补体的生物活性及作用机制表

补体成分或裂解产物	生物活性	作用机制
C5～C9	细胞毒及溶菌、杀菌作用	嵌入细胞膜的磷脂双层结构中，使细胞膜穿孔、细胞内容物渗漏
C3b	调理作用	与细菌或细胞结合，使之易被吞噬
	免疫黏附作用	与抗原抗体复合物结合后，黏附于红细胞或血小板，使复合物易被吞噬
C1、C4	中和病毒作用	增强抗体的中和作用，或直接中和某些RNA肿瘤病毒
C2a	补体激肽	增强血管通透性
C3a、C5a	过敏毒素	与肥大细胞或嗜碱性粒细胞结合后释放同组胺等介质，使毛细血管扩张
	趋化因子	借其梯度浓度吸引中性粒细胞及单核细胞

　　刘志奇等[32]采用培元功外气对子宫肌瘤患者干预治疗，每天一次，每次约30分钟，总共5周；干预期间，患者继续保持原来的生活习惯和生活节奏；结果表明患者接受治疗第12天，B超显示子宫肌瘤大小无变化，第5周后，子宫肌瘤明显缩小。Yanxin[33]和Tsuyoshi[34]等人的研究也都证明

了气功外气可以有效抑制癌细胞分裂，使新生癌细胞数量逐渐减少。罗健等[35]的调查报告认为，气功可作为癌症康复治疗的手段之一。气功疗法有以下几方面的功效：①改善不良情绪，提高患者对疾病的自我控制感，增强战胜疾病的信心；②促使日常活动增多，增加患者的体质体力；③减轻患者的疼痛和治疗副作用（恶心、呕吐等）；④提高患者的机体免疫力；⑤提高生活质量 QOL（Quality of Life），延长患者的生存时间等。

刘天君[5]在《中医气功学》中报道，气功之所以能够治病防病，其根本原因可能在于其扶植"正气"，增强机体的免疫功能。练气功能引起血象的变化，如使淋巴细胞百分率增加，粒细胞吞噬活力加强，吞噬指数升高，唾液中溶菌酶活力增强，血清总补体及 C3 增高等。统计数据表明，练益气养肺功 3 个月后，血清中免疫球蛋白 IgG 平均增加 288 mg/mL，IgA 平均增加 108 mg/mL，IgM 平均增加 61 mg/mL，淋巴细胞转化率提高 1.1%。进行气功锻炼能显著影响细胞免疫系统，增强自然杀伤细胞 NK 的活性，提高干扰素的水平。对 30 例癌症患者练自控气功调查，发现 30 天后患者的红细胞 C3d 受体的花环率显著升高，由平均 8.40% 上升到 12.4%；红细胞 CIC 花环率显著降低，由平均 10.95% 下降到 6.41%；淋巴细胞转化率由平均 54.35% 上升到 66.55%；嗜中性粒细胞还原能力明显增高约 24%；吞噬功能提高 18%；Ts、Tn 强阳性反应的淋巴细胞数明显高于练功前。在用气功外气对小白鼠作用后，小白鼠血清中特异性血凝素滴度提高 1 倍，脾淋巴细胞活性 Ea 形成率显著提高，脾脏巨噬细胞吞噬率和杀菌率显著增加。气功外气对裸鼠移植性的人肝癌细胞（BEL-7404）抑瘤率可达 65.5%～72.3%；对癌细胞特殊生化标记因子，如 ADH、ALDH、AKP、AFP、染色体中的 DNA 和细胞分裂周期等产生积极影响；癌细胞发生逆转。气功外气还能使白细胞介素 IL-2、免疫干扰素 IFN-Y 和淋巴毒素等明显升高，自然杀伤细胞的活性提高 1.61～2.32 倍。气功作用后的癌细胞 ConA 凝聚反应降低，表明癌细胞膜上面的糖蛋白分子特性发生了改变；流式细胞仪分析数据表明癌细胞分裂周期中的 DNA 合成期（S 期）受到抑制。差示扫描谱线法实验证实，气功外气对人 RNA、ATP、辅酶 A 和细胞色素 C 等的作用，均是由于电子迁移造成物质结构变化引起的，表明气功具有生物场的电磁效应。此外，该书还引用具体实验数据阐述了气功对人体糖代谢、脂肪代谢、内分泌血糖代谢、细胞代谢中的第二信使 cAMP 及 cGMP、抗衰老等的作用和影响。

　　神经系统控制的细胞呼吸疗法能否治愈像肿瘤这类的细胞代谢病变？答案是肯定的。练气功治愈癌症已多有案例，但通过跑步、跳高等治愈癌症的似未见报道[5]。中国湖南省抗癌协会属下的抗癌康复俱乐部利用气功对确诊为癌症的患者进行康复治疗。目前，该俱乐部在湖南省内拥有注册会员 5300 多人。从 2008 年至 2013 年的 5 年时间内，抗癌康复俱乐部成员的康复率达到了 75.3%，生存期最长的已超过 20 年；某些身体患有几种癌症并伴有糖尿病的患者，通过气功的康复治疗，生存期也已超过 16 年。这无疑是一组令人吃惊的数据，因为如果采用目前传统综合疗法对恶性肿瘤治疗的生存率按 33.3% 计算（约 1/3），实际上推算世界卫生组织（WHO）有关 2012 年癌症生存率的报道也是如此（平均约为 34.8%）；那么，来自中国湖南的统计数据表明：采用中医气功对癌症患者进行康复治疗后能使患者的生存率再提高 42%，达到 3/4，比现有 WHO 报道的癌症生存率增加一倍还不止！患者生活质量及存活时间显著提高。崔旻[36]指出，气功等疗法在癌瘤患者的康复中起着非常重要的治疗作用，患者通过这些疗法可以减轻精神、机体上的痛苦和生活上的不便，改善患者的生活质量和延长生存时间。卓启忠[37]报道，一些未经放化疗，单纯服用中药而长期存活的癌症患者，往往是心态平和，长期坚持气功、太极拳锻炼的受益者。美国耶鲁大学医学教授伯尼·塞格尔指出，沉思冥想是松弛思想的行动，这种方法可以治愈和预防多种疾病，甚至可治愈和预防被视为绝症的艾滋病和癌症[38,39]。沉思冥想锻练法是西方国家以及日本、印度等国近几年流行的类似于中国气功调心中的锻炼方法。据华夏智能气功培训中心统计，在 1988 年至 1994 年 6 年时间里接受的 13 万名学员中，病员占 80％以上，而且许多是经中西医久治不愈的患者，病种达 180 种之多；包括各种癌症、肝硬化腹水、陈旧性瘫痪（包括截瘫）、聋哑（包括先天性与药物中毒引起的）、视网膜剥脱、股骨头坏死、先天脑发育不良、萎缩性胃炎、糖尿病、甲状腺功能亢进与低下、子宫内膜移位、肺气肿、冠心病、顽固性高血压、心律失常、神经性耳鸣、神经性骚痒症和骨结核等现代医学难以治疗的疾病。这些患者，包括不少身患多种疾病的，通过气功锻炼都收到了一定的疗效，平均治愈率达 15％左右。这里还未包括对这些学员的气功锻炼是否到位进行说明。而作为目前肿瘤治疗三大疗法之一的化疗法，虽然治疗药物已多达 6000 多种，但治愈率也只仅有 5％。

显然，神经系统控制的细胞呼吸疗法在治疗机体组织细胞不适性病变（包括肿瘤组织细胞）中的作用是通过多方面的机制与途径所产生的，正如笔者在本章前面谈到神经系统控制的细胞呼吸所具有的多种作用。正是这些多种作用的结果，导致了我们机体产生了上述多种的生理生化反应、免疫反应、生物场反应及各种控制代谢反应，导致我们身体各种生理生化指标和测试数据发生了显著变化，并最终导致了机体组织细胞不适性病变的好转。虽然现代的化疗药物、中医药中的中药和食疗成分也能引起我们身体发生诸如上述多种生理生化指标的变化，但与神经系统控制的细胞呼吸相比，这两类方法的作用方式和效果有着本质的不同。神经系统控制的细胞呼吸疗法是一种由神经系统控制的、组织细胞参与的主动、双向互动疗法，它能实时感知、实时调控病变组织细胞、周围正常组织细胞以及它们之间微循环环境的变化和反应；而化疗、中药和食疗法等则完全是一种被动的单向疗法。笔者认为，对于普通、比较单一的疾病（如病毒、细菌感染等），西药、中药可以胜任；而对于像肿瘤这样的复杂细胞代谢疾病，单纯的中西药可能就显得无能为力了。但它们二者又具有相辅相成、相互依赖的作用关系。简单的说，肿瘤的治疗及治愈需要内因与外因的共同作用，神经系统控制的细胞呼吸就是内因，医治肿瘤所采取的各种治疗措施、药物、手段及营养物质的供应等便是外因，根据唯物辩证法的理论，外因必须通过内因才能起作用。

神经系统控制的细胞呼吸疗法可以治愈肿瘤，表明其除了所具备的种种作用导致形成上述已被发现的各种生理生化因子和效果外，还很有可能形成了某些其他尚未被发现或重视的特异性分子，如笔者所述的"诱导性阻遏型舒适性因子"，正是这类物质从根本上逆转了病变组织细胞的恶化，破坏了肿瘤组织致密性、善变性和转移性这三大致命因素。唯有具备这些特性，才能解释神经系统控制的细胞呼吸疗法对肿瘤组织细胞的治愈性。同时，这也说明神经系统控制的细胞呼吸疗法确实能引导我们机体建立起一种实时动态的双向免疫治疗和修复体系。

参考文献

[1]　张伟杰，徐桂芳，周志华，等. 缺氧与肿瘤干细胞"干性"的关系研究进展 [J]. 山东医药，2013，53（15）：85-87.

[2]　黄耿文，杨连粤. 缺氧致肿瘤恶性转化的分子机制 [J]. 世界华人消化杂志，2001，9（11）：1300-1304.

[3]　张百红. 缺氧导致肿瘤发生的机制 [J]. 国际肿瘤学杂志，2012，39（2）：108-110.

[4]　孙学英，姜宪，姜洪池，等. 针对肿瘤缺氧微环境探寻新的治疗方法 [J]. 世界华人消化杂志，2010，18（17）：1741-1746.

[5]　刘天君. 中医气功学 [M]. 2 版. 北京：人民卫生出版社，1999：1-79.

[6]　郑国锠. 细胞生物学 [M]. 北京：人民教育出版社，1980：97-

373.

[7] 沈同，王镜岩，赵邦悌，等. 生物化学：下册［M］. 北京：人民教育出版社，1982：414 - 434.

[8] 张怀亮，潘钰蔚，李晓霞，等. 中医经络细胞生物场与生物共振概述［J］. 中国中西医结合皮肤性病学杂志，2009，8（5）：329 - 330.

[9] 张怀亮，林彤. 细胞生物场效应论与经络实质探讨［J］. 江苏中医药，2004，25（8）：1 - 3.

[10] 杨逢瑜，李亦宁，刘欣荣，等. 磁场对肿瘤细胞抑制作用的试验与分析［J］. 生物磁学，2003，3（1）：24 - 26.

[11] 张沪生，叶晖，张传清，等. 超低频脉冲磁场抑制癌瘤和提高细胞免疫功能的实验研究［J］. 中国科学（C辑），1997，27（2）：173 - 178.

[12] 强永乾，郭佑民，鱼博浪，等. 恒定均匀磁场对肿瘤细胞凋亡 Bel-2 及 Bax 蛋白表达的研究［J］. 西安医科大学学报，2000，21（2）：100 - 103.

[13] 张沪生. 超低频脉冲梯度磁场诱导癌细胞凋亡［J］. 生物磁学，2004，（1）：14 - 15.

[14] 熊国欣，钱晓燕，贾林红，等. 不同物理因子对荷瘤小鼠抑制作用的实验研究［J］. 中国医学物理学杂志，1998，15（2）：96.

[15] 高昱，宫照龙. 磁场对荷瘤小鼠 TNF 及 TNFR 水平的影响［J］. 潍坊医学院学报，2002，24（1）：31 - 32.

[16] 付文祥. 磁场抑制肿瘤的机理［J］. 生物磁学，2005，5（2）：41 - 43.

[17] 陈淼，房丽忠，丁翠兰. 磁场作用与肿瘤坏死关系的实验研究［J］. 医学理论与实践，2000，13（7）：390 - 391.

[18] 杨蓬瑜. 磁场对肝肿瘤细胞的抑制作用［J］. 生物磁学，2004，4

(1)：1－4.

[19] 郭鹣. 电磁辐射对神经、内分泌和免疫系统的影响 [J]. 疾病控制杂志，2004，8 (1)：13－15.

[20] 陈骐声，胡学智. 酶制剂生产及技术 [M]. 北京：化学工业出版社，1994：85－87.

[21] 刘祖洞，江绍慧. 遗传学：下册 [M]. 北京：人民教育出版社，1981：58－65.

[22] Harris A L. Hypoxia-a key regulatory factor in tumour growth [J]. Nat Rev Cancer，2002，2 (1)：38－47.

[23] Li Z，Ban S，Wu Q，et al. Hypoxia-inducible factors regulate tumorigenic capacity of glioma stem cells [J]. Cancer Cell，2009，15 (6)：501－513.

[24] Takebe N，Harris P J，Warren R Q，et al. Targeting cancer stem cells by inhibiting Wnt，Notch，and Hedgehog pathways [J]. Nat Rev Clin Oncol，2011，8 (2)：97－106.

[25] Qiang L，Wu T，Zhang H W，et al. HIF-1α is critical for hypoxia-mediated maintenance of glioblastoma stem cells by activating Notch signaling pathway [J]. Cell Death Differ，2012，19 (2)：284－294.

[26] 江从庆，刘志苏，钱群，等. 大肠腺瘤和腺癌组织中缺氧诱导因子-1α 的表达及其与 VEGF、微血管密度的关系 [J]. 癌症，2003，22 (11)：1170－1174.

[27] 范少光，丁桂凤. 神经内分泌和免疫系统之间的相互调节作用 (一) [J]. 生物学通报，2000，35 (3)：1－3.

[28] 李艳萍，黄萍，胡秀芬，等. 神经系统和免疫系统的联系：胆碱抗炎通路 [J]. 国际儿科学杂志，2006，33 (5)：319－321.

[29] 苗福盛，李野，刘祥燕，等. 健身气功易筋经对血清免疫球蛋白及

补体活性的影响［J］. 辽宁师范大学学报（自然科学版），2009，32（2）：258-260.

［30］陈慰峰，金伯泉. 医学免疫学［M］. 4版. 北京：人民卫生出版社，2004：49-59.

［31］Drela N，Kozdron E，Szczypiorski P. Moderate exercise may attenuate some aspects of immunosenescence［J］. BMC Geriatr，2004，4（1）：8.

［32］刘志奇，黄文英. 气功干预子宫肌瘤 1 例［J］. 中外健康文摘，2010，7（3）：254-255.

［33］Xin Yan，Hua Shen，Hongjian Jiang. External Qi of Yan Xin Qigong induces apoptosis in estrogen-independent breast cancer cells through inhibition of the Akt/NF-B pathway［A］. AACR Meeting Abstracts，2006：A16.

［34］S. Tsuyoshi Ohnishi，Tomoko Ohnishi，Kozo Nishino，et al. Growth inhibition of cultured human carcinoma cells by Ki-energy（Life Energy）：scientific study of Ki-effect on cancer cens［J］. Evidence-based Complementary and Alternative Medicine，2005，2（3）：387-393.

［35］罗健，储大同. 评价生活质量在中医药治疗恶性肿瘤中的作用［J］. 中华肿瘤杂志，2002，24（4）：411-413.

［36］崔旻. 肿瘤的中医康复治疗［J］. 中外健康文摘，2011，8（9）：418-418.

［37］卓启忠，王泽民，杜艳林，等. 关于肿瘤治疗的思考［J］. 国际中医中药杂志，2012，34（9）：810-811.

［38］单春雷，励建安. 气功的生理作用及机理［J］. 中国康复医学杂志，1999，14（6）：276-279.

［39］罗可西. 沉思冥想有益健康［J］. 气功与科学，1997，1：12-13.

第八章　神经系统控制细胞呼吸疗法的开展与实施

前章笔者根据现代细胞学、生物化学、遗传学、微循环学及分子生物学等理论和相关实验数据首次阐述、解释了神经系统控制的细胞呼吸（CRCNS）疗法治疗身体不适性病变组织细胞及肿瘤组织细胞的原理和作用。即该疗法通过人的神经系统，有意识的调控人体的呼吸系统；配合肢体运动，调控了人体不适部位微循环体系；疏通了组织细胞通道，排出了细胞代谢产物和毒素，输入了新鲜氧气，产生了所需生物能量 ATP 及生物场等；并通过神经体系捕捉、感知及放大不适部位刺激源，及时诱导周围正常及病变细胞产生了特异性拮抗因子或抗体；建立了实时感知、实时调控的双向互动免疫体系；从而达到了医治器官、组织和细胞（包括肿瘤组织细胞）的病变，破坏肿瘤组织致密性、善变性、转移性，以及防病、养生保健的功效和目的。

本章将结合神经系统控制细胞呼吸的理论知识，依据笔者多年探索及实验该疗法的实际经验和感受，阐述神经系统控制细胞呼吸疗法如何开展，以及所采取的方法、技术步骤和应注意的问题，等等。

第一节　神经系统控制的细胞呼吸疗法与中医气功之概论

笔者已在前面详细论述了神经系统控制的细胞呼吸疗法在治疗细胞病

变中的作用及机制，也明确指出该疗法与中国中医的气功非常类似；在阐述其机制和例举该疗法的作用效果时，除了引入现代科学理论和长期亲身实验感知、体会外，还引用了不少中医气功方面的相关资料和实验数据。那么神经系统控制的细胞呼吸疗法与中国中医气功是否真的就是一个东西呢？为了便于读者今后能更好地开展和实施神经系统控制的细胞呼吸疗法，本人觉得有必要对这两种疗法的起源和理论基础等作一个概论和比较。

一、神经系统控制的细胞呼吸疗法来源和理论之概论

笔者 20 世纪 80 年代在大学时期因身体原因开始接触一些有关中国气功锻炼和治疗的介绍资料，知道中医气功是一种有关利用人的意念和呼吸来治疗、修复身体不适性部位病痛的方法，于是便着手进行亲身实践、实验和感受。感觉做后的效果不错，有种舒适、轻松的愉悦感，这种感觉与吃药治疗带来的感觉不同，是一种主动、内在、清新的治愈感！这里面到底存在什么样的奥妙和科学道理？为此笔者开始了长期的思考和探索。不过笔者并没有学习过气功的某种具体功法，也未参加过任何一种流派。当时有关中医气功学习方面的资料中，许多作者用词生涩、难懂，部分资料甚至带有一定的宗教和迷信色彩。在实际操作与实验时，也的确感觉到有关气功的很多介绍和理论比较神秘，真真假假、虚实难辨；并且在阐述其机制方面，使用了许多中医理论中的经络、穴位、气血学说和诸如"天人合一、形神合一"的哲学思想观，而非现代的科学理论和专业术语，这些都是现代科学难以解释和理喻的。然而，笔者学的是生物学专业；所以，在长期的亲身实验、感知、体会和凝炼中，笔者不断联系、查阅现代细胞学、生理学、遗传学、生物化学、免疫学、微循环学及分子生物学等方面的相关理论及相关研究论文中的实验数据，同时结合自己多年来从事生物科学研究的实际工作经验，逐步发觉了中国中医气功在治疗身体器官、组织和细胞的不适性病变（包括肿瘤）方面所起的作用和可用现代科学理论

予以解释的自然规律，并逐步形成了"神经系统控制的细胞呼吸"理论这一重要思想体系。虽然该理论中的大部分观点符合现代科学理论，但所论及的"诱导性阻遏型舒适性因子"、双向互动免疫体系诱导建立模式等论点仅见于笔者通过长期自身实验、感受和观察思考后首次如此报道，现代科学尚未有这些方面的研究和探索报道，具有一定的超前性；故仍有待于今后科学研究的进一步证实和补充。不过，这些并不会影响神经系统控制的细胞呼吸疗法的开展与实施。笔者认为神经系统控制的细胞呼吸理论是用现代科学理论特别是现代生物学理论及相关实验数据对中国中医气功在治疗身体不适性病变方面本质的解释和发掘；神经系统控制的细胞呼吸疗法则体现出了中医气功所具备的科学性名称。神经系统控制的细胞呼吸理论及疗法主要包含以下方面的要素。

1. 人体内原癌细胞与正常细胞并存，两者处于对峙平衡状态。

2. 当机体免疫力下降，或受到环境因素变化（物理、化学、生物、营养等）的影响时，平衡关系被打破，原癌细胞被诱导病变为癌细胞，导致细胞异常增殖，变异基因产生大量不适性因子（毒素）。

3. 当病变组织细胞扩增及其在微环境中产生、积累的不适因子（毒素）达到　定的数量时，人体的神经系统一般便能感知到，体现为压迫感、疼痛感、异物感及各种不舒服感，等等。

4. 通过神经系统控制细胞呼吸，让含有大量新鲜氧的血液、气体，在神经系统的引导下，配合肢体运动，以意到气到的方式疏通微循环体系，进入病变区域，改善该区域的缺氧环境；并通过恢复细胞有氧呼吸的氧化磷酸化途径，制造出大量的生物能量（如 ATP 等）。

5. 通过神经系统控制不适部位的反复吸气、闭气，造成敏感的病变组织细胞因缺氧而被破坏或凋亡；此外，病变组织细胞因微循环体系中氧、二氧化碳、酸碱性及其他物质浓度和压力等的变化，使细胞膜的结构或电子传递有可能改变，从而改变细胞膜的通透性，导致病变细胞产生的不适因子（毒素）等流出（或抽出），新鲜氧及正常细胞产生的舒适因子（拮抗因子）进入（或压入）病变细胞，形成了动态的物质交换流。

6. 进入病变细胞的新鲜氧、生物能量及舒适因子（拮抗因子）等对病变细胞、基因等的异常问题进行修正、恢复和清除。

7. 从病变部位组织细胞排出（抽出）的不适物质（毒素）及代谢产物等，一方面通过调控呼吸，神经系统引导，以气体、屁、热、光、汗液、唾液、痰液、尿液及粪便等的形式被排压出体外。

8. 排出（抽出）的不适物质（毒素），另一方面可作为诱导源，刺激周围正常组织细胞或病变组织细胞产生诱导性拮抗因子（舒适因子）或特异性抗体。

9. 这种诱导性拮抗因子（舒适因子）或特异性抗体专属性强；能流入病变细胞；也可能储存在正常细胞组织中，并通过睡眠或以后的呼吸疗法（CRCNS）被缓缓输入不适性病变细胞。

10. 神经系统控制的细胞呼吸疗法是一种动态疗法及诱导疗法，它能根据病变或肿瘤细胞产生的不同变异性物质（毒素），诱导正常或病变细胞组织产生与之对应的拮抗因子（舒适性因子），实时对突变的细胞、基因和其他异常分子进行破坏和修正等。

11. 神经系统控制的细胞呼吸疗法实际上还是一种动态免疫疗法，即实时感知不适因子，实时调控产出舒适性的拮抗因子。引导机体建立双向、互动的免疫体系。该疗法不仅适应于治疗肿瘤疾病，也适应于治疗其他可诱导性的不适性细胞病变疾病。

12. 神经系统控制细胞呼吸疗法的功效和作用　主要有：①疏通人体微循环体系。②通过自主控制细胞呼吸，将病变细胞产生的大量有毒有害物质排出，改善病变部位微循环体系的输导、通透、排毒及 pH 值等。③产生局部的缺氧环境，促使病变的组织细胞窒息、破坏、凋亡甚至坏死；干扰病变组织细胞毒素因子的代谢途径，使其外排至细胞外、组织间隙及周围微循环环境中。④为缺氧的病变不适部位提供大量的新鲜活性氧气。⑤通过恢复细胞有氧呼吸，让细胞产生大量生物能量，如腺苷三磷酸ATP等。⑥通过感应不适部位病变细胞产生的不适因子（毒素），动态诱导正常或病变组织细胞产生与之对应的拮抗因子（舒适性因子），实时对病变的细胞进行修正和恢复，破坏肿瘤的致密性、善变性和转移性等，修复周围受损的组织细胞，引导机体双向、互动免疫体系的建立。⑦通过神经系统引导、调控的疏通、排出往复式运动，促进营养、药物及抗体等被吸收及作用于病变组织细胞。⑧降低不适部位的压迫及疼痛感；缓解及平稳不适部位的紧张感；抑制、减轻不适部位致病性结构等的形成。⑨促进睡眠、改善睡眠质量。⑩产生生物场，该疗法通过控制细胞呼吸及神经系统的"聚焦"，能将身体不适部位各细胞发散的生物场汇聚成较强的具有电磁等效应的生物场，并以发热、场感（气感）和发光等的形式体现出来，促进特异性抗体的诱导和生成，促进某些代谢反应中电子键的断裂、结合和转移，破坏病变组织细胞的结构，阻遏或改变毒素因子生成的代谢途径等。

二、中医气功之概论

中医气功，英文名 Qigong，Life Energy 或 Vital Energy，是一种起源于中国的、传统的保健、祛病方法；具体讲就是一种以意识的调整、呼吸的调整和身体活动的调整（调心，调息，调身）为手段，以强身健体、防病治病、开发潜能等为目的的自我锻炼方法。调心、调息、调身是中医气功的三调内涵。

（一）气功的起源和发展历史

气功起源于中国古代，在古代气功被称之为"吐纳"、"导引"、"行气"、"按跷"、"舞"、"服气"、"炼丹"、"修道"和"坐禅"等。"吐纳"意思是吐故纳新，实际上是调整呼吸的锻炼。"导引"意思是导气令和，把躯体运动与呼吸自然地融合为一体的肢体运动。"行气"是以意念配合呼吸，想象"气"沿周身经络运行。"按跷"是按摩和拍打肢体的运动。"舞"源自于《吕氏春秋》所说的"筋骨瑟缩不达，故作为舞以宣导之"，意指用舞蹈来宣导气血以达到治病的目的[1]。根据考古学方面出土的文物证据，气功在中国有 5000 多年的历史。4000 多年前中国最早的史书《尚书》及此后的《史记》、《孟子》中都有类似的记载。2000 年前的《黄帝内经》记载着"提挈天地，把握阴阳，呼吸精气，独立守神，肌肉若一"、"积精全神"、"精神不散"等的修炼方法。《老子》中提到了"或嘘或吹"的吐纳功法。《庄子》也有"吹嘘呼吸，吐故纳新，熊经鸟伸，为寿而已矣。此导引之士，养形之人，彭祖寿考者之所好也"的记载。中国湖南长沙马王堆汉墓出土的文物中有帛书《却谷食气篇》和彩色帛画《导引图》。《却谷食气篇》是以介绍呼吸吐纳方法为主的著作。《导引图》堪称最早的气功图谱，绘有 44 幅练功图像，是古代人们用气功健身、防治疾病的写照。

"气功"一词最早见于晋代道士许逊所著的《净明宗教录》，"气功"这一术语具有道家修炼技术的色彩。然从晋代到清朝的 1000 多年中，"气功"一词仅在清末和民国时期的一些养生书和医学著作中出现过。其未被广泛采用的原因，可能在于古代有关其修炼技术的门派繁多，各家各派均使用自己的术语。例如道家的内丹、周天、胎息等，佛家的禅定，儒家的坐忘，医家的导引，武术的内功，等等，均指与气功内涵、内容相关的内在修炼。"气功"一词被广泛采用源自 20 世纪新中国成立后的 50 年代。1955 年，中国河北省唐山市成立了气功疗养所，气功一词被正式启用。此后，"气功疗法"这一术语开始在中医临床、养生、康复和保健等学术领域中使用[2]。20 世纪 80 年代，气功又再次走出国门，传播至海外，在世界范围（如日本、印度、美国、德国、法国、俄罗斯、阿根廷和保加利亚等）形成了一股学习气功的新热潮。

中国各历史时期许多著名的中医学家对气功都有深厚的研究，并著文论述。如春秋战国时期的扁鹊；汉代的华佗、张仲景；隋代的巢元方；唐代的孙思邈、王焘；金元的四大家刘完素、张子和、李东垣、朱丹溪；明代的李时珍、杨继洲；清代的叶天士、吴鞠通；民国时期的张锡纯等。这些中医学家除了对中医学术做出了开拓性的贡献外，在他们的著作中都有关于气功的论述，或阐明理论，或记载临床应用，观点明确，应用纯熟。新中国成立后20世纪50年代以来的刘贵珍、刘天君和宋天彬等在前人工作的基础上，加入了部分现代科学理论和研究数据，对中医气功的学术性进行了新的探索和论述，为中医气功的推广与发展做出了积极的贡献。

涉及气功的论述与论著很多，在此不一一列举。除了前面所述的以外，比较著名及重要的还有：汉代名医张仲景的《金匮要略》，汉代名医华佗所创的《五禽戏》，东汉魏伯阳的《周易参同契》；晋代葛洪所著的《抱朴子》；南北朝陶弘景所著的《养性延命录》；隋代巢元方所著的《诸病源候论》；唐代孙思邈所著的《备急千金要方》，王焘所著的《外台秘要》；宋代《圣济总录》；元代丘处机的《摄生消息论》；明代著名医学家李时珍所著的《奇经八脉考》，冷谦的《修龄要旨》；清朝沈金鳌的《杂病源流犀烛》；近代名医张锡纯所著的《医学衷中参西录》，杨澄甫的《太极拳术十要》；以及新中国成立后刘贵珍的《气功疗法实践》，刘天君和宋天彬所著的《中医气功学》；等等。

（二）气功的内容和内涵

气功的内容和内涵很广，流派、功法众多，但其特点都是通过练功者的主观努力对自己的身心进行意、气、体结合的锻炼活动。刘天君[1]对气功的定义表述为：气功是以古典哲学思想为指导，以调心、调息、调身融为一体的操作为内容，以开发人体潜能为目的的身心锻炼技能。调心是指调控心理活动，调息是指调控呼吸运动，调身是指调控身体的姿势、动作，这些便是中医气功所指的三调。宋天彬[2]认为上述定义表述了4层意思。第一是气功锻炼的操作内容，即调身、调息、调心，即通常简称的"三调"；第二是三调的操作目的，也就是三调操作应达到的状态，即融为一体，通常简称"三调合一"；第三是气功锻炼在现代学科分类中的位置，即心身锻炼，既是生理的，也是心理的；第四是表述气功学科的知识类别，即属于技能性知识。所以，"三调"是气功锻炼的基本方法，也是气功学科的三大要素或基本规范。由此派生出繁多的气功功法，如：有以练呼吸为主的吐纳功；以练静为主的静功；以练动静结合为主的动功；以练意念导引为主的导引功、站桩功，等等。

显而易见，神经系统控制的细胞呼吸疗法与中国中医学的气功在操作和所要达到的效果方面是基本相同的。

（三）气功的基础理论、作用和功效

中国古人认为心理和灵魂受囿于自身的素质和外界条件，人类可以有意或无意地调整心境与灵魂状态。人类的感知可分为意识态、潜意识态与无意识态。意识—潜意识—无意识三种心态有着一定的联系。意识是目的而为，潜意识是不自觉而为，无意识是不自主而为，其纽带是人体自序场。中国古人认为人是大宇宙中的小宇宙，主张"天人合一"，即作为独立于人的精神意识之外的客观存在的"天"与作为具有精神意识主体的"人"有着统一的本原、属性、结构和规律。生命存在的条件，不但要求维持内环境的相对稳定，也要求与外环境保持和谐与统一；为了维持人体功能的稳定以及生命活动的秩序，人体必须与外界环境不断地交换物质和能量。此谓之为"吐故呐新"。为了达到这一目的，必须依靠一种意识态的调节机制，协调人与外界环境的关系，保持和谐一致，进而维持内环境的恒定[1]。《素问·上古天真论》说："余闻上古有真人者，提挈天地，把握阴阳，呼吸精气，独立守神，肌肉若一，故能寿蔽天地，无有终时，此其道生。"概括了古典气功的基本理论和方法，体现出气功三调合一观念的雏形。同时表明，古人已经认识到通过气功独特的修炼方法可以使机体的组织、器官在功能上更加有序化与协同化，体现了自我意识可以对物质体系具有反作用调节的古典哲学辩证思想。

目前认为中国气功的基础理论主要有 5 种。①《周易》与八卦。《周易》也称《易经》，是儒家的重要经典。《周易》是一部有关占筮（占卜、算命）的书，含有深刻的哲理，体现了中国古代对宇宙、生命最普遍、最基本的认识规律。②阴阳五行学说。古人认为宇宙起源于"太极"；太极生两仪，是谓"阴阳"；两仪生四象，则演化为五行；四象生八卦，八八六十四卦……由此演化成宇宙万物。阴阳五行是中国古代关于自然、社会、人生的模型，古人仰观天象，俯察地理，中傍人事，经过抽象概括，类比推演，分析综合，逐步形成了许多哲学概念和范畴。其中有关于世界物质性的元气论，客观真理的道论，宇宙起源的太极论，等等。阴精和阳气构成人体的正气，也叫真气，而环境中一切损伤正气干扰稳态的因素，统称为邪气。"正气存内，邪不可干"。气功锻炼可以调整阴阳相对平衡，从而维护了正气，所以能祛病延年。③精气神学说。精气是中国古代哲学的重要范畴，指最细微的物质存在。《周易·系辞传》中有"精气为物"之语。《管子·内业》把精视为最细微的气，如说："精也者，气之精者也"；认为精气是生命的来源，也是圣人智慧的来源，如"气道乃生，生乃思，思乃知"。由于精气沟通形体而产生了人的生命，有了生命才有了人的思维，也就是"神"的功用。中国中医学理论继承发展了上述哲学思想，并使之更为具体化，认为：精，指一切精微有用的，滋养人体的物质，是构成人体的物质基础。气，是充养人体的一种精微物质，或是人体脏器的功能活动，"气者，人之根本也，根绝则茎叶枯矣"（《难经·八难》）。神，指人体生命活动的主宰，它是无形的，却代表着生命活动的主动性。神表现了生命运动固有的调节控制功能，也可以说是调控生命活动的信息，主要包括思想精神活动和生命活动的本能调控功能[2]。《勿药元诠》说道："积神生气，积气生精，此自无而之有也，炼精化气，炼气化神，炼神还虚，此自有而之无也。"体现了精气神学说对人体生命过程的认识。意思是：神是虚灵的，但作为生命信息，它指挥机体从外界摄取营养物质来复制自身，这是从无到有。反之，消耗物质和能量，转化为精神活动和功能活动的信息，又是从有到无。气功锻炼就是锻炼精、气、神，维护这三宝，是用意识来调控信息、能量、物质相互转化的新陈代谢过程，与阴阳学说不谋而合。④脏象学说。又称藏象学说。脏象学说是建立在阴阳五行学说基础上的关于人体等级结构的模型。肝、心、脾、肺、肾五脏，配木、火、土、金、水五行，构成了互相联系制约的多级稳定系统，是人体稳态机制的一种模型。气功锻炼可以协调脏腑的功能，以免出现太过或不及的状态，从而维护系统的稳定。脏象学说建立在古代解剖学的基础之上，以阴阳五行学说为立论依据，认为人体内在脏腑与外在四肢百骸之间存在着密切联系，可以通过调整肢体外在的形体，从而达到调节内在脏腑的功效。⑤经络气血学说。经络是指人体气血的网络通道模型。经络学说是对脏象学说的补充和完善。脏象学说从宏观角度肯定了人体内在脏腑与外在四肢百骸之间的紧密联系，但是并没有给出确切的联络方式，经络学说对此作了较为充分的说明。经络气血学说认为，经络内联脏腑，外连四肢百骸，是脏腑气化的通道。所以，脏腑功能与结构的异常，必然会引起经络气机的失常，进而表现于外在的四肢百骸。经络学说包含的内容非常丰富，它以十二正经的循行为核心内容，强调十二正经是联系人体脏腑与形体及人体与自然的主要通道，其他如奇经八脉、十五络脉、十二经别、十二经筋、十二皮部及气街四海、标本根结等理论，均围绕加强十二正经相互之间的联系，加强十二正经的生理功能而展开，从而形成了一个完整的立体网络结构。经络是人体气血运行的通道，沟通人体内外，维持人体气化的正常。脏腑功能失常，经络本身功能的失常，四肢百骸气机不畅，都会影响整个人体的气化功能。所以，维持经络本身的功能的正常，包括经筋和皮部，对于人体的动态平衡有着重要的意义。气功修炼时，通过采气、服气、行气等多种方法来保养正气，调控气机，可以达到经络畅通，从而气血运行顺畅的功效。例如，以经络气血学说为理论的循环导气法，就是指修炼时要依据经络循行路线，以意领气，依次运行，或只以意行，任气自然。又如，在引气攻病时，也多是根据经络气血学说，在吸气时用意念将清气沿经络引至病所，呼气时再用意念将浊气沿经络排出体外。如此反复，将经络作为通道，引气"洗涤"病灶之处。

气功与中医、武术一起，被认为是重要的中华传统文化之一，并且气功与针灸、推拿在中国中医学中的学术地位相当。气功在中国古代之所以占有特殊的地位，估计作用主要有 3 点：①治病防病。这点从上面所述气功的起源、发展史和内涵中便可足以看出。笔者以为先人进行气功锻炼的初衷，就是要通过意念调控呼吸，引导"气"沿身体各部位运行，达到舒筋活络，吐故纳新等的治病防病作用。这种方法在千百年的实践和检验中，被古人和今人认为确实是一种行之有效的治病防病方法和手段。现代医学及临床证明，中国古代气功对 30 余种疾病有治疗作用。如：阻塞性肺气肿，哮喘，高血压，冠心病，心绞痛，心脏神经官能症，心动过速，心肌炎，胃及十二指肠溃疡，胃黏膜脱垂，胃下垂、慢性肝病，肝硬化，胆囊炎，肠炎，肿瘤，习惯性便秘，神经衰弱、神经官能症，偏头痛，糖尿病，肥胖，慢性盆腔炎，子宫脱垂，痛经，乳腺小叶增生，颈椎病，关节炎，青光眼，慢性鼻炎，慢性咽喉炎等。②养生保健、开发潜能。气功的第二个作用可能是练功者通过气功的修炼有意识地进行自我身心调整，吐故纳新，开发及提高机体感知、调控的特异性潜在功能，从而达到生理上、心理上养生保健的锻炼目的。③武术健身。金、元之后，为了抵御外族的侵略，很多练功者将气功的修炼用到武术上来，逐渐形成了中国武术健身气功。随着武术气功流派的发展，武当派、少林派两大家派逐渐形成。如：少林派的《少林拳术秘诀》，杨澄甫的《太极拳术十要》。中国武术中的硬气功可使练功者全身肌肉紧绷，以意识调控呼吸，控制身体各组随意肌及半随意肌，瞬间获得极大的爆发力和能量，劈砖断石。从这点我们也可以看出，气功确实能显著提升人体的能量。

（四）气功的流派和功法

中国气功在数千年漫长的历史发展过程中因为不同的民族，不同的思想理论体系，不同的习练方法，以及不同的侧重目的等造就形成了众多的流派和功法。不过，随着各流派不断地整合、凝念，逐步形成了目前比较有影响力的医、儒、道、佛、武五大家气功流派，并由此派生出许多各具特色的气功功法。①医家气功。医家气功强调保健、延年，是各家气功中发展最快、内容最为丰富的一个流派。如果以公元前3000年时期的宣导舞作为医家气功的起源，则至今已有4000～5000年的发展历史。一般认为，医家气功起源于先秦，发展于西汉，成熟于隋唐五代，而兴盛于两宋金元时期。医家气功以中医理论（如《黄帝内经》、《养生方》、《诸病源候论》等）为指导思想，广泛学习、吸收其他各家流派之长，形成了诸如五禽戏、六字诀、八段锦等众多功法。②道家气功。道家气功讲求性命双修和炼丹，该派的起源可追溯到先秦的老子、庄子和汉代以后形成的道教。道家气功的指导思想有老子的《道德经》、庄子的《齐物论》和魏伯阳的《周易参同契》等，倡导"天地与我并生，万物与我为一"的天人合一哲学观。代表功法有周天功、内丹术等。③佛家气功。佛家气功讲求明心见性。佛家气功的指导思想源自印度佛教，以修性为主，强调调心与调息，功法以静为多。代表功法有禅定、因是子静坐法和内养功等。④儒家气功。儒家气功起始于先秦，儒家之祖孔子和他的学生是儒家气功最早的倡导者和实践者[2]。儒家气功的指导思想有《周易》、《淮南子》和《真训》等。代表功法有太极图等。⑤武术气功。武术气功注重强化肌肉、发劲等技击的应用。武术气功可能起源于医、儒、道家等功法中的一些偏重于刚硬性锻炼之调身型的动功。武术气功强调锻炼人体之"形"，以外练筋骨皮为主，基本特点是运动量大，动作难度也较大，且刚劲有力，意气力三者结合，力求意到气到，气到力到。代表功法有易筋经、少林内功、峨眉十二桩和意拳站桩功等。

此外，近现代对气功的发展和推广比较有影响力的人物和功法还有：马礼堂的养气功，张广德的导引养生功，李少波的真气运行法，张明武的气功自控疗法，郭林新气功，杨梅君的大雁功，裴锡荣的实用武当气功和王瑞亭的少林内功一指禅，等等。这些气功功法的作用基本上都是以治病防病、养生保健为主。

三、神经系统控制的细胞呼吸疗法与气功之比较

上面我们对神经系统控制的细胞呼吸疗法及气功各作了一定的概述。不难发现：①神经系统控制的细胞呼吸疗法与中医气功的操作内容及要达到境界基本相同，并且都要求追求场感或气感的产生，做到意到气到，融为一体的境界。②然而两者的理论体系完全不同，神经系统控制的细胞呼吸疗法的理论依据体系是现代细胞学、生理学、生物化学及分子生物学等；气功的理论依据体系基本以中国古代的经络气血学说、阴阳五行学说和脏象学说等为主，此外还包括一定的中国古代哲学思想，如天人合一等；部分流派及功法甚至包含着一定的宗教修炼色彩。两者从名称上也可体现出所包含理论基础和侧重均不相同。神经系统控制的细胞呼吸疗法强调神经系统对细胞的调控，即通过神经系统控制人体呼吸系统，使气体的呼与吸、输导力求作用到组织细胞这种细微水平和级别，并强调利用神经系统所感知的刺激性，诱导产生阻遏型舒适性因子，及反过来再调控组织细胞的呼与吸，以使不适部位达到最佳的舒适度。气功则强调气道，即通过意念将呼与吸的气体在脏腑、经络、血脉间运行和输导，以求达到疏通、排泄、舒适、轻松和活络的效果。③神经系统控制的细胞呼吸疗法学习无须皈依某种流派，无须固定的招式及套路，但最好要求掌握一定的生物学基础知识和理论。气功学习通常需要拜师，确定所学流派和功法，同时要求掌握一定的气功"术语"，如周天、内视、丹田和天门等。两者的比较总结见

表8-1。

表8-1   神经系统控制的细胞呼吸疗法与气功特点之比较表

序号	项目	神经系统控制的细胞呼吸疗法	中国气功
1	内容与内涵	神经系统控制的细胞呼吸运动	调心、调息、调身之"三调"运动
2	操作境界	神经系统控制的细胞级别呼吸,配合肢体运动;实时感知,实时调控,感知与调控融为一体;要求做深、做透、做细,追求最大舒适感	意到气到,气随意走,"三调合一"
3	理论依据	现代细胞学、生理学、遗传学、生物化学、免疫学、微循环学及分子生物学等	《周易》与八卦,阴阳五行学说,经络气血学说,精气神学说,脏象学说等
4	功效	①疏通微循环体系。②排出有毒有害物质,改善pH值。③造成局部缺氧环境。④提供新鲜活性氧气。⑤产生生物能量。⑥诱导拮抗因子(舒适性因子)生成,引导双向免疫体系建立。⑦促进营养、药物及抗体等的吸收及利用。⑧降低压迫及疼痛感;缓解平稳紧张感。⑨促进睡眠、改善睡眠质量。⑩产生及汇聚生物场,促成特异性反应电子键的断裂、结合和转移。⑪产生舒适、轻松的愉悦感	①提挈天地,把握阴阳,积精全神。②呼吸精气,吐故呐新。③锻炼精、气、神,用意识调控信息、能量、物质相互转化的新陈代谢过程;使脏腑器官等更加有序化与协同化。④治病防病。⑤养生保健,开发潜能。⑥武术健身,提升能量。⑦产生舒适、轻松的愉悦感
5	作用部位	不适及病变器官、组织和细胞;全身其他可以被神经系统感知、调控的部位	不适及病变部位;全身其他可以被意识支配的部位
6	流派属性	无	主要有医、儒、道、佛、武五大家流派
7	招式和方法	无须固定招式及套路	功法众多,如:五禽戏、六字诀、八段锦、周天功、内丹术、禅定、因是子静坐法、内养功、太极图、易筋经、少林内功、峨眉十二桩、意拳站桩功、导引养生功,郭林新气功和大雁功,等等

第二节　神经系统控制细胞呼吸疗法的实施与操作

本节将着重论述神经系统控制细胞呼吸疗法的开展与实施。神经系统控制的细胞呼吸疗法虽不隶属于任何流派，也无须固定的招式和套路；但并不代表其不需要学习，立刻就能上手操作实施。

实际上神经系统控制的细胞呼吸疗法机制复杂，涉及知识面广，许多细节有待于科学研究的进一步验证和探索。所以，为了能使读者更好地理解其动作的本质含义，容易上手操作与实施，并尽快到达消除不适部位病痛所需要的状态及境界，避免知其形而不知其意，笔者建议读者首先还是要了解和掌握一些现代生物学、人体解剖与生理学等方面的基础知识和理论，或将本书多读几遍；其次，就是要学习掌握好神经系统控制的细胞呼吸疗法实施的基本步骤。

上节我们已经说过神经系统控制的细胞呼吸疗法与中医气功的操作内容、内涵及要达到境界基本相同，两者都要求追求场感或气感的产生，做到意到气到，融为一体的境界。因此，有气功知识和基础的人学习神经系统控制的细胞呼吸疗法时应该会比较容易理解、贯通。

根据作者本人的长期探索、研究、实践经验及体会，神经系统控制的细胞呼吸疗法具体由："准备→吸气→闭气→输导→解结→疏通→跟踪诱导→排出→结束"9个基本步骤组成。每次疗程可循环上述步骤多次，连续几次疗程后，应休息几天再做。一般来说神经系统控制的细胞呼吸疗法每天只需进行一次，通常在临睡前做，每次疗程时间以 40～90 分钟适宜。

1. 准备　在进行神经系统控制的细胞呼吸疗法时，做好准备工作是必要的。一般选择在较安静的地点和时间段来实施该疗法，地点通常在卧室、无人的客厅或其他安静的房间，房间光线越暗越好，因为这样可以保持身体神经系统的高度控制，俗话讲就是要集中精力。为了达到这些要求，时间通常选择在晚上 10 点以后进行，即夜深人静的时候。对于初学者，这点很重要，否则，难以进入状态。准备该疗法时，衣着应以宽松舒适为宜，腰带不宜扎得过紧，以防止阻碍气体输导的通畅性。姿势站立，双脚微开与肩膀同宽，双手自然垂立，双眼微闭。房间空气要求新鲜、纯净和对流。可喝些温开水，先补充体内的水分。有条件的可备一条干毛巾，以便擦汗，双脚前面可放置一个小盆，以便于接住生成的津液（唾液）或痰液。如果冬天天气寒冷，可穿一件毛背心或毛衣，外套一件宽松的睡袍，既可保暖，避免感冒，又能使肢体运动顺畅、自如。

2. 吸气　吸气是一个重要环节，有要求，通常是双眼微闭，双手掌心向上，缓缓吸入新鲜空气，双手同时缓慢向上抬起，让空气进入肺部。某些时候，也可单只手运动缓缓吸入空气。吸气时，一般不要有呼气，如果坚持不住，可短暂呼出一部分后，再迅速换到吸气状态。吸气要吸到最大程度。学习过中医气功的练习者，可在神经系统的意识引导下，直接将气缓缓吸到要作用的不适病痛部位。

3. 闭气　吸入的空气不可马上呼出，而是要将气体停留在身体内，若憋不住，只能进行短浅的呼吸，让体内保持较强的气压感。闭气的目的主要是造成敏感的病变组织细胞因缺氧而被破坏或凋亡；此外，不规则的吸、闭气变化有可能使病变组织细胞膜的结构或电子传递发生改变，从而改变细胞膜的通透性等。闭气操作时，身体姿势要作相应的转换，双手掌心缓缓转向下，并向前；双腿微曲。

4. 输导　输导也是一个重要过程，此过程就是通过神经系统的引导，将吸入我们体内的气体缓缓输送到肿瘤致密性部位或身体的不适部位。通俗讲，就是用意识将气体运送到待作用的部位。输导是一个受意识支配的过程，需要我们肢体的运动来配合。通常是双眼微闭，双掌下意识地做将气体输送至不适部位的动作，这些动作可以是双掌缓慢地向前、向下推，也可以是一掌牵引、另一掌推移，等等。同时，躯干和双腿也应作相应缓慢地移动、扭转，以配合将气体送至作用区域。此过程可以进行短浅的吸气、呼气，频率可随意识要求掌控，但一定要保持气压的存在。如果输导至作用区域后，无压力感存在，则表明此次输导不成功，需重新再做一次。

5. 解结　顾名思义，解结就是要将身体阻遏部位、异物感部位或肿瘤的致密性这个"结"、"解松"。正常的人体微循环通路如同是一丛顺畅的微细管道，病变部位或肿瘤细胞组织则是卡在这丛微细管路中的一个死结，这个越长越大的致密性结节破坏了上、下行的压力平衡，使上游的压力及压迫感逐步增大，随着病变组织的不断增大，这个肿块还会对周围微循环体系中的神经、毛细血管、淋巴管等部分产生压迫和破坏，造成疼痛、血管破裂出血、微循环体液渗出等症状。打一个简单的比喻，我们把人体的微循环体系当成一条软水管，现在这个水管打了一个结，这个结阻断了物质的供应，破坏了上、下行的压力平衡，要疏通这条管路，首先就要将这个结解开，这个结就是不适部位或肿瘤组织细胞的致密性结节。在神经系统的控制下，让气体缓缓地进入致密性或不适部位，可以采取不呼吸至极再猛吸一口气的这种频率方式调控解结，使致密性或不适部位逐步地产生疏松感、舒适感。同时，身体的掌、腿、躯干等部位都应随意识的控制要求而动作，并让作用区域产生"生物场"感（气感），做到意动气动、气随意动，此过程身体的运动方式是随意的，无须固定刻板的招式。

6. 疏通　当作用区域的致密性、不适性或异物感部位被逐渐疏松后，要对该区域的微循环体系作进一步的疏通。此时，应在神经系统的控制下，让气感在该区域随处循环移动，使致密性、不适性或异物感部位有进一步的疏松感、顺畅感。此时的呼吸调控，呼吸频率、身体各部位的运动方式都应根据神经意识的需要而动作，做到意动气动、气随意动。让"生物场"感、气感多在致密性、疼痛及不适部位中缓缓疏通。注意要集中精力控制呼吸的快慢，呼吸的强度，保持住被作用区域的气感及压力感，以便让组织细胞接受刺激合成"诱导性阻遏型舒适性因子"。

7. 跟踪诱导　合成"诱导性阻遏型舒适性因子"是神经系统控制的细胞呼吸疗法的一个重要功能。所以当感到病变不适部位出现轻松、顺畅、疏通感时，要继续集中精神跟踪、感知不适部位的阻遏感、疼痛感和异物感，并调整肢体肌肉运动，或吸气，或闭气，或往复推压气感，以求获得最大限度的舒适性。从分子水平角度来看，这实际上就是我们身体的组织细胞以所感知的不适性因子为刺激源（诱导源）合成了对抗（阻遏）这种不适性因子的物质（舒适性因子）。所以在这一步，主要是针对锁住舒适性，来选择特定的运动组合方式；或以循环组合为主；或以吸气为主；或以闭气为主；或以推压气感为主；或以跟踪诱导为主。灵活机动，切忌死板。

8. 排出　由于病变的组织细胞（包括肿瘤组织细胞）比正常组织细胞敏感、脆弱，通过神经系统控制的细胞呼吸疗法可对这些病变、不适性的组织细胞产生较强烈的破坏作用，或加速这些部位代谢产生许多有害物质（CO_2、毒素因子及酸性物质等）进入微循环体系（细胞间隙、组织间隙、组织液、淋巴液、毛细血管）中，这些变化可被我们的神经系统感知，在相应部位产生稍微的膨胀感或阻碍感。有害物质浓度的变化虽能导致细胞的膜电位变化产生"生物场"，对"阻遏型舒适性因子"的合成也能起到刺激和诱导作用，但我们还是要将这些毒素排出。在神经系统的意识引导下，双眼微闭，双手掌心向外，将致密、不适部位产生的气感或"生物场"感沿掌心向外缓缓推出，也可直接由被作用部位向身体外推出，吸入的空气尽量控制为呼出状态。神经系统控制的细胞呼吸疗法做到一定程度时，会有发热、排气（屁）、口中生出津液等现象出现，这是好现象，表明此疗法已初显成效。此时，应让生成的气体以呼气或屁的形式排出；口中生出的津液与唾液不可再吞咽回去，而要尽量吐出；排出的汗液（出汗）要擦干；如有尿感及便意，应及时排泄，切不可憋忍；若身体和掌心出现发热现象，应在神经系统的意识引导下，将热量沿掌心或躯体向外缓缓推出；身体敏感度较高的人有可能隐约看到光波产生，也应将这些辐射波沿掌心或躯体向外缓缓推送出去。排出步骤时，身体姿势应为：双眼微闭，双腿微曲，双掌掌心向外缓缓做推送运动，肢体、腿部也应配合排压气感做相应转体、移动。

9. 结束　吸入的新鲜空气在完成上述 1～8 个步骤缓缓排出后，便完成了神经系统控制的细胞呼吸疗法，这一循环便进入结束状态。结束状态的身体姿势一般为：双眼微闭，双腿微曲，双掌掌心缓缓向下压，至垂立状，神经系统控制身体呼吸逐步进入平稳、正常状态。

每次神经系统控制的细胞呼吸疗程可以重复上述循环步骤多次，但不宜过多，否则，所耗时间会太长，影响休息及第二天的工作等。每次疗程结束后，应适当喝些温开水，补充体内消耗的水分。达到神经系统控制的细胞呼吸疗法最佳境界的要求是：①能随意、灵活自由地控制呼吸频率，呼吸强度，吸气与呼气时间的长短及转换。②能随意控制身体手部、躯干、腿部及身体不适性病变部位肌肉的运动，做到躯体的肌肉运动能对意到气到、气随意走起到牵引、导向作用。

神经系统控制的细胞呼吸疗法入门易，学精难；最难的是产生气感（场感），并用神经系统"咬住"气感，跟踪下去。根据笔者的经验，身体近内脏器官部位易产生气感，远端部位（如手指、脚部等）则难产生气感。病变不适性较严重的部位易产生气感和阻碍感，正常或无不适性的部位较难产生气感或场感。此外，要想掌握随意灵活自由地控制呼吸频率、呼吸强度、吸气与呼气时间的长短及转换，做到意到气到、气随意走也并不容易，需要通过长期的锻炼、感悟才能不断提高。

神经系统控制的细胞呼吸疗法具有如下几个特征：①神经系统的意识性参与。这种疗法必须在我们神经系统的有意识的控制下进行，而不像我们消化食物、吃药打针治病在无意识中、不知不觉中完成。②自主性吸气与呼气。该疗法的吸气与呼气与我们平常自然的呼吸不同，它是在神经系统有意识控制下的吸气与呼气，而且呼吸频率、呼吸强度、吸气与呼气时间的长短及转换应随意识感觉不断变化，要求病变不适性部位的组织细胞在神经系统的控制下，跟随身体的吸气与呼气，"张开"与"排出"。③有生物场感或气感。神经系统控制的细胞呼吸能产生生物场感及气感，该场感与被作用部位肌肉的舒张、收缩有关，随着肌肉的舒张、收缩的顺序运动，生物场（气感）在体内可以流动，产生一波一波的流动感（气感）。这种具有电磁效应的生物场，可促进特异性抗体的诱导生成，某些代谢反应中电子键的断裂、结合和转移；破坏病变组织细胞结构，改变代谢途径。④感识病变部位的不适性。当我们进行神经系统控制的细胞呼吸疗法时，特别是生物场感（气感）在致密性不适部位的微循环体系中缓缓疏导时，神经系统能感知相应部位产生稍微的膨胀感、阻碍感及轻微的疼痛感，甚至能感受到不适部位或异物的大小。表明神经系统已感觉识别到不适性因子或异物的存在，该不适性因子是指导我们组织细胞建立自身互动免疫系统、合成"阻遏型舒适性因子"的重要诱导因素。⑤发热。进行神经系统控制的细胞呼吸疗法时，身体和掌心会出现发热现象，特别是掌心的发热感觉明显强于躯体，而且热量可以沿掌心或躯体向外缓缓推出。表明这种热量具有辐射性。⑥有物质的合成与排出。直接的证据便是，当进行神经系统控制的细胞呼吸疗法时，我们的组织结构会有松动现象（如小气泡冒出、放屁等），口中会不自觉涌出清水般的唾液（津液）、甚至发声，身体会出汗、有尿意（排尿）、便意（排便），发射热量，敏感度较高的人有可能隐约看到光波及感受到辐射场波的产生。间接证据是，进行该疗法时能感受到致密性、不适部位疼痛的缓解，甚至是消失所产生的舒适性，一般隔天便能感受到情况的好转，持续几次疗法后，不适性将会有明显的缓解，这种好转不是意念性的，而是实实在在的；表明了神经系统控制的细胞呼吸疗法的确导致了某种物质的合成，而这种物质促使了病变部位致密性、疼痛及不适性的缓解，甚至是消失，这些变化不会随该疗法的停止而消失。

　　神经系统控制的细胞呼吸疗法能捕捉到瞬间即逝的感知，而这种瞬间即逝的感知表明被作用的细胞已出现了某种反应，如气体或物质的进入，废气或毒物的排除，一次有益的新陈代谢的产生，等等，并实时根据这种感知，迅速调控组织细胞作出"舒适性"的反应，对病变组织细胞进行治疗和修复。这种对组织细胞实时感知、实施调控的功效是目前传统的中西医疗法和药物所不能达到的。这种功效目前采用现代的仪器设备可能也无法或难以检测出来。这种实时感知、实施调控的疗效也正是科学家们在不断努力、追求所要达到的目标。

第三节　神经系统控制细胞呼吸疗法的实施感受及体会

　　由于神经系统控制的细胞呼吸疗法具体实施时，身体不适或病变组织细胞发生的变化、变化的被感知及再调控都是细微的、短暂的、瞬间即逝的，使用目前先进的仪器设备尚无法对此进行全面、系统的探测、跟踪和分析。不过，笔者相信随着这些现象今后越来越多地逐步被揭示及科学技术的进步，神经系统控制的细胞呼吸疗法的复杂作用和机制一定会被不断发掘和补充！为了现在能对学习该疗法并使之用于治病救人的实践者和患者有帮助，也为了能对由此开展的科学研究提供实验素材和感受性的认识，笔者将在本节阐述自身长期进行神经系统控制细胞呼吸疗法时的一些实验感受和体会。

　　1. 神经系统控制的细胞呼吸疗法实施时，总体感受是以通畅、疏通为主，打通各不适部位的微循环系统。

　　2. 采用神经系统控制的细胞呼吸疗法对身体病痛和不适部位反复作用时，不适部位排出的物质（不适因子）主要以气体、热、光、汗液、津液、痰液、屁、粪便等的形式被排出体外，不适部位的细胞、组织会有位置松动、被腾空的轻松感。

3. 调控呼吸产生的舒适性（舒适因子），能通过神经系统对焦，再通过呼吸控制进入不适部位的组织细胞（部位），排挤出不适因子，使不适部位产生舒适感。

4. 利用神经系统调控机体呼吸，做得意到气到，对不适部位组织的微循环体系产生挤→张→再挤→再张的反复循环，能使不适部位产生舒适、愉悦的畅顺感，即刻消除或降低不适部位的疼痛感、阻遏感和异物感。

5. 通过神经系统有意识地让不适部位组织细胞尽量长时间的闭气不呼吸，会使不适部位组织细胞有种缺氧、窒息而亡的感觉，或被破坏的舒适感。

6. 采取对病变部位长时间的闭气不呼吸至极，再猛吸一口气的呼吸方式或频率，机体可感知病变不适部位的组织细胞有一种被抽真空的感觉。此时，可感觉到不适部位有物质自动地被抽出，或异物被破坏、滞胀物质被耗尽的清空感。

7. 通过神经系统调控不适部位组织细胞的呼吸，产生压力感或场感，可使新鲜的空气（氧气）渗入不适部位；再通过神经系统的引导，配合肢体运动，能让渗入的新鲜空气沿不适部位周边微循环管路缓缓运行，输送至不适部位，并可疏通通道，带走不适因子（毒素），产生一种清新、内在的愉悦感。

8. 神经系统控制的细胞呼吸疗法可通过意到气到的方式通络不适病变部位，带走不适物质；再通过神经体系聚焦追踪，诱导身体形成舒适性因子，压入不适细胞（部位），如此反复循环，该疗法循环路径及效果如图8-1。进行神经系统控制细胞呼吸疗法时的感受可能因人而异，但具体实施的总体感受会是：抽（抽出不适物质）→追（追踪舒适性，或舒适因子）→压（将新鲜空气、舒适因子压入不适部位）→排（将被抽出的不适物质，通过调控呼吸，神经系统引导，辅以肢体运动，以气体、热、光、汗液、唾液、痰液、屁、粪便等的形式被排压出体外）。

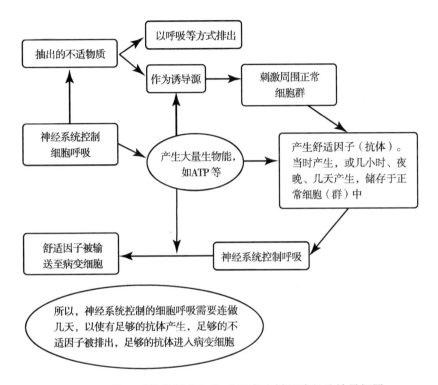

图 8-1　神经系统控制的细胞呼吸疗法循环路径及效果概图

9. 神经系统控制的细胞呼吸疗法一定要做深、做透、做细，因此实施时要缓慢渐深，由表及里，由外至内地将废气废物抽出，将氧气及舒适性输送到位。

10. 进行神经系统控制的细胞呼吸疗法时，最易、最直接感受到不适病变部位的微循环体系被疏通，组织细胞的代谢产物被排出。诱导作用的感受较弱，且易被忽视。进行诱导追踪时，要求神经系统高度聚焦至不适部位的组织细胞，甚至需要感受针尖、细丝大小区域的变化，并实时作出调控反应。

11. 神经系统控制的细胞呼吸疗法可通过神经系统的精细感知，将不适部位病变细胞产生的细微不适信号集中、放大，形成有效的刺激源，刺激（诱导）周围正常细胞，或病变细胞本身实时产生特异性的抗体（拮抗因子），拮抗、修复病变细胞。

12. 进行神经系统控制的细胞呼吸疗法时，肢体的肌肉运动主要是为了配合神经系统对组织细胞的调控，基本处于一种从属、被动的地位，完全受神经意识的支配。肢体的肌肉运动可划分为几段来做，每段可以是几个系列功能循环组合，也可以反复只做一个特定功能的动作。

13. 为了达到最佳的调控效果境界，神经系统控制的细胞呼吸疗法应针对舒适性要求，选择特定的呼吸运动组合方式；或以循环组合为主；或以吸气为主；或以闭气为主；或以推压气感为主；或以跟踪诱导为主。灵活机动，切忌死板。

14. 神经系统控制的细胞呼吸疗法中的肢体运动究竟是以疏通为主，还是以气场为主，或是以排出为主，或是以诱导为主，或是调控呼吸快慢频率的变化等，一般应根据神经系统的感知和需要来做，按舒适性的意识支配去做就行。无须刻意的套路和模式。这点与气功的功法要求是有区别的。

15. 神经系统控制的细胞呼吸疗法，主要包含三重意思：①神经系统控制；②细胞呼吸；③辅以肢体运动。不难发现，这些又与中医气功中的调心、调息和调身三调理念内涵基本一致。

第四节　神经系统控制的细胞呼吸疗法与药物及营养物质间的作用关系

从前面笔者所述神经系统控制的细胞呼吸疗法的原理和实验感受及体会来看，进行该疗法对身体的不适性病变组织细胞有着精细的、特异性的治疗、修复和调控作用，其效果是显著的，轻松的及舒适性的，等等。虽然表面上看，该疗法仅通过神经系统控制细胞呼吸，再辅之以肢体的运动，便能对身体中的种种不适性疑难杂症进行治疗，甚至治愈，而不需要服药打针或采用其他治疗方法和手段，这也未免过于简单了吧?! 令人感到惊异、不可思议，甚至是怀疑；但通过本书的详细阐述，我们已经初步发现神经系统控制的细胞呼吸疗法所具有的原理和功效其实并不简单，而且相当复杂。因为：①神经系统控制的细胞呼吸疗法调动了全身各相关系统，如神经系统、呼吸系统、循环系统、泌尿系统、免疫系统和肌肉运动系统，等等，参与到对机体不适性病变组织细胞的治疗与调控中来，这恐怕不是服用和注射某一类或某几类药物就能做到的。②神经系统控制的细胞呼吸疗法具有：a. 疏通微循环体系，增强组织细胞通透性；b. 排出有毒有害物质；c. 造成局部缺氧环境；d. 提供新鲜活性氧气；e. 产生生物能量ATP；f. 诱导拮抗因子（舒适性因子）生成，引导双向互动免疫体系建立；g. 降低压迫及疼痛感；缓解平稳紧张感；h. 促进睡眠、改善睡眠质量；i. 产生及汇聚强大的气感或生物场感；j. 产生舒适、轻松的愉悦感等等功效，恐怕也不是服用和注射某一类或某几类药物便能做到的。③神经系统控制的细胞呼吸疗法能通过神经体系的高度集中，实时捕捉身体不适病变部位瞬间即逝的变化和反应，并综合各种因素，迅速诱导、调控肢体运动以使不适部位组织细胞作出"舒适性"的反应，对不适部位的组织细胞进行治疗和修复。这种对器官、组织和细胞即时感知、即时调控治疗的作用恐怕更是目前中西医疗法、药物和营养食品所不能达到的及难以检测到的。④笔者在长期的神经系统控制细胞呼吸疗法的实践中发现，当神经系统高度集中，支配肌肉运动达到意到气到、气随意走的状态时，身体各部位肌肉可以配合意识做出各种复杂的、奇形怪状的、类似印度瑜伽术的高难动作，而这些动作在平常状态想都想不出来！当然，进行一系列这些复杂运动的目的主要是让身体不适性的病变组织细胞保持最大的"舒适性"，以利降低、调顺不适部位的阻遏感和异物感。笔者以为，这一系列的特异性调控运动其实包含、促成着机体复杂的对病变组织细胞中相关物质生理生化的代谢反应、免疫诱导反应、即时检测和调控反应及生物场的电磁效应反应，等等。这种貌似平缓的神经系统控制的细胞呼吸运动尚需要我们今后能透过现象看到本质，进一步地完善、补充和发掘它的内在规律。

笔者在前面已谈过，对于身体中的某些不适性病变和疼痛，采用神经系统控制的细胞呼吸疗法治疗后的感觉确实与吃药治疗带来的感觉有着明显的不同，甚至远远好于吃药打针的效果，它能带给机体一种主动的、内在的、清新的、舒适轻松的愉悦感，即治愈感。

既然神经系统控制的细胞呼吸疗法具有如此强大的功效，是不是对付身体不适性病变部位的组织细胞（包括肿瘤组织细胞）就不需要采用现代中西医疗法、药物、免疫制剂等的治疗和营养物质的补充了呢？笔者给出的答案是否定的。因为：①目前科学界对神经系统控制细胞呼吸疗法的认识基本还处于一种未识阶段，受现阶段科学理论和技术水平的限制，对该疗法中神经系统引起组织细胞中许多瞬间即逝的感知与调控的生理生化反应等尚无法进行检测或难以进行检测；放弃传统及现代中西医疗法已经积累的宝贵经验与平台，及各种已研发药物等的治疗，不现实、不科学。②依据笔者所述神经系统控制细胞呼吸疗法的原理和其要达到的功效，它必须依赖于我们人体庞大的物质基础和所获营养物质的供应及补充，才能完成及发挥它的各种功效，其所需要的许多物质基础，如多糖、氨基酸、蛋白质、核苷酸、RNA 与 DNA、维生素、酶与辅酶、各种微量元素、抗体与补体分子、特异性的免疫分子或基团，等等，均依靠于我们自身内部的物质储备体系或通过机体摄取外界的营养物质和特种专业药物、免疫力增强性物质等才能获得，然后可能再通过其特定的功效诱导、合成、降解或转化关键的部分。抛开外界的物质供应、配合和联系，而奢谈、夸大神经系统控制细胞呼吸疗法的原理和功效是不现实的，也是违背科学规律和逻辑的！笔者以为采用神经系统控制的细胞呼吸疗法治病防病并不是要否定现代中西医疗法、药物、免疫制剂和营养物质等的疗效和作用。相反，神经系统控制的细胞呼吸疗法还需要加强各特种专业药物、免疫制剂和营养成分的研发、配合和供应，还需要加强患者自身有益于身心健康的休息、锻炼和娱乐活动等，以提高患者本身的物质储备能力、免疫力和精神状况，对于较严重的患者及肿瘤患者，这点尤为重要。

所以说，神经系统控制的细胞呼吸疗法和营养物质及各特种药物之间的作用关系是相辅相成、相互依赖的。简单的说，身体不适病变部位（包括肿瘤组织细胞）的治疗及治愈需要内因与外因的共同作用，神经系统控制的细胞呼吸作用就是内因，医治身体不适性病变及肿瘤所采取的各种治疗措施、专业药物和免疫制剂及营养物质等的供应便是外因，根据唯物辩证法的理论，外因必须通过内因才能起作用。笔者在长期的自身实践中感觉也是如此，即实施神经系统控制的细胞呼吸疗法后能带给机体一种主动的、内在的、清新的、舒适轻松的治愈感。

目前治疗肿瘤的方法有传统的手术法、放疗法、化疗法及我国的中医药疗法，及现代的细胞毒性疗法、基因疗法、细胞因子疗法、免疫细胞及肿瘤疫苗治疗法，等等。治疗肿瘤的药物已多达 6000 余种，但对于恶性肿瘤来说，这些抗癌药物的治愈率仅约为 5%。采用何种治疗方法，选用何种药物，以及治疗中采用多大的量和度，等等，直接关系到患者的生命及生活质量等。由于肿瘤组织细胞具有三大致命特性（致密性、善变性和转移性），使得如果仅单纯依靠药物、免疫制剂和营养物质等的作用，很难达到破坏其病变部位深层组织细胞和三大致命特性的目的，实际情况也的确如此。况且目前治疗肿瘤的放疗法及化疗药物等副作用及毒性巨大，在杀伤肿瘤组织细胞的同时，对患者机体正常的组织细胞也带来较大的杀灭和破坏作用，正可谓杀敌一万，自损八千，有时甚至连敌我都没分清，便通通剿灭。由于肿瘤组织本身就是一种细胞代谢紊乱性疾病，恶性细胞突变、增殖速度惊人，结果往往是药物对患者机体正常的器官、组织细胞及其功能造成了严重损毁的同时，还帮助筛选、促成了肿瘤组织细胞善变性、转移性的发生。反而给患者带来极大的痛苦，加重病情，降低患者的生活质量，甚至危及其生命！因此，笔者以为医治肿瘤组织细胞的方法和药物一定要慎用、选准，用药量一定要适可，不是越大量越好。如果医治效果不好或恶化，应尽快考虑停止或更换医治方案和药物，并采取相对应的拯救措施。

由于神经系统控制细胞呼吸的疗法所具有的原理和特殊功效，采用该疗法再予以其他疗法、药物等的配合治疗，并辅之以免疫制剂和营养物质等的供给时，机体能主动地、精细地实时感知、双向调控及疏通不适病变部位的组织细胞和微循环体系，增强组织细胞通透性，排出有毒有害物质，改善 pH 值，破坏肿瘤组织的致密性结构等，从而会促使药物、免疫制剂和营养物质更易、更快地分布于病变组织细胞周围，并进入到病变组织细胞中，同时将细胞和药物的代谢毒物排除至细胞外、组织液和微循环体系中，并通过神经系统的引导使其以气体、热量、汗液、唾液、痰液、屁、尿液及粪便等的形式被排出至体外，降低药物的毒副作用。另外，由于病变细胞膜上的通道被打通、物质通透性等被改善，有可能使用药种类、浓度和频率比以前少很多，因此，实施神经系统控制的细胞呼吸疗法后不仅能大大提高原药物、免疫增强剂及各种营养物质等作用于不适性病变组织细胞及肿瘤组织细胞的工作效率，还由于减少了药物的种类、用量和次数，加强了细胞对药物毒性的代谢功能，从而降低、阻止了原药物对正常器官、组织和细胞的毒副作用和杀伤力。

什么样的治疗药物应保留，什么样的治疗药物应慎用、少用或停用？除了需要参考医疗小组专家的建议和各种检测、化验数据外，依据笔者应用神经系统控制的细胞呼吸疗法在治疗自身其他不适性疾病方面的对照和比较经验，一般来讲，如果不采用神经系统控制的细胞呼吸疗法时仍然有效的药物及免疫制剂要保留，神经系统控制的细胞呼吸疗法能使这些药物起到事半功倍的效果，而且不易产生抗药性；若不采用神经系统控制的细胞呼吸疗法时，无效或者效果不明显的药品，则应慎用、少用或停用。另外，根据笔者的实际经验，一旦实施神经系统控制的细胞呼吸疗法后，不要再服用其他药物，做完后直接入睡即可。否则，服入药物后产生的药效有可能将神经系统调控细胞呼吸所产生的功效和建立的微循环输导体系、双向互动免疫体系等的平衡关系破坏，导致疏通、排毒、诱导拮抗因子（舒适性因子）生成及引导双向互动免疫体系等的特异性功效被降低或破坏，产生负面或抵毁的效果。除此之外，患者实施神经系统控制的细胞呼吸疗法产生效果后（正常情况下一两天，身体不适性部位便会有疼痛减轻及好转的感觉），或实施该疗法使身体产生了一种内在的、清新的、舒适轻松的治疗感后，应减少并降低专业药物的种类、用量和频率，同时保持营养物质和免疫制剂的正常供应和配合，并要求按实施神经系统控制的细胞呼吸疗法好转的动态走势，递减药物的种类、用量和频率，直至停止药物的使用，期间营养物质和免疫制剂的供应与配合不需要停止。

目前，科学已经证明，肿瘤的生成除了与遗传和环境因素有关外，还与人体自身的免疫系统和免疫力有重大关系，身体免疫系统的感染、受损或免疫力的下降会导致机体薄弱部位发生不适性病变或癌变。现代研究表明，人体自身免疫力的高低与患肿瘤的可能性直接成反比关系。然而，随着我们年龄的增长、器官功能的衰退、疾病的侵入等会导致机体免疫力的不断下降，体内各类免疫物质的储备也会不断减少，身体患病的可能性便会大增，这也是为什么肿瘤这类细胞代谢性疾病好发于中老年人群及身体体质较差人群的原因。因此，提高身体免疫力，及多补充、摄取增强免疫力的营养食品可提高机体的免疫功能和抗肿瘤性，对于治病防病、维护人体的健康来说有益无害。前面几章我们已论述实施神经系统控制的细胞呼吸疗法可使人体淋巴细胞增加，溶菌酶活力增强，血清总补体及 C3 增高，血清中免疫球蛋白 IgG、IgA、IgM 等抗体增多，等等。此外，实施该疗法时，如果还能保证富含免疫增强性的营养食品（如香菇、灵芝、灵芝孢子粉等）的充分供应，这些食品中的营养成分和大量免疫性物质会通过神经系统控制的细胞呼吸疗法所具有的独特原理和功效，沿改善的微循环体系及细胞膜通道等进入我们的器官、组织细胞，为机体细胞合成特异性免疫抗体或基团等所需的各种物质进行补充与储备，为该疗法诱导正常细胞或病变细胞合成拮抗因子（包括所述特异性舒适因子）提供物质基础。神经系统控制的细胞呼吸疗法能在治疗期间及随后的睡眠过程中引导、促进合成的各种免疫抗体因子进入身体不适性病变部位（包括肿瘤组织细胞）中，对其异常的组织形态结构和分子结构进行修复、治疗和清除等。

第五节　实施神经系统控制细胞呼吸疗法注意事项

神经系统控制的细胞呼吸疗法在治疗、修复身体不适性病变（包括肿瘤疾病）等方面具有许多独特、优秀的作用和功效，依据笔者的了解和研究，目前还未有其他的治疗方法、手段和药物可以替代它。但如果要实施该疗法，还需要对操作过程中的许多事项有一定的了解和注意。笔者虽然研究、探索该疗法多年，并亲身实践、感受了几十年，阐述了其内在规律和积累了一定的实践经验，仍觉得有许多问题和现象值得再发掘、再思考和再研究。不过，可以确定的是我国具有数千年历史的中医气功学及技法能为我们开展神经系统控制的细胞呼吸疗法提供许多可供借鉴的宝贵经验和教训。此外，笔者相信科学工作者和广大读者在今后研究、实施该疗法时，也会将所得到的最新成果、经验、感受、体会等及时发表分享，推动、促使该疗法的原理、功效、作用和实施方法被进一步补充与完善。

在本章前几节，笔者其实已经陆续介绍了开展神经系统控制细胞呼吸疗法时要注意的诸多问题，如进行各步骤时应注意的问题，呼吸调控与肢体运动时的配合问题，与服用药物及营养物质之间的关系问题，等等。为了让广大读者能更顺利地操作、实施该项疗法，避免走弯路和更快地进入状态，更早地产生治疗效果，使其独特、优秀的功效得以被充分发挥，有必要对开展此项疗法的禁忌和注意事项等集中地予以阐述。

由于神经系统控制的细胞呼吸疗法主要是通过人的神经系统，有意识的调控人体的呼吸系统，并配合肢体运动，再通过神经系统调控人体不适部位微循环体系，疏通组织细胞通道，排出细胞代谢产物和毒素，等等。因此，实施该疗法时机体神经系统起的作用相当重要。①起"凸透镜"聚焦作用，如图 7－7 所示。通过神经系统对致密性、疼痛及不适性部位"聚焦"，将神经系统控制细胞呼吸产生的能量、生物场及其他一系列物质（因子）等的作用引导、聚焦至病变组织细胞，由此获得强大的作用效果。②起"承上启下"作用。承上，感知被作用部位的阻遏性、疼痛及不适性；启下，控制微循环体系肌肉运动和组织细胞的呼吸，产生大量的生物能量ATP 及活性氧等，并在不适性因素的诱导下，启动组织细胞的"诱导性阻遏型舒适性因子"合成机制，如图 7－8 所示，建立双向互动的自身免疫体系。

1. 对于想要实施神经系统控制细胞呼吸疗法的人，他（她）的心理一定要健康，神经系统必须正常，意识清醒；忌胡思乱想，乱钻牛角尖。相信这一点对绝大部分人来说，均可做到。运用神经系统调控细胞呼吸时，思路一定要顺着消除或降低身体不适性病变部位阻遏性、疼痛感和异物感，让身体不适性病变部位达到最大"舒适性"的方向来思考、拓展，切忌逆向思维，否则，练习者便易走火入魔，起到反向功效，加重病情。只有顺向思维，才会越做越顺畅，越做越舒适，越做越轻松、愉悦；反之，则会加重病变部位的不适性、疼痛感和异物感。

2. 利用神经系统调控机体呼吸时，有基础的人，可以采用较快的速度、较大的幅度进行呼吸的运行、切换和控制。没有基础的人或初学者，则应通过神经系统的引导，缓慢地由外及内、由表及里、由浅渐深地调控机体呼吸的运行，使之缓缓疏通、作用于身体的不适性病痛部位，唯有如此，才能逐步地获得及增强气感或场感，起到疏通排毒等作用。同时，学练人的躯干和四肢等部位的肌肉也应随呼吸的运行和控制作相应缓慢的移动、扭转，以配合神经系统将气、气感或场感引送至要治疗的不适性病痛区域。湖南长沙马王堆汉墓出土的《养生方》阐述气功的呼吸方法时，记述道"息必深而久，新气易守，宿气易老，新气易寿。善治气者，使宿气夜散，新气朝聚，以彻九窍，而实六府"[2]，较形象地反映了呼吸调控、疏通的要求和要达到的动态境界。

3. 实施神经系统控制细胞呼吸的疗法时，要求练习者躯体及肢体的行动无大碍；也就是说，实施者的意识要能支配身体及不适性病痛部位完成一系列的动作。依笔者的实践经验，如果神经系统调控机体呼吸时，没有躯体及四肢，特别是不适性病变组织细胞周围微细肌肉群的运动相配合，要使神经系统对不适性病变组织的调控达到细胞级别的深度，并起到实时感知，实时调控，感知与调控融为一体，及达到"以彻九窍，而实六府"的最大舒适感，根本不可能。因此，对于病重、瘫痪或神经系统对病变部位丧失意识与支配的患者，要想开展神经系统控制细胞呼吸的疗法，可能效果不好或无效，这点需引起注意。

4. 如果练习者心理健康，神经系统正常，意识清醒，躯体及四肢等部位的运动基本自如；则不论其体质是否健康，或身体某部位是否具有不适性的病变或疼痛，均可开展神经系统控制细胞呼吸的疗法运动，起到对身体保健、养生、防病治病等的种种功效。而且，练习者的意识性越强，注意力越易集中，敏感性越高，则越易产生效果，功效也会越好，这也是笔者在前述实施该疗法的准备阶段时为什么建议要选择在较安静的地点和时间段来做的原因，因为较安静的地点和时间段能让练习者的思想高度集中，敏感性增强。

5. 要让神经系统控制的细胞呼吸疗法在治疗身体不适性病变部位发挥独特的功效，练习者最终需要掌握利用神经系统随意灵活自由地控制呼吸频率、呼吸强度、吸气与呼气时间长短及转换的技巧，做到意到气到、气随意走。对于初学者，笔者不建议一开始就练习这些复杂的技法，因为练习者如果没有一个由表及里、由浅渐深，不断实践、体会、思考及改进的学习及思维过程，马上急迫地要求短期内全部掌握这些要领，有可能会导致练出偏差，起到加重病情的反向效果，而且今后也不太容易纠正。掌握及实施这些技巧需要练习者通过长期的锻炼、感悟才能不断提高。另外，很重要的一点，就是在实施神经系统控制的细胞呼吸疗法时，一定要缓缓地做深、做透、做细。做深意指神经系统调控吸气与呼气运行时一定要逐步进入不适性病变部位及肿瘤组织的深层区域；做透意指一定要将在不适性病变及肿瘤组织深层部位的由神经系统调控的输导、解结、疏通、追踪诱导和排毒等的"气"感运行做到通透的境界和程度；做细意指当神经系统调控的缓缓呼吸在不适性病变及肿瘤组织深层部位运行时，须集中精力感知不适性部位每一个微细区域（有时仅有针尖、细丝大小范围的感受）所产生的一切变化（如气泡的冒出，阻遏感、异物感和疼痛感的产生或消失，等等），并及时引导调控机体作出的舒适性的应答反应。笔者认为，如果能够做到此种程度，基本上可以确定神经系统控制的细胞呼吸疗法已经达到了所述细胞级别的调控水平。

6. 实施神经系统控制的细胞呼吸疗法无须固定招式及套路，练习者不必纠缠、牢记各种动作和运"气"要领。练习者肢体的肌肉运动主要是为了配合神经系统通过呼吸对组织细胞进行调控，基本处于一种从属、被动的地位，完全受神经意识的支配。为了达到最佳的调控境界，进行神经系统控制的细胞呼吸疗法时，应针对、锁定"舒适性"这一主要目的，选择特定的呼吸运动调控步骤；或以完整的循环调控步骤为主；或以吸气方式为主；或以闭气方式为主；或以推压气感为主；或以跟踪诱导为主。意到气到，气随意走，灵活机动，切忌死板。

7. 开展神经系统控制的细胞呼吸疗法一定要有坚持性。不可以感到身体出现问题时，就猛做、勤做；无事时，便不再理睬，弃之不做。从图8-1及笔者在前面所述该疗法的原理便可以看出，要对身体不适性病变微循环体系及肿瘤组织细胞进行疏通、排毒、提供生物能量、诱导合成特异性的拮抗因子及建立双向互动的免疫体系，等等，不是一朝一夕便能完成的，而是需要一定的时间和过程。只有不断坚持进行神经系统控制的细胞呼吸疗法，才能使"诱导性阻遏型舒适性因子"的合成由少到多不断积累，才会使不适因子及毒素逐渐地被排出组织细胞及体外，才能保持身体不适性病变部位及肿瘤组织细胞微循环体系的输导体系长期畅通、通透，等等。最终，该疗法的作用才会逐渐由弱到强，由量变到质变，对身体不适性病变器官组织及肿瘤组织细胞达到显著的治疗效果，并起到防病、养生和保健的功效；使身体达到中医学和中医气功学所述"正气存内，邪不可干"的健康体质状况[2,3]。除了需要坚持性外，实施神经系统控制的细胞呼吸疗法时，还需要掌握一个合适的度，一般来说，为了不至于太疲劳，及不影响练习者的休息和第二天的正常工作与生活等，神经系统控制的细胞呼吸疗法每天只需进行一次，通常在晚上临睡前做，做后立即休息。每次疗程时间以40～90分钟适宜，连续3～5个疗程后，应休息2～3天再做。

8. 实施神经系统控制的细胞呼吸疗法前后需喝些温开水，以补充该疗法消耗掉的身体内的水分。虽然神经系统控制的细胞呼吸疗法能疏通不适性病变部位及肿瘤组织细胞的微循环体系，提供新鲜活性氧，恢复细胞有氧呼吸的氧化磷酸化作用，产生大量生物能量ATP和水分子（如津液等），如图7-1、图7-2所示；但因为进行该疗法过程中，要求练习者将所产生的津液、痰液、尿液和汗液等及时排走或擦干，以利不适性病变部位及肿瘤组织细胞产生的代谢废物或毒素因子能一起随其被清除，身体总体状况是缺水的。另外，该疗法中诱导性免疫因子的合成与转运、生物场的汇聚及有关生化分子电子键的断裂与转移、细胞异常结构与变异分子的修复与清除等重要生理生化活动，也需要机体内大量水分的参与。因此，练习者在实施神经系统控制的细胞呼吸疗法前后适当补充体内水分是必需的。

9. 实施神经系统控制的细胞呼吸疗法时，练习者可以继续服用治疗不适性病变部位或肿瘤组织细胞的特种专业药物、免疫制剂等，同时还应加强机体营养成分的摄取和供应。不过，对于患有肿瘤疾病的练习者，由于其特种专业治疗药物普遍具有较大的毒副作用，故一定要选用与神经系统控制的细胞呼吸疗法不相冲突的药物，并应及时听取医疗小组专家的建议，定期进行各种检测、化验等。有关神经系统控制的细胞呼吸疗法与药物及营养物质之间的作用关系，笔者已在上节详细论述。还需要注意的是，依据笔者的实践经验，实施神经系统控制的细胞呼吸疗法后，不宜再服用各类药物，做完后直接入睡便可；否则，所产生的药效有可能将神经系统控制的细胞呼吸疗法所产生的功效和作用降低或抵毁。当神经系统控制的细胞呼吸疗法使身体产生了一种内在、清新、舒适、轻松的治疗感后，建议练习者应按实施该疗法好转的动态走势，相应递减专业药物的种类、用量和频率，直至停止药物的使用；期间应保证营养物质和免疫制剂的正常供应与摄取。除此之外，练习者还需要加强自身有益于身心健康的休息、适当的体育锻炼和娱乐活动等，以提高自身的免疫力、体力和精神状况。对于较严重的患者及肿瘤患者，这点尤为重要。

10. 如果练习者在实施神经系统控制的细胞呼吸疗法过程中或之后，出现不适症状，或不适性病变部位病情加重等现象时，应先停止继续进行该疗法；之后要检查、思考实施该疗法时，输导、疏通及跟踪诱导等各基本步骤是否符合本书所述要求；各禁忌注意事项是否都到位；并需尽快到医院去看医生，对身体进行检查、测试和化验等。另外，练习者在开展神经系统控制的细胞呼吸疗法后，身体及不适性部位即使产生了一种内在、清新、舒适、轻松的治愈感时，也还需定期到医院去走访医生、体检、测试与化验；如有必要，还需对不适性病变部位或肿瘤组织定期拍摄影像学资料等；并需经常性地做好实施该疗法前后身体及不适性病变部位的各种性状和感受记录，各次疗法的差异性对比记录等工作。

参考文献

[1] 刘天君. 中医气功学 [M]. 2 版. 北京：人民卫生出版社，1999：1-37.

[2] 宋天彬，刘元亮. 中医气功学 [M]. 北京：人民卫生出版社，1994：8-70.

[3] 殷群，陈光伟. 浅析陈光伟教授用中医理论论恶性肿瘤的转移 [J]. 内蒙古中医学，2011，31（24）：120.

英汉词汇对照及索引

A

| Guanosinetriphosphate，GTP | 鸟苷三磷酸，三磷酸鸟苷 | 61,168 |

H

Hairy Cell Leukemia	多毛细胞性白血病	33
Heat Shock Protein，HSP	热休克蛋白	296
Hela Cells	人子宫颈癌细胞	129
Hela	人子宫颈癌细胞系，海拉癌细胞株	46,72,183等
Hemangio Cytoma	血管瘤	14
Hemangioma	血管瘤	13
Hemoglobin，Hb	血红蛋白	286
Hepar，HEP	肝，肝脏	39
Hepat Adenoma	肝细胞腺瘤	14
Hepatitis B Surface Antigen，HbsAg	乙型病毒性肝炎表面抗原	80
Hepatocellular Carcinoma	肝细胞癌	22
Hepatocyte Growth Factor Receptor，HGFR	肝细胞生长因子受体	60
Herbimycin	除莠霉素	112
Herpes Simplex Virus，HSV	单纯疱疹病毒	113
Hertwig	赫特维希（人名）	126
Hertz，Hz	赫兹	271,288
Heterochromatin	异染色质	176
Hexamethylmelamine，HMM	六甲嘧胺	102
High Frequency，HF	高频率	288
HN2	氮芥	98
Hodgkin Disease，HD	霍奇金病	34
Hodgkin's Lymphoma	霍奇金淋巴瘤，霍奇金淋巴癌	13
Homoharringtonine，HH	高三尖杉酯碱	102
Human Papilloma Virus，HPV	人乳头瘤病毒	296
Hyaluronic Acid，HA	透明质酸	61

M

N

P

Q

R

图书在版编目（CIP）数据

神经系统控制的细胞呼吸与肿瘤 / 谭宏著. -- 长沙：湖南科学技术出版社，2016.9
  ISBN 978-7-5357-8963-1

  Ⅰ．①神… Ⅱ．①谭… Ⅲ．①细胞生物学－研究②肿瘤－研究 Ⅳ．①Q2②R73

中国版本图书馆 CIP 数据核字(2016)第 156188 号

Shenjing Xitong Kongzhi de Xibao Huxi yu Zhongliu
神经系统控制的细胞呼吸与肿瘤

著　　者：谭　宏
责任编辑：何　苗
出版发行：湖南科学技术出版社
社　　址：长沙市湘雅路 276 号
　　　　　http://www.hnstp.com
湖南科学技术出版社天猫旗舰店网址：
　　　　　http://hnkjcbs.tmall.com
邮购联系：本社直销科 0731-84375808
印　　刷：长沙超峰印刷有限公司
　　　　　（印装质量问题请直接与本厂联系）
厂　　址：长沙市金州新区泉洲北路 100 号
邮　　编：410600
版　　次：2016 年 9 月第 1 版第 1 次
开　　本：710mm×1000mm　1/16
印　　张：24.5
插　　页：1
字　　数：320000
书　　号：ISBN 978-7-5357-8963-1
定　　价：89.00 元